KB265680

PReSS
부품설계

PReSS 부품설계

임무생 지음

Design of Press Parts

부품 · 소재는 기술의 발전에 의해 분해되거나 열화되며 부식하지 않는 부품이 있지만 자연을 파괴할 수도 있다. 고장의 형태나 정밀도가 경제적으로 허용되는 수준이 되는 사고방식이 Life cycle cost이다.

KSI 한국학술정보[주]

머리말

부품·소재는 기술의 발전에 의해 분해되거나 열화되며 부식하지 않는 부품이 있지만 자연을 파괴할 수도 있다. 고장의 형태나 정밀도가 경제적으로 허용되는 수준이 되는 사고방식이 Life cycle cost이다. 부품수명의 경제적인 측면에서 최적신뢰도가 존재하고, 그것을 Target으로 Design되어야 한다. 기기를 구성하는 부품이 고장이나 열화를 일으키면, 반드시 기기가 고장이 나거나 아니면 기능불량을 일으킨다고 할 수 없다. 따라서 Designers는 다음의 3가지 설계에 유념하고, 이것을 원칙으로 하는 설계가 수행되어야 한다. ①부품이나 접속에 문제가 있어도 기기로서 필요한 기능을 안정적으로 확보할 수 있는 설계를 Safety design(안전성 설계)이라 한다. ②일부 부품이나 부분에 이상이 있어도 병렬구조나 대기구조로 설계하여 기기 전체로서는 기능불량을 일으키지 않도록 하는 설계를 Redundancy design(용장설계)이라 하며 신뢰성향상이나 안전성 강화를 위해 실시한다. ③설계의 기본적인 방식은 제품의 목적인 기능에 착안, 우선 그 기능을 입력신호와 출력특성으로 표시한다. 즉, 입출력 관계가 부품편차나 경시변화, 환경열화, 오차인자 등이 있어도 편차가 나지 않는 듯한 설계조건으로 설계파라미터, 제거인자를 실험적으로 구하여 설계하는 방식이다. 부품에 이상발생 상태가 일어날 때에 기능에 문제가 발생해도 인적, 물적 손해로 연결되어 안전사고로 확대되지 않도록 하는 설계를 Robust design(강건설계)이다. 일반적으로 부품의 신뢰성, 안전성은 부품 설계의 좋고 나쁨에 의존하며, 부품개발 과정에서 정해진다. 한편, 부품개발, 설계부문은 품질, 성능, 신뢰성뿐만 아니라 Cost, 납기를 포함한 종합적인 관리가 요구된다. 설계에 신뢰성기술을 접목하기 위해서 부품·소재개발 전체의 Process에 대하여 제고할 필요가 있고, 이러한 방법으로 Designers가 부품·소재설계를 보다 더 효과적으로 실시할 수 있게 되기를 바란다.

임무생 저

목 차

1. Press 가공에 대한 분류

가공명		작업설명	사용예
전단가공 (shearing)	shearing	재료를 끝에서부터 순차적으로 절락시키는 작업이다.	
	parting	1차 성형된 제품을 부분 절단하는 작업이다.	
	notching	그 끝이 개방되도록 윤곽 절단하는 방법이다.	
	blanking	판재로부터 폐곡선부를 따내는 작업이다.	
	punching & piercing	blanking의 내측에 폐곡선부의 구멍을 뚫는 작업	
	slitting	punch shear각을 내어 세 방향만 절단하여 굽히는 작업이다.	
	trimming	drawing 제품 등의 flange 여유분을 절단하는 작업이다.	
	shaving	blanking 가공 면을 사상하는 작업이다.	
	broaching	절삭가공의 broaching 형태를 press형에서 행하는 작업이다.	
	finish blanking	구조요소는 blanking 가공과 같으나 die 절인부에 아주 작은 R을 붙여 파단 현상을 생기게 하여 blanking 외주를 사상하는 작업이다.	R

가공명		작업설명	사용예
굽힘 가공 (bending)	V bending	V자 형으로 굽히는 작업이다.	
	Z bending	Z자 형으로 굽히는 작업이다.	
	L bending	L자 형으로 굽히는 작업이다.	
	pipe bending	pipe 등을 굽히는 작업이다.	
	wire bending	wire 등을 굽히는 작업이다.	
	U bending	U자 형으로 굽히는 작업이다.	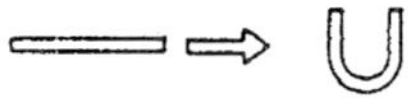
	curling	평판소재 끝부분을 마는 작업을 말한다.(bending형)	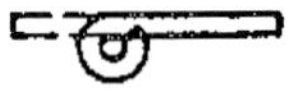
드로잉가공 (drawing)	deep drawing	평면모양의 blank 밑이 있고 중간 끊어짐이 없는 원통형, 각통형(반구형) 등의 깊은 용기를 가공 성형	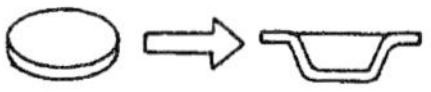
	ironing	통, 원통의 측벽을 ironing하여 두께를 얇게 하는 작업	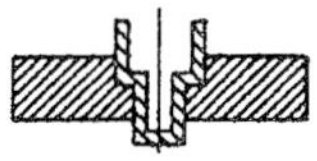
	spinning	만들려고 하는 용기의 내면 혹은 외면에 맞는 형을 spinning 선반의 주축에 물려 형과 심봉 사이에 blank를 물려 압력을 가해 회전시켜 가공	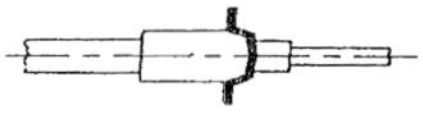
	stretch forming	액압기계의 특징을 이용하여 blank에 인장력을 주어 성형	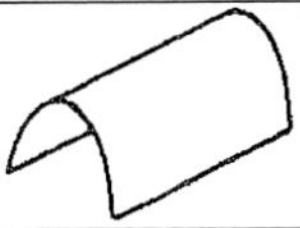
	upsetting	blank의 상하 면을 공구로 압축하여 일정한 형을 가공	
	swaging	선재 봉재 판재를 휨 방향으로 압축하여 두께, 직경을 감소시켜 길이나 폭을 늘리는 작업.	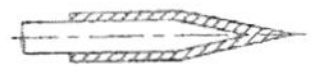
	indenting	넓은 blank 표면의 일부분에 punch로 凹형을 내는 작업	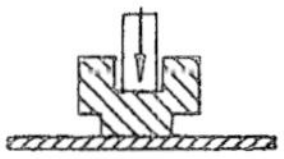

가공명		작업설명	사용예
압축가공 (forming compression)	embossing	얇은 판재를 凹 凸 모양이 되도록 성형하는 작업.	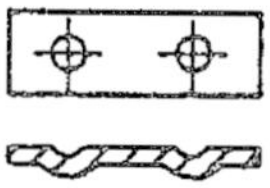
	coining	문자 등 단형으로 된 공구 사이에 blank를 넣어 문자 등을 새기는 작업.	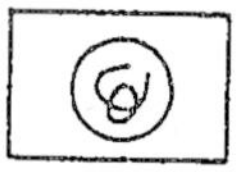
성형가공 (forming)	impact extrusion	blank를 die 속에 압입하여 punch로 일방향, 혹은 양방향으로 압력을 가해 die의 압출구 혹은 punch와 die 간격으로부터 밖으로 재료를 압출하여 가늘고 긴 중심단면이나 얇은 증공단면의 제품을 성형.	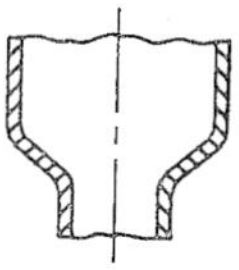
	beading	판재 혹은 성형된 판금의 일부에 긴 구슬선 모양을 성형하는 작업.	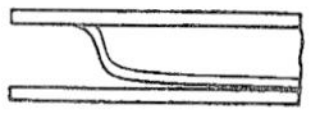
	curling	cover 유의 의주선을 둥글게 마는 작업.	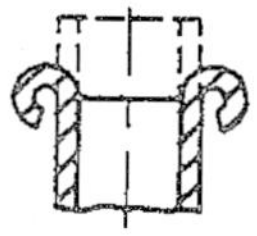
	flanging	주로 소재에 미리 구멍을 뚫어 구멍 주위에 선을 일으키는 작업.	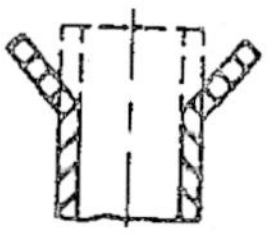
	necking	원통이나 관의 목에 상당하는 상부를 축소시키는 작업.	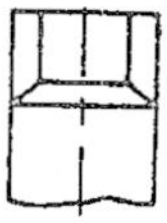
	bulging	평판소재를 늘어뜨려서 부풀게 하는 작업.	

2. 일반 공차

1) bending 각도의 일반 공차

(단위 °)

bending 종류	직각 밴딩	그 외 밴딩
허용차	±2	±3

2) bending 치수의 일반 공차

(단위 ㎜)

치수구분	허용차
30 이하	±0.5
30을 넘어 100 이하	±0.7
100을 넘어 300 이하	±1.0
300을 넘어 1000 이하	±1.5

3) drawing 치수의 일반 공차

(단위 ㎜)

치수구분	둥근 모양	그 외 모양
10 이하	±0.3	±0.5
10을 넘어 30 이하	±0.5	±0.8
30을 넘어 100 이하	±0.7	±1.0
100을 넘어 300 이하	±1.0	±1.6
300을 넘어 1000 이하	±1.5	±2.4

4) 기계가공축의 중심거리 일반 공차

(단위 ㎜)

구멍(축)의 중심거리	3㎜까지	3~10	10~25
30까지	±0.15	±0.2	±0.25
30~80	±0.2	±0.25	±0.3
80~180	±0.2	±0.3	±0.4
180~500	±0.25	±0.4	±0.5

5) 절삭가공품 일반 공차

치수구분	1 이상 4 이하	4~10	10~63	63~250	250~1000
허용차	±0.1	±0.2	±0.3	±0.5	±1~2

6) drill 구멍 일반 공차

(단위 ㎜)

구멍경	허용 치수 차	구멍경	허용 치수 차	구멍경	허용 치수 차
2.5	+0.15, −0	14.5	+0.39, −0	34	+0.78, −0
3.5	+0.17, −0	16	+0.42, −0	35	+0.80, −0
4	+0.18, −0	17.5	+0.45, −0	37	+0.84, −0
5	+0.20, −0	18	+0.46, −0	39	+0.88, −0

표계속

(단위 ㎜)

구멍경	허용 치수 차	구멍경	허용 치수 차	구멍경	허용 치수 차
6	+0.22, −0	21	+0.52, −0	41	+0.92, −0
7	+0.24 −0	22	+0.54, −0	42	+0.92, −0
7.5	+0.25, −0	24	+0.58, −0	43	+0.96, −0
8.5	+0.27, −0	25	+0.60, −0	45	+1.01, −0
9.5	+0.29, −0	27	+0.64, −0	48	+1.06, −0
10	+0.31, −0	28	+0.66, −0	50	+1.10, −0
11.5	+0.33, −0	31	+0.72, −0		
12.5	+0.35, −0	32	+0.74, −0		

1) 적용 공식(구멍경 × 2 / 100+0.1)MM
① 판 두께 3.2MM 미만의 것에 대해서는 적용하지 않음.
② 전동공구를 쓴 구멍에는 적용하지 않음.

7) die casting 제품 일반 공차

(단위 ㎜)

적용구분 / 길이의 구분	고정형 및 가동형에 의해 만들어지는 부분				
	형 분할 면의 평행방향	형 분할 면의 직각방향		가동코아에 의해 만들어지는 부분	
		주물 투영 면적		주물 투영 면적	
		600 이하	600~2400	150 이하	150~600
25 이하	±0.25	±0.05	±0.65	±0.45	±0.65
25에서 30 이하	±0.30	±0.50	±0.70	±0.50	±0.70
35~50	±0.35	±0.55	±0.75	±0.55	±0.75
50~70	±0.40	±0.60	±0.80	±0.60	±0.80
70~100	±0.45	±0.65	±0.85	±0.65	±0.85
100~140	±0.50	±0.70	±0.90	±0.70	±0.90
140~200	±0.60	±0.80	±1.00	±0.80	±1.00
200~280	±0.70	±0.90	±1.10	±0.90	±1.10
280~400	±0.90				
400~560	±1.00				
560~800	±1.30				
800~1100	±1.60				

8) press 가공품 일반 공차

(단위 ㎜)

치수구분	허용차	치수구분	허용차
0.2를 넘어 0.4 이하	±0.075	30을 넘어 50 이하	±0.31
0.4를 넘어 0.8 이하	±0.09	50을 넘어 80 이하	±0.37
0.8을 넘어 1.0 이하	±0.1	80을 넘어 120 이하	±0.435
1.6을 넘어 3.0 이하	±0.125	120을 넘어 180 이하	±0.5
3.0을 넘어 6.0 이하	±0.15	180을 넘어 250 이하	±0.575
6.0을 넘어 10.0 이하	±0.18	250을 넘어 350 이하	±0.75
10.0을 넘어 18.0 이하	±0.215	350을 넘을 것	±1.0
18.0을 넘어 30.0 이하	±0.26		

9) 플라스틱 성형품 일반 공차

성형품구분 \ 치수구분	20 이하	20~50	50~80	80~120	120~180	180~250	250~400	400 이상
열가소성 성형품	±0.3	±0.4	±0.5	±0.6	±0.7	±0.8	±1.0	±1.2
열경화성 성형품	±0.2	±0.3	±0.4	±0.5	±0.6	±0.7	±1.3	±1.5

10) 편심 일반 공차

성형품구분 \ 치수구분	10 이하	10~30	30~50	50~100	100~150	150~200	200~300	300~400	400 이상
열가소성 열경화성 공통	0.2	0.3	0.5	0.7	0.9	1.2	1.5	1.8	2.2

(1) 휨(warp) 공차 0.8% 이하

(2) 발구비 1 / 30 이하(2° 이하)

11) 표기의 symbol

2-11-1. hole diameter

구분 / 오차	1	2	3
공차	±0.05	±0.1	±0.2
오차	○○S	○○	○○P

2-11-2. 일반 공차

치수	적용범위	1급	2급	3급
25 이하	아래의 주기에 의함	±0.2	±0.5	±0.8
25~50 이하	아래의 주기에 의함	±0.4	±0.5	±0.8
50~125 이하	아래의 주기에 의함	±0.5	±0.7	±1.0
125~250 이하	아래의 주기에 의함	±0.6	±1.0	±1.5
250~500 이하	아래의 주기에 의함	±0.8	±1.5	±2.0
500~1000 이하	아래의 주기에 의함	±1.0	±2.0	±3.0
1000~2000 이하	아래의 주기에 의함	±1.5	±3.0	±4.0

주기: ⓐ 1급: 원형 구멍(50 이하)
ⓑ 2급: ① 조립품 ② 구조용 ③ 비직선(50 이하)
ⓒ 3급: ① 보강재 취부 위치 ② 보강재 ③ 비직선(50 경우)

2-11-3. 형상 일반 공차

항목	형상공차
굽힘 변경	50 이하: 도면 지시 치수의 ±8% 50 이상: 도면 지시 치수의 ±5%
휨	일반 치수 공차 3급의 1 / 2
평행도	일반 치수 공차 2급의 1 / 1
대각의 차	최대 외형 치수 500 이하의 경우 2 이하 최대 외형 치수 500 이상의 정우 2 이상

2-11-4. 조립 부품 정밀도

등급 / 측정 길이	1급	2급	3급
0~25 이하	±2	±4	±6
50	±2	±4	±6
75	±2	±5	±7
100	±3	±5	±7
125	±3	±6	±8
150	±3	±6	±8
175	±4	±7	±10
200	±4	±7	±10
225	±4	±8	±11
250	±5	±8	±11
275	±5	±9	±12
275 이상	±5	±9	±12

2-11-5. 측정 면의 평형도

등급 / 최대 측정 길이	1급	2급
75 이하	±2	±4
175 이하	±3	±6
275 이하	±4	±8
275 이상	±5	±10

2-11-6. 절단면 일반 공차

등급 / 최대 측정 길이	1급	2급	3급
500 이하	±1	±3	±6

2-11-7. 0.01mm 투명판

	1급		2급		3급	
	측정범위		측정범위		측정범위	
	5㎜	10㎜	5㎜	10㎜	5㎜	10㎜
지시 안정도	0.3		0.3		0.5	
광범위 정도	10μ	15μ	15μ	25μ	30μ	
회복 오차	3μ		3μ		7μ	
형범위 종류	8μ		10μ		15μ	
측정력	50 gr~140 gr					

12) press 부품 일반 공차

2-12-1. 폭, 길이 절단 가공

치수구분(㎜) / 판 두께(㎜)	30 이하	30~100 이하	100~300 이하	300~1000 이하	1000~2000 이하
0.8 이하	±0.3	±0.6	±1.0	±1.5	±2.0
0.8~3.2 이하	±0.4	±1.0	±1.5	±2.0	±3.0

2-12-2. 판 두께

판 두께(㎜) / 가공구분	0.8 이하	0.8~1.6 이하	1.6~3.2 이하
shearing 절단	0.12	0.2	0.3
타발 구멍	0.08	0.1	0.2

2-12-3. 외경의 타발

치수구분(㎜) / 판 두께(㎜)	30 이상	30~100 이하	100~300 이하	300~1000 이하
0.8 이하	±0.15	±0.4	±0.5	±0.2
0.8~1.6 이하	±0.3	±0.6	±1.0	±1.5
1.6~3.2 이하	±0.4	±1.0	±1.5	±2.0

2-12-4. 구멍과 구멍의 중심거리

중심거리(㎜) / 구멍 치수(㎜)	30 이상	30~100 이하	100~300 이하	300~1000 이하	1000~2000 이하
12 이하	±0.15	±0.25	±1.0	±1.5	±2.0
12 이상	±0.5	±0.7	±1.0	±1.5	±2.0

2-12-5. 구멍의 중심과 절단면과의 거리

치수구분(㎜)	30 이상	30~100 이하	100~300 이하	300~1000 이하	1000~3000 이하
치수 차	±0.15	±0.7	±1.0	±1.5	±2.0

2-12-6. bending 각도의 일반 공차

bending 각도 / bending 종류	각도 차
직각 bending	±2
기타 bending	±3

(주) bending의 반경이 두께보다 큰 경우에는 적용하지 않는다.

2-12-7. bending 일반 공차

치수구분(㎜)	30 이상	30~100 이하	100~300 이하	300~1000 이하	1000~2000
치수 차	±0.4	±1.0	±1.5	±2.0	±3.0

주기: ① 두께 2.3㎜ 이하에 적용한다.
② 주요치수 L에 대하여 적용하지 않는다.

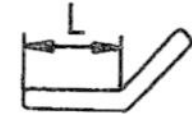

2-12-8. drawing 경의 일반 공차

치수구분(㎜) / 형상별	30 이상	30~100 이하	100~300 이하	300~1000 이하
원형	±0.5	±0.7	±1.0	±1.5
기타형상	±0.8	±1.0	±1.6	±2.4

주기: ① 두께 3.2㎜ 이하에 적용한다.

2-12-9. drawing의 높이, 깊이의 치수 차

높이, 깊이 치수 차 / 경의치수φ, □	30 이상	30~100 이하	100~300 이하	300~1000 이하
300 이하	±0.5	±1.0	±1.5	±2.0
300~1000	±1.0	±2.0	±3.0	±5.0

주기: ① φ와 □는 bending 단면 형상을 표시한다.

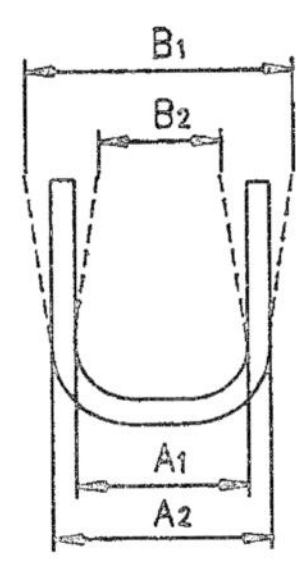

① punching 부품의 bending 면(통상 die 사용)

B_1 또는 B_2 = 기본 치수 A_1 또는 A_2 ±0.08 (소수치의 경우)

B_1 또는 B_2 = 기본 치수 A_1 또는 A_2 ±0.13 (분수치의 경우)

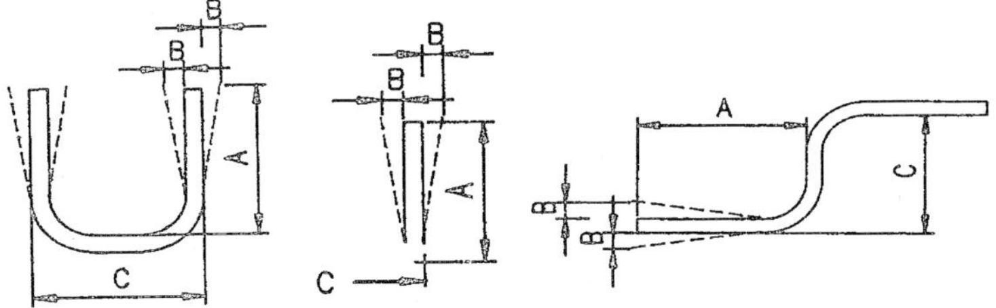

② 부품의 치수 공차(bending 기계 사용)

B = ±0.25(A의 25㎜당)

B는 C의 직선 공차에 넣어서는 안 됨.

bending 각(bending 기계 사용)

2-12-10. bending 부품의 공차

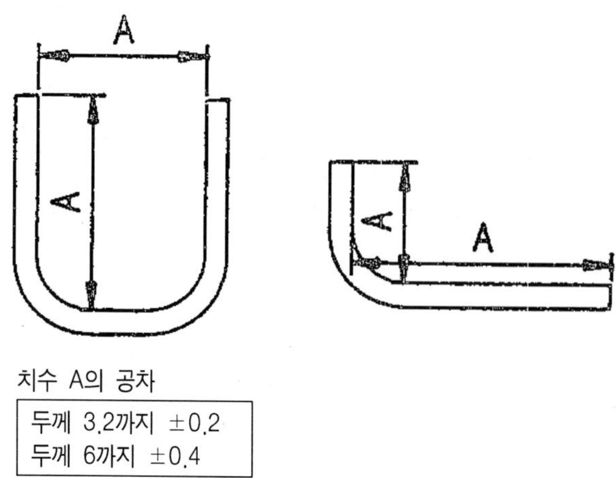

2-12-11. 성형윤곽 공차의 표시

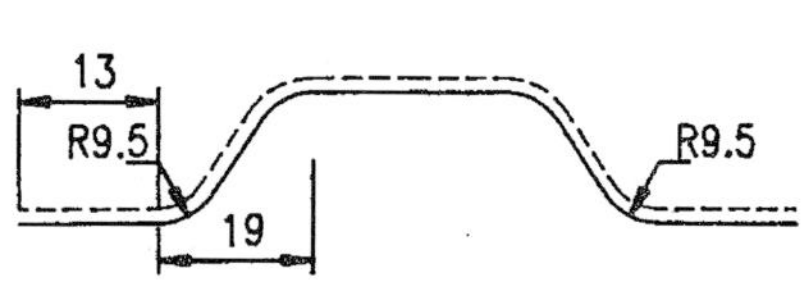

지정하지 않은 한도 내에서의 허용 변량은 ±0.8
바람직하지 않는 예

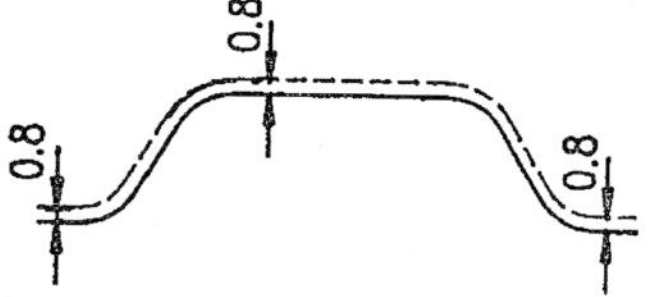

이 size의 증감은 결정된 공차를 넘지 않을 것. 호칭치수에 대한 성형윤곽의 공차는 ±0.8
바람직한 예

13) 치수구분에 의한 일반 공차

단위: ±㎜

치수구분	가공구분																										
	절삭가공				판금가공											모래형 주조가공		특수 주조가공		나무·고무가공	열경화성수지	열가소성수지	실크 스크린 위치 인쇄, 조각				인쇄·조각위치
	금속재료	비금속재료	드릴 구멍 가공		notch된 구멍직경		밴딩 가공		구멍 위치					스포트용접	용융용접												
									구멍 중심간 거리		구멍에서 밴딩까지		타원구멍 중심거리										인쇄면에 요철이 있을 때	인쇄면에 요철이 없을 때	눈금표시 경우	샤시	
			구멍경	깊이	금속	비금속	t2.5 미만	t2.5 이상	t2.5 미만	t2.5 이상	t2.5 미만	t2.5 이상				길이	살두께	다이캐스트	쉘몰드								
2	0.1	—	0.1 0.1	1.0	—	—	—	—	—	—	—	—	—	—	—	—	—	—	—	—	—		—	—	—	—	—
4		0.3	—	—	—	—	—	—	—	—	—	—	—	—	—	—	1.0	—	—	—	0.3		—	—	—	—	—
5	—	—	0.3	—	—	—	0.2	0.4	—	—	—	—	—	—	—	—	—	0.15	0.2	—	—	±0.1	—	—	—	—	—
6	—	—	—	2.0	0.2	0.5	—	—	—	—	—	—	—	—	—	—	—	—	—	—	—		—	—	—	—	—
8	0.2	—	—	—	—	—	—	—	—	—	—	—	—	—	—	—	—	—	—	0.5	—		—	—	—	—	—
10	—	—	0.5	—	—	—	—	—	—	—	—	—	—	0.3	—	—	1.5	—	0.3	—	0.5		—	—	—	—	—
16	—	—	—	—	—	—	0.3	0.6	—	—	—	—	—	—	—	—	—	0.2	—	—	—		—	—	—	—	—
18	—	—	—	—	—	—	—	—	0.2	0.3	—	—	—	—	—	1.5	2.0	—	—	—	—	±0.15	—	—	—	—	—
20	—	—	—	—	—	—	—	—	—	—	—	—	—	—	0.8	—	—	—	—	—	0.6		—	0.5	—	—	—
30	0.3	—	—	3.0	—	—	0.5	0.8	—	—	0.5	0.7	—	—	—	—	3.0	0.3	0.5	0.7	—		—	—	—	—	—

치수구분	가공구분																										
	절삭가공				판금가공											모래형 주조가공		특수 주조가공		나무·고무가공	열경화성수지	열가소성수지	실크 스크린 위치 인쇄, 조각				인쇄·조각위치
	금속재료	비금속재료	드릴 구멍 가공		notch된 구멍직경		밴딩 가공		구멍 위치					스포트용접	용융용접												
									구멍 중심간 거리		구멍에서 밴딩까지		타원구멍 중심거리														
			구멍경	깊이	금속	비금속	t2.5 미만	t2.5 이상	t2.5 미만	t2.5 이상	t2.5 미만	t2.5 이상				길이	살두께	다이캐스트	쉘몰드				인쇄면에 요철이 있을 때	인쇄면에 요철이 없을 때	눈금표시경우	샤시	
40	–	–	0.6	–	–	–	–	–	–	–	–	–	–	–	–	–	4.0	–	–	–	0.8		–	–	–	–	–
50	–	–	–	–	–	–	–	–	–	–	–	–	–	–	–	–	–	–	–	–	–		–	–	–	–	–
60	–	–	–	–	0.3	0.7	–	–	–	–	–	–	–	0.5	–	–	–	–	–	–	–	±0.2	–	–	–	–	–
80	–	–	–	–	–	–	0.7	1.2	–	–	–	–	–	–	–	–	–	0.4	0.7	1.0	–		–	–	–	–	–
100	–	–	–	–	–	1.0	–	–	–	–	–	–	1.5	–	–	–	–	–	–	–	1.0		–	–	–	–	–
125	0.5	–	–	–	–	–	–	–	–	–	–	–	–	–	–	–	–	–	–	–	–		1.0	–	0.5	1.0	0.5
160	–	–	–	–	0.4	–	–	–	–	–	–	–	–	–	–	2.0	–	–	–	–	–		–	–	–	–	–
180	–	–	–	–	–	–	0.9	1.5	–	–	–	–	–	–	–	–	–	0.5	0.9	1.4	1.3		–	–	–	–	–
200	–	–	–	–	–	–	–	–	–	–	–	–	–	0.7	1.0	–	–	–	–	–	–	±0.3	–	–	–	–	–
250	–	–	–	4.0	0.5	–	–	–	0.3	0.5	–	–	–	–	–	–	–	–	–	–	–		–	–	–	–	–
300	–	–	–	–	–	–	–	–	–	–	–	–	–	–	–	3.0	–	–	–	–	–		–	–	–	–	–
315	–	–	–	–	0.6	–	1.2	2.0	–	–	–	–	–	–	–	–	–	0.7	1.2	1.8	–		–	–	–	–	–
400	0.8	–	–	–	–	1.2	–	–	–	–	–	–	–	–	–	–	–	–	–	–	–	±0.6	–	–	–	–	–
500	–	–	–	–	0.7	–	1.6	2.4	–	–	0.8	1.0	–	–	–	4.0	–	–	–	–	–		–	–	–	–	–

<table>
<tr><th rowspan="5">치수구분</th><th colspan="27">가공구분</th></tr>
<tr><th colspan="4">절삭가공</th><th colspan="11">판금가공</th><th colspan="2">모래형 주조가공</th><th colspan="2">특수 주조가공</th><th rowspan="4">나무·고무가공</th><th rowspan="4">열경화성수지</th><th rowspan="4">열가소성수지</th><th colspan="4">실크 스크린 위치 인쇄, 조각</th><th rowspan="4">인쇄·조각위치</th></tr>
<tr><th rowspan="3">금속재료</th><th rowspan="3">비금속재료</th><th colspan="2" rowspan="2">드릴 구멍 가공</th><th colspan="2" rowspan="2">notch된 구멍직경</th><th colspan="2" rowspan="2">밴딩 가공</th><th colspan="5">구멍 위치</th><th rowspan="3">스포트용접</th><th rowspan="3">용융용접</th><th rowspan="3">길이</th><th rowspan="3">살두께</th><th rowspan="3">다이캐스트</th><th rowspan="3">쉘몰드</th><th rowspan="3">인쇄면에 요철이 있을 때</th><th rowspan="3">인쇄면에 요철이 없을 때</th><th rowspan="3">눈금표시경우</th><th rowspan="3">샤시</th></tr>
<tr><th colspan="2">구멍 중심간 거리</th><th colspan="2">구멍에서 밴딩까지</th><th rowspan="2">타원구멍 중심거리</th></tr>
<tr><th>구멍경</th><th>깊이</th><th>금속</th><th>비금속</th><th>t2.5미만</th><th>t2.5이상</th><th>t2.5미만</th><th>t2.5이상</th><th>t2.5미만</th><th>t2.5이상</th></tr>
<tr><td>800</td><td>—</td><td>—</td><td>—</td><td>—</td><td>0.8</td><td>—</td><td>—</td><td>—</td><td>—</td><td>—</td><td>—</td><td>—</td><td>—</td><td>1.0</td><td>1.5</td><td>—</td><td>—</td><td>1.0</td><td>1.6</td><td>2.5</td><td>—</td><td rowspan="2">±0.6</td><td>—</td><td>1.0</td><td>—</td><td>—</td><td>—</td></tr>
<tr><td>1000</td><td>—</td><td>—</td><td>—</td><td>—</td><td>—</td><td>1.8</td><td>—</td><td>—</td><td>—</td><td>—</td><td>—</td><td>—</td><td>—</td><td>—</td><td>—</td><td>5.0</td><td>—</td><td>—</td><td>—</td><td>—</td><td>—</td><td>—</td><td>—</td><td>—</td><td>—</td><td>—</td></tr>
<tr><td>1600</td><td>1.0</td><td>—</td><td>—</td><td>—</td><td>0.9</td><td>—</td><td>2.2</td><td>3.0</td><td>0.5</td><td>1.0</td><td>—</td><td>—</td><td>—</td><td>—</td><td>—</td><td>—</td><td>—</td><td>—</td><td>2.2</td><td>3.5</td><td>—</td><td rowspan="2">±1.0</td><td>—</td><td>—</td><td>—</td><td>—</td><td>—</td></tr>
<tr><td>2000</td><td>—</td><td>—</td><td>—</td><td>—</td><td>—</td><td>—</td><td>—</td><td>—</td><td>—</td><td>—</td><td>—</td><td>—</td><td>—</td><td>—</td><td>—</td><td>—</td><td>—</td><td>—</td><td>—</td><td>—</td><td>—</td><td>—</td><td>—</td><td>—</td><td>—</td><td>—</td></tr>
<tr><td>3000</td><td>—</td><td>—</td><td>—</td><td>—</td><td>—</td><td>—</td><td>3.0</td><td>5.0</td><td>—</td><td>—</td><td>—</td><td>—</td><td>—</td><td>—</td><td>—</td><td>7.0</td><td>—</td><td>—</td><td>3.0</td><td>4.5</td><td>—</td><td>—</td><td>—</td><td>—</td><td>—</td><td>—</td><td>—</td></tr>
<tr><td></td><td>—</td><td>—</td><td>—</td><td>—</td><td>—</td><td>—</td><td>—</td><td>—</td><td>—</td><td>—</td><td>—</td><td>—</td><td>—</td><td>—</td><td>—</td><td>—</td><td>—</td><td>—</td><td>—</td><td>—</td><td>—</td><td>±2.0</td><td>—</td><td>—</td><td>—</td><td>—</td><td>—</td></tr>
<tr><td>공차구분</td><td>A−1</td><td>A−2</td><td>A−3</td><td>A−4</td><td>B−1</td><td>B−2</td><td>B−3</td><td>B−4</td><td>B−5</td><td>B−6</td><td>B−7</td><td>B−8</td><td>B−9</td><td>B−10</td><td>B−11</td><td>C−1</td><td>C−2</td><td>D−1</td><td>D−2</td><td>E</td><td>F</td><td>G</td><td>H−1</td><td>H−2</td><td>H−3</td><td>H−4</td><td>H−5</td></tr>
<tr><td>기타</td><td colspan="4">– 각도 차 직각 ±0.5° 그 외 1.0°
– 드릴 팁의 각도 차 어느 방향에서든 12°</td><td colspan="11">– 각도 차 직각밴딩 ±1.5° 그 외 밴딩 ±2.0°
– 위치의 각도 차 ±1.0° –드릴, 탭의 각도 차. 어느 방향에서든 ±2° –절단의 경우는 notch 가공 공차에 준한다.
– 탭 위치는 구멍 위치에 준한다.
– 구멍 위치는 비금속 재료도 포함 적용한다.</td><td colspan="4">– 뽑기 테이퍼에 의한 치수 변경은 공차에 포함하지 않는다.</td><td colspan="3">– R변경의 허용공차는 지정된 치수에 될 수 있는 대로 근접시키는 것으로 한다.</td><td colspan="5">– 부식이 있을 시는 평면으로 간주.</td></tr>
</table>

14) 일반 공차 규격

항목	등급	치수구분					
		1~6	6~30	30~100	100~300	300~1000	1000~2000
외경	3급	±0.3	±0.6	±0.9	±1.5	±2.4	±3.6
내경	3급	±0.3	±0.6	±0.9	±1.5	±2.4	±3.6
직원도	3급	±0.3	±0.6	±0.9	±1.5	±2.4	±3.6
편심(동심도)	3급	±0.3	±0.6	±0.9	±1.5	±2.4	±3.6
평면도	2급	±0.2	±0.4	±0.6	±1.0	±1.6	±2.4
평면도	3급	±0.3	±0.6	±0.9	±1.5	±2.4	±3.6
평면도	4급	±0.4	±0.8	±1.2	±2.0	±3.2	±4.8
길이	3급	±0.3	±0.6	±0.9	±1.5	±2.4	±3.4
폭	3급	±0.3	±0.6	±0.9	±1.5	±2.4	±3.4
구멍경	3급	±0.3	±0.6	±0.9	±1.5	±2.4	±3.4
구멍 중심거리	3급	±0.3	±0.6	±0.9	±1.5	±2.4	±3.4
R	4급	±0.4	±0.8	±1.2	±2.0	±3.2	±4.8
밴딩 각도90°	4급	±0.4	±0.8	±1.2	±2.0	±3.2	±4.8
밴딩 각도90° 이하	4급	±0.4	±0.8	±1.2	±2.0	±3.2	±4.8
bending치수	4급	±0.4	±0.8	±1.2	±2.0	±3.2	±4.8
drawing 원형의 구멍	3급	±0.3	±0.6	±1.9	±1.5	±2.4	±3.6
drawing 구멍의 경	4급	±0.4	±0.8	±1.2	±2.0	±3.2	±4.8
drawing높이	3급	±0.3	±0.6	±0.3	±1.5	±2.4	±3.6

15) 타발형 일반 공차

2-15-1. 타발형 제작의 일반 공차

치수범위	기계공작 일반 공차	열처리 일반 공차	타발제품 일반 공차
~3	±0.045	±0.044	±0.070
~6	±0.060	±0.060	±0.090

표계속

치수범위	기계공작 일반 공차	열처리 일반 공차	타발제품 일반 공차
~10	±0.075	±0.075	±0.110
~18	±0.090	±0.096	±0.155
~30	±0.105	±0.124	±0.165
~60	±1.125	±0.147	±0.195
~80	±0.150	±0.172	±0.230
~120	±0.175	±0.204	±0.270
~180	±0.200	±0.242	±0.315
~250	±0.230	±0.279	±0.360
~315	±0.260	±0.309	±0.405
~400	±0.285	±0.405	±0.440
~500	±0.315	±0.485	±0.485

(주) 작업 일반 공차는 ±0.3으로 한다.

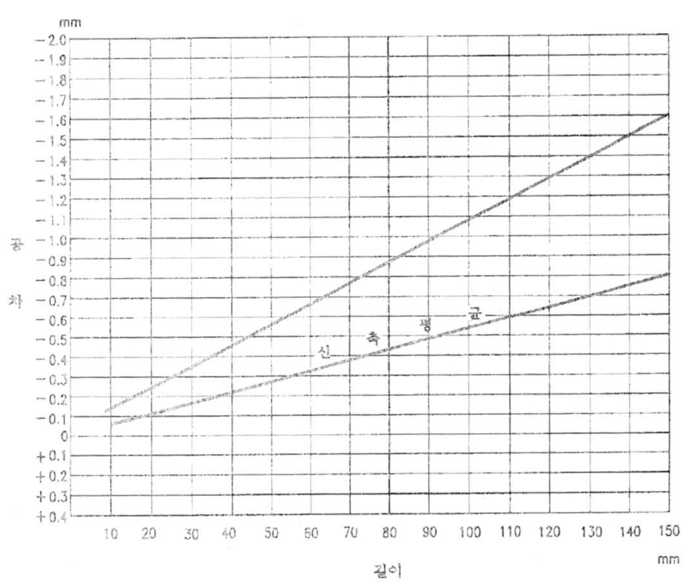

① 재질: PL−111(페놀수지 적층판 1종1호1급)
② 두께 적용범위: 0.5~1.6㎜
③ 치수 적용범위: 20~130㎜
④ 가열방법: 전열기 또는 가스가열기
⑤ 평균 신축률: 0.527%
⑥ 판타발에 의한 공차 curve

2−15−2. bakelite판 타발 치수 공차

16) 프레스, 판금 일반 공차

(1) 적 용

이 규격은 금속 및 수지재료를 프레스 또는 판금 가공한 공작물의 도면 등에 특정의 허용차가 지정되지 않은 치수에 대해서 적용된다.

(2) 일반 공차

일반 공차라는 것은 허용차가 도면 등에 지정되지 않은 치수에 대해서 지정되며 공장에서 통상적인 관리하에 할 수 있는 정도를 가리키는 것이다.

① 일반 공차를 적용한 치수부분은 원칙적으로 검사를 행하지 않으므로 공장에서 품질을 보증하기 위해서 충분한 관리를 행하지 않으면 안 된다.

② 공작물의 실제 치수가 일반 공차에서 벗어난 경우는 그 채택여부를 관계자와 협의하여 결정함과 동시에 공장은 기술수준을 높일 수 있게 관리체제를 개선하지 않으면 안 된다.

③ 설계 시 일반 공차로써 만족할 수 없는 특정한 허용차를 필요로 하는 경우는 그 허용차를 도면상에 기록하지 않으면 안 된다.

　또 일반 공차보다 여유를 주어도 좋은 경우에서도 절대로 지키지 않으면 안 될 때에는 그 허용차를 지정하지 않으면 안 된다.

④ 도면에 특정의 허용차가 지정되어 있지 않은 경우, 곧 일반 공차를 적용하는 경우라 하더라도 제조기술상 특정의 허용차를 필요로 하는 경우는 작업사양서, 작업지도서 등에 따로 허용차를 지정하지 않으면 안 된다.

⑤ 규격에 표시한 구분 외에 치수에 대한 허용차는 원칙적으로 도면에 지정한다.

(3) 피어싱 치수, 위치, 브랭킹 외형 치수의 허용차

프레스에 의해 피어싱 가공한 구멍의 치수, 위치 및 브랭킹 외형 치수에 대한 허용차는 다음에 의한다.

① 피어싱 구멍의 치수

피어싱 구멍의 치수 d에 대한 일반 공차는 아래 표에 한한다.

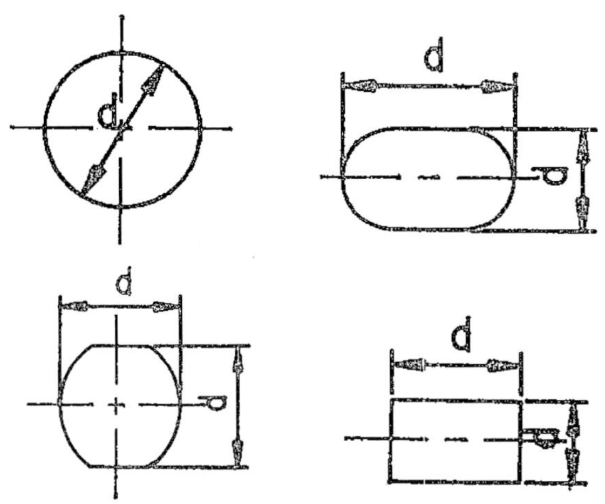

(단위 ㎜)

재질	d / 두께	3 이하	3~6 이하	6~18 이하	18~30 이하	30~50 이하	50~80 이하	80~180 이하	180~315 이하	315~530 이하
금속	1.0 이하	+0.15 −0.05	+0.10 −0.05	+0.15 −0.05	+0.2 −0.1	±0.2	±0.2	±0.3	±0.3	±0.4
	1.0~3.0	+0.2 −0.05	+0.20 −0.05	+0.2 −0.05	+0.25 −0.1	±0.25	±0.25	±0.4	±0.4	±0.5
	3.0 초과	−	+0.2 −0.1	+0.2 −0.1	+0.25 −0.15	±0.3	±0.3	±0.5	±0.3	±0.8
수지	0.5 이하	±0.1	±0.1	±0.15	±0.15	±0.2	±0.25	±0.3	±0.4	±0.5
	0.5~2.0 이하	±0.1	±0.15	+0.2 −0.15	+0.25 −0.2	±0.25	±0.3	±0.4	±0.5	±0.6
	2.0~6.0 이하	+0.15 −0.1	+0.2 −0.15	+0.3 −0.15	+0.3 −0.2	±0.3	±0.4	±0.5	±0.8	±1.0

② 구멍과 구멍의 중심거리

구멍과 구멍의 중심거리 L_1에 대한 일반 공차는 아래 표에 의한다.

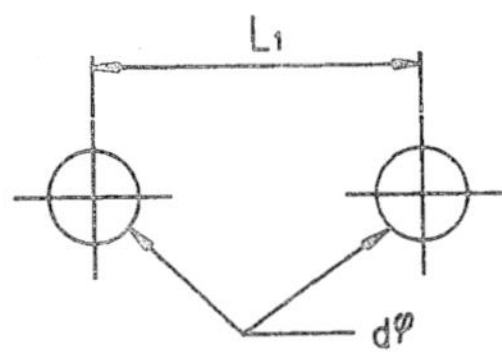

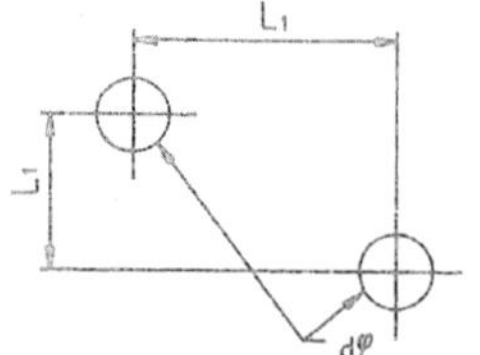

(단위 ㎜)

재질	L_1 \ d^{ϕ}	6 이하	6~18 이하	18~30 이하	30~50 이하	50~80 이하	80~180 이하	180~315 이하	315~530 이하
금속	50 이하	±0.1	±0.15	±0.2	±0.25	±0.3	±0.3	±0.3	±0.4
	50~160 이하	±0.15	±0.2	±0.25	±0.3	±0.3	±0.4	±0.4	±0.5
	160~135 이하	±0.3	±0.3	±0.3	±0.4	±0.4	±0.5	±0.5	±0.6
	315~630 이하	±0.4	±0.4	±0.4	±0.5	±0.5	±0.6	±0.6	±0.8
	630 초과	±0.5	±0.5	±0.5	±0.6	±0.6	±0.8	±1.0	±1.2
수지	50 이하	±0.15	±0.2	±0.25	±0.3	±0.4	±0.4	±0.4	±0.5
	50~160 이하	±0.2	±0.25	±0.3	±0.4	±0.4	±0.5	±0.5	±0.5
	160~630 이하	±0.3	±0.3	±0.4	±0.5	±0.5	±0.6	±0.6	±0.8

비고
① 장공, 절원공, 가공 등의 경우 d의 구부은 위 그림에 표시한 중심거리 방향이 지름 혹은 폭에 의한다.
② 두 개 구멍의 지름이 다른 경우에는 큰 구멍에 대한 일반 공차를 이용한다.
③ 두 개의 구멍이 중심선부터 치수를 지정한 경우에는 구멍과 구멍의 중심거리에서 환산한다.
④ 구멍 위치가 각도로써 지정된 경우에는 중심각에서 환산한다.

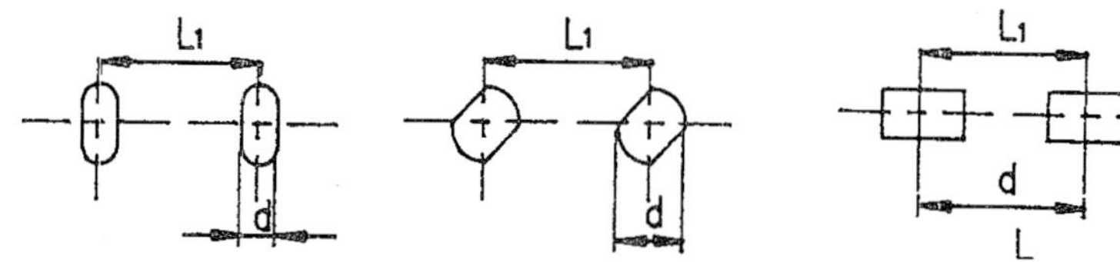

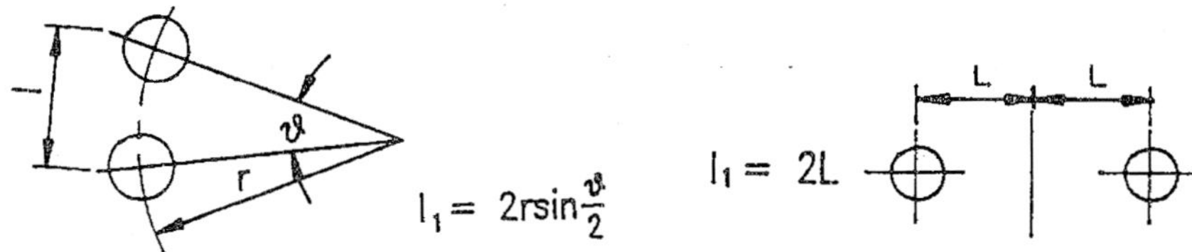

③ 구멍의 중심선과 테두리와의 거리, 기준선과 구멍 중심과의 거리, 중심선상의 구멍 위치, 구멍의 중심과 테두리와의 거리 l_2, 기준선과 구멍의 중심과의 거리 l_3 및 중심선상의 구멍 위치 l_4에 대한 허용차는 아래 표에 의한다.

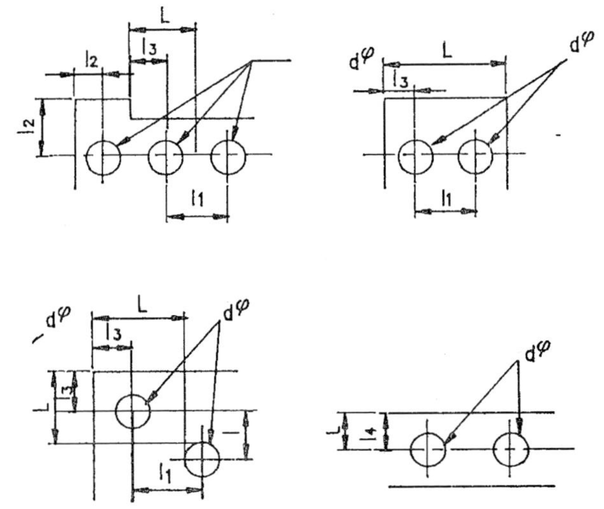

재질	d^{ϕ} / l_2 l_3 l_4	6 이하	6~18이하	18~30 이하	30~50 이하	50~80 이하	80~180 이하	180~315 이하	315~630 이하
금속	50 이하	±0.15	±0.02	±0.25	±0.3	±0.3	±0.3	–	–
	50~160 이하	±0.2	±0.25	±0.3	±0.35	±0.4	±0.4	±0.4	–
	160~315 이하	±0.3	±0.3	±0.3	±0.4	±0.4	±0.5	±0.5	±0.6
	315~630 이하	±0.4	±0.14	±0.4	±0.5	±0.5	±0.6	±0.6	±0.8
	630 이상	±0.5	±0.5	±0.5	±0.6	±0.6	±0.8	±1.0	±1.2

표계속

재질	l_2 l_3 l_4 \ d^{ϕ}	6 이하	6~18이하	18~30 이하	30~50 이하	50~80 이하	80~180 이하	180~315 이하	315~630 이하
수지	50 이하	±0.2	±0.25	±0.3	±0.35	±0.4	±0.4	–	–
	50~160 이하	±0.25	±0.3	±0.35	±0.4	±0.4	±0.5	±0.5	–
	160~315 이하	±0.3	±0.3	±0.4	±0.5	±0.5	±0.6	±0.6	±0.8

비고 ① 기준선과 구멍의 중심선과의 거리 l라는 것은, L, l 및 중심선에 의해 지정한 경우는 환산해서 얻은 수치를 말한다.
② 중심선상의 구멍 위치 l라는 것은 L과 중심선에 의해 지정한 경우는 환산해서 얻은 수치를 말한다.

④ 브랭킹 외형 치수

브랭킹 외형 치수에 대한 일반 공차는 아래 표와 같다.

재질	판 두께 \ 외형 치수	25 이하	25~50 이하	50~100 이하	100~200 이하	200 이상
금속	0.5 이하	±0.15	±0.15	±0.2	±0.25	±0.3
	0.5~1.0 이하	±0.15	±0.2	±0.25	±0.3	±0.35
	1.0~3.0 이하	±0.2	±.025	±0.3	±0.35	±0.4
	3.0 이하	±0.25	±0.3	±0.35	±0.4	±0.5
수지	0.5 이하	+0.15 −0.2	+0.15 −0.2	+0.15 −0.3	+0.2 −0.35	+0.2 −0.4
	0.5~1.0 이하	+0.15 −0.25	+0.15 −0.3	+0.15 −0.35	+0.2 −0.4	+0.2 −0.5
	1.0~2.0 이하	+0.15 −0.3	+0.15 −0.35	+0.2 −0.4	+0.2 −0.5	+0.2 −0.6
	2.0 이상	+0.15 −0.25	+0.2 −0.4	+0.25 −0.45	+0.3 −0.6	+0.3 −0.8

⑤ 피어싱 구멍, 브랭킹 외형의 진원도, 평행도, 피어싱 구멍, 브랭킹 외형의 진원도 m, 평행도 f는 규정된 공차범위의 1/2로 한다.

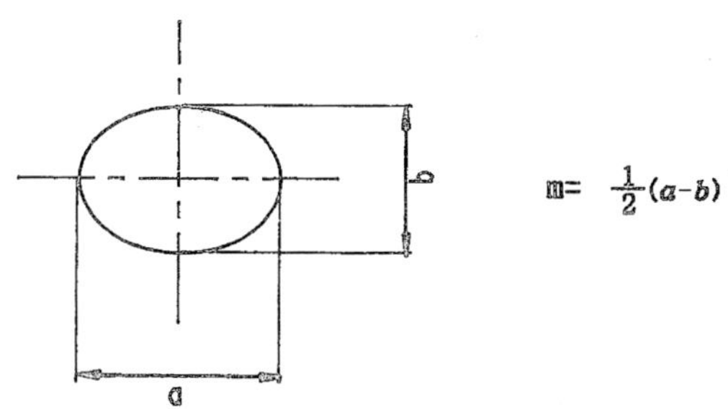

비고 ① 진원도라는 것은 형태 및 위치의 정도의 정의 및 표시에 규정한 것으로서 동일 단면에서 지름의 최대치수와 최소치수의 차의 1/2을 말한다.

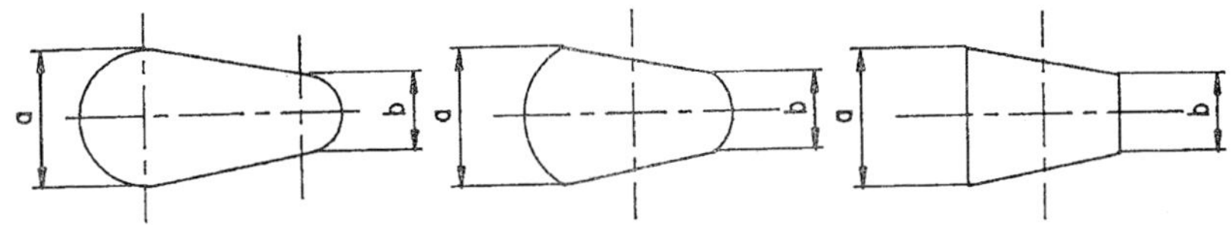

② 평행도라는 것은 브랭캥 외형의 최대치수와 최소치수의 차를 말한다.
f=a−b

(4) 밴딩 치수의 일반 공차

프레스 또는 프레스 브레이크에 의해 밴딩 가공한 위치, 높이 등의 치수에 대한 허용차는 다음에 의한다.

① 밴딩 위치, 밴딩 높이: 밴딩 위치 I, 밴딩 높이 L에 대한 허용차는 다음에 의한다.

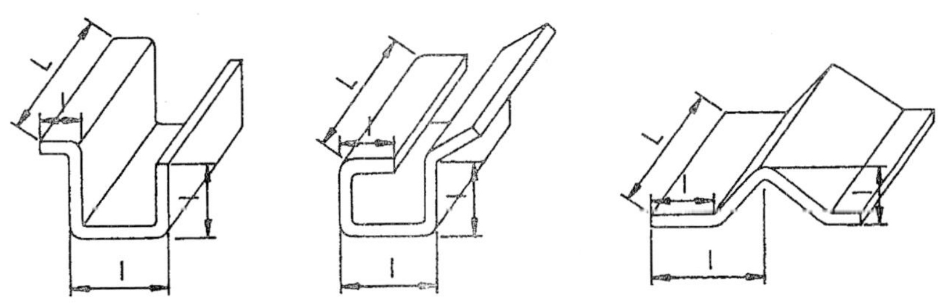

가. press 가공

두께	6 이하	6~50 이하	50~600 이하
1.0 이하	±0.15	±0.2	±0.3
1.0~3.0 이하	±0.2	±0.3	±0.4
3.0 이상	±0.3	±0.3	±0.4

나. press brake

L / L 긴 쪽의 길이	50 이하	50~315 이하	315~1250 이하	1250 이상
200 이하	±0.3	±0.4	±0.6	±1.0
200~630 이하	±0.3	±0.5	±0.8	±1.2
630~2000 이하	±0.4	±0.6	±1.0	±1.5
2000 이상	±0.5	±0.8	±1.2	±2.0

② bending 평행도

bending 평행도 f는 앞에서 규정한 공차범위의 1/2로 한다.

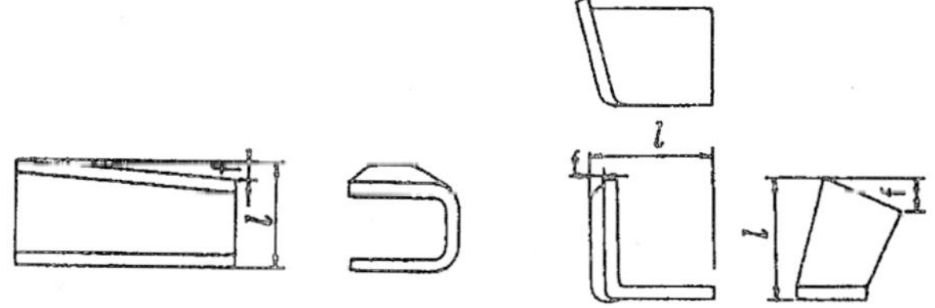

③ bending 비틀어짐

밴딩 비틀어짐의 높이 h는 앞에서 규정한 공차범위의 1/2로 한다.

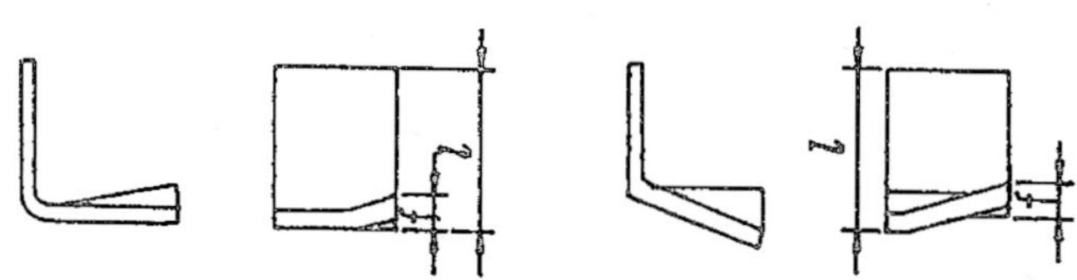

④ **bending 각도:** 직각도 e 및 직각이 아닌 각도 ϑ에 대한 일반 공차는 아래 표에 의한다.

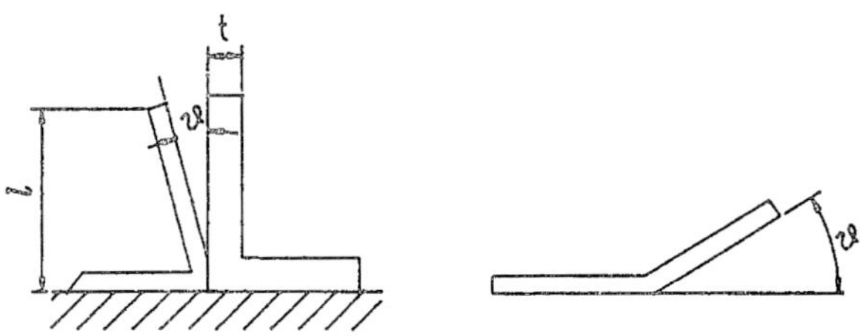

가. press 가공

밴딩 각도	두께	12 이하	12~30 이하	30~50 이하	50~100 이하	100~200 이하	200~1000 이하
직각	1 이하	±0.3	±0.3	±0.4	±0.5	±0.7	±1.0
	1 이상	±0.2	±0.2	±0.3	±0.4	±0.6	±1.0
직각이 아닌 각도	1 이하	±1° 30′	±1°	±40′	±30′	±30′	±20′
	1 이상	±1°	±1°	±30′	±30′	±30′	±20′

나. press brake 가공

밴딩 각도	L	ϑ_1	ϑ_2	ϑ_3
직각	200 이하	±0.3	±0.8	±1.6
	200~630 이하	±0.4	±1.0	±1.8
	630~2000 이하	±0.5	±1.2	±2.0
	2000 이상	±0.6	±0.6	±2.2
직각이 아닌 각도	200 이하	±1° 30′	±1° 30′	±1°
	200~630 이하	±2°	±2°	±1°
	630~2000 이하	±3°	±3°	±1° 30′
	2000 이상	±3°	±2°	±1° 30′

note: 직각도는 원칙적으로 피측정물을 정반 위에 놓고 직각자를 맞줄 때 피측성불 선난에 있어서의 틈새를 말한다.

⑤ **bending 반경**

bending 반경 R에 대한 일반 공차는 아래 표에 의한다.

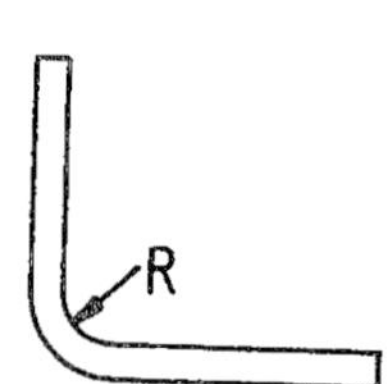

두께 \ R	1.5 이하	1.6~3.0 이하	3.0~6.0 이하	6.0 초과
1.0 이하	+0.4 −0.1	+0.6 −0.3	+0.8 −0.4	+1.5 −1.7
1.0 이상	+0.3 −0.1	+0.4 −0.2	+0.6 −0.3	+1.0 −0.5

(5) projection embossing 높이의 일반 공차

press 가공한 projection embossing의 높이 h에 대한 일반 공차는 아래 표에 의한다.

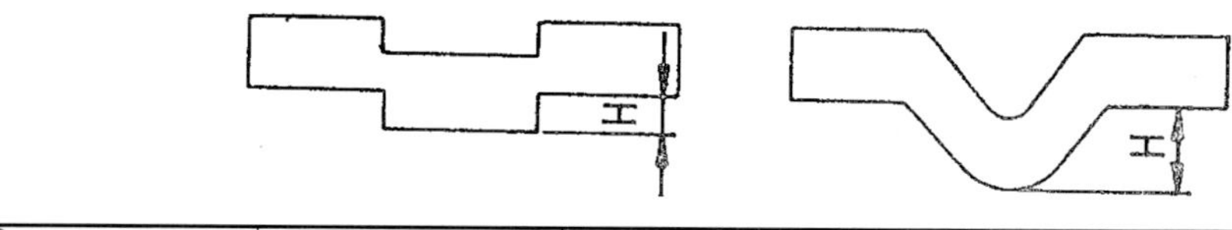

두께 \ H	0.5 이하	0.6~3.0 이하	1.1~1.5	1.5 이상
1.0 이하	+0.1 −0.05	+0.1 −0.05	−	−
1.1~3.0	+0.1 −0.05	+0.15 −0.05	+0.15 −0.1	+0.2 −0.1
3.0 이상	+0.15 −0.05	+0.15 −0.1	+0.2 −0.1	+0.2 −0.1

(6) 판금조립, 판금사상, 판 절단 치수의 일반 공차

나사 이음, 코킹, 용접 등에 의한 판금조립, 판금사상, 전단에 의한 판 절단 치수의 일반 공차는 다음에 의한다.

① 판금조립, 판금사상 치수

판금조립, 판금사상 치수 t에 대한 일반 공차 및 직각도 e는 아래 표에 한한다.

t	25 이하	25~50	50~100	100~300	300~600	600~1000	1000~1500	1500~2000	2000~3000
일반 공차	±0.3	±0.35	±0.4	±0.6	±0.8	±1.0	±2.0	±2.0	±2.0
직각도	±0.3	±0.35	±0.4	±0.6	±0.8	±1.0	±1.5	±2.5	±3.0

② 평행도, 판금조립, 판금사상에 의한 평행도는 앞에서 규정한 공차범위의 1/2로 한다.

③ 판 절단 치수

판 절단 치수에 관한 일반 공차는 아래 표에 의한다.

재질	절단치수 / 두께	25 이하	25~50	50~100	100~200	200~500	500~1000	1000~2000	2000~3000
금속	1 이하	±0.3	±0.3	±0.3	±0.4	±0.5	±0.6	±1.0	±1.5
	1~3 이하	±0.3	±0.4	±0.4	±0.5	±0.6	±0.7	±1.0	±1.5
	3 이상	±0.5	±0.5	±0.7	±0.7	±1.0	±1.0	±1.5	±2.0
수지	1 이하	±0.3	±0.3	±0.4	±0.4	±0.5	±0.6	±	±
	1 이상	외관상의 이유로 일반적으로 밀링 가공한다.							

note: 금속판을 press용 strip 폭으로 절단할 때에도 적용한다.

17) 공구용 일반 공차

이 규격은 치공구, 설비류의 설계, 제작에 있어서 기계가공을 행하는 것으로 특정한 허용차를 지정하지 않은 치수에 대하여 이용하는 일반 공차에 대해서 규정한다.

(1) 평면 다듬질

평면 다듬질의 일반 공차는 아래에 의한다.

① 길이, 두께, 폭

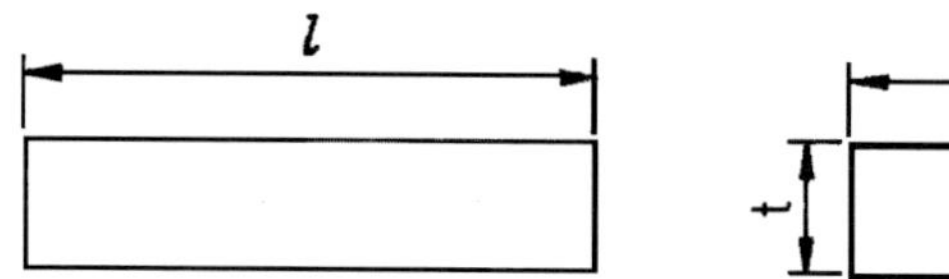

가공종별	재질 \ lbt	10 이하	10~50	50~120	120~260	260~500
밀링 형삭	금속	±0.10	±0.15	±0.20	±0.25	±0.30
	비금속	±0.15	±0.20	±0.25	±0.30	±0.40
연삭	금속	±0.05	±0.10	±0.10	±0.15	±0.20

② 평행도, 평면도(기울어짐, 굴곡을 포함)

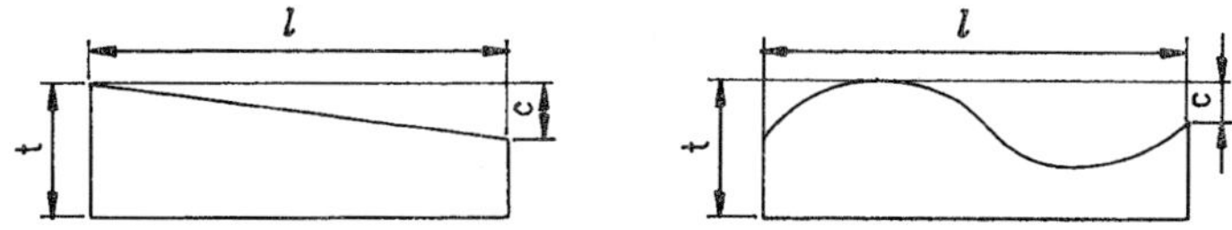

(단위 ㎜)

가공종별	재질 \ 절삭길이	10 이하	10~50	50~120	120~260	260~500
밀링 형삭	금속	±0.05	±0.10	±0.20	±0.20	±0.25
	비금속	±0.10	±0.15	±0.25	±0.30	±0.35
연삭	금속	±0.01	±0.02	±0.04	±0.06	±0.08

note: 위의 공차는 판 두께와 길이의 비가 1:20 이하의 경우에만 적용한다. 또 stainless, aluminum 등에 대해서는 밀링 및 형삭은 비금속같이 하고 연삭에 대해서는 위 공차의 2배로 한다.

③ 각 도

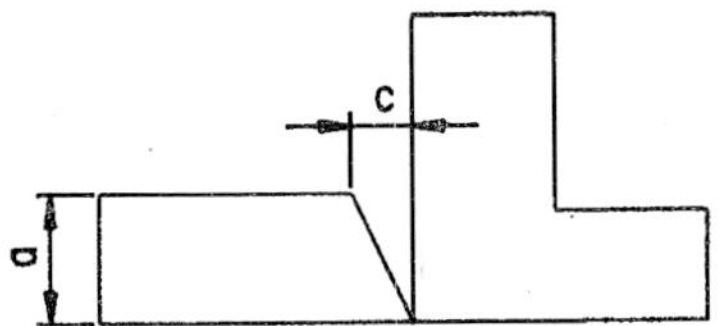

(단위 mm)

가공종별	절삭길이 / 재질	10 이하	10~50	50~120	120~260
밀링 형삭	금속	±0.05	±0.05	±0.10	±0.15
	비금속	±0.05	±0.10	±0.2	±0.30
연삭	금속	±0.02	±0.04	±0.06	±0.08

note: 공차는 정반 위에 기변을 밑으로 오게 놓고 직각자를 대었을 때 측정물 선단에 대한 간격(c)으로 표시한다.

(2) 선삭 및 카보링(carboring)

선삭과 carboring의 일반 공차는 다음에 의한다.

① 선삭의 길이 t 및 끝면의 평행도

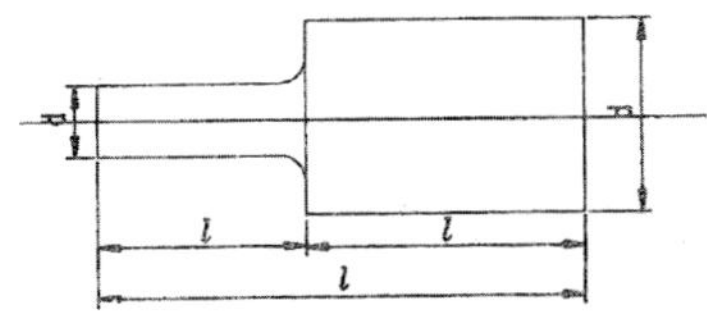

(단위 mm)

재질 t	10 이하	10~50	50~120	120~260	260~500
금속	±0.15	±0.20	±0.25	±0.30	±0.40
비금속	±0.20	±0.25	±0.30	±0.35	±0.45

note: ① 위의 공차는 100 이하의 것에만 적용한다.
② 양 끝면의 평행도 공차는 위 공차의 1 / 2로 한다.

② 선삭의 외경 d, 외경의 진원도, 축 방향의 휨

(단위 ㎜)

재질	l \ d	6 이하	6~15	15~50	50~120	120 초과
금 속	20 이하	±0.05	±0.05	±0.08	±0.08	±0.10
	20~60	±0.08	±0.08	±0.08	±0.10	±0.13
	60 초과	–	–	±0.10	±0.13	±0.15
비금속	20 이하	±0.08	±0.10	±0.10	±0.13	±0.15
	20~60	±0.10	±0.13	±0.13	±0.15	±0.18
	60 초과	–	–	±0.18	±0.18	±0.20

note: ① 외경 진원도의 공차는 본 표의 공차의 1/2로 한다.
② 축 방향의 휨 공차는 본 표 공차의 1/2로 한다.

③ count boring 길이

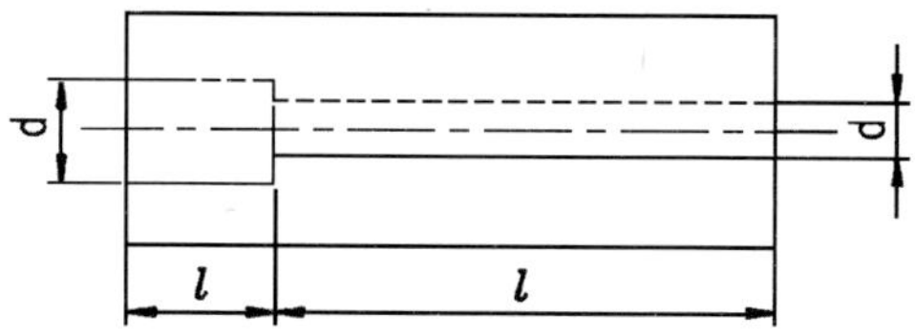

(단위 ㎜)

재질 \ l	10 이하	10~50	50~120	120~260	260 초과
금 속	±0.20	±0.25	±0.30	±0.35	±0.45
비금속	±0.25	±0.30	±0.35	±0.45	±0.55

note: 상표의 공차는 내경 100 이하의 것에만 적용한다.

④ count boring 내경, d, 내경의 진원도, 축 방향의 휨

(단위 ㎜)

재질	l \ d	6 이하	6~15	15~50	50~120	120 초과
금속	20 이하	±0.08	±0.08	±0.10	±0.13	±0.13
	20~60	±0.10	±0.10	±0.13	±0.15	±0.18
	60 초과	–	–	±0.15	±0.18	±0.20
비금속	20 이하	±0.10	±0.10	±0.15	±0.18	±0.20
	20~60	±0.13	±0.13	±0.18	±0.20	±0.25
	60 초과	–	–	±0.20	±0.25	±0.30

note: ① 내경 진원도의 공차는 본 표 공차의 1 / 2로 한다.
② 축 방향의 휨 공차는 본 표 공차의 범위로 한다.

(3) drill 구멍의 위치 및 지름의 일반 공차

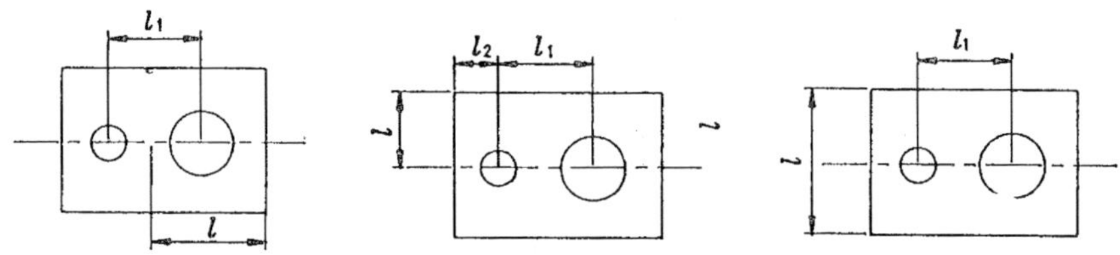

① 구멍과 구멍의 중심거리(l1) 또는 구멍의 중심과 가장자리의 거리(l)

(단위 ㎜)R

재질	l_1 l_2 \ 구멍직경(d)	4 이하	4 초과 10 이하	10 초과 50 이하
금속 및 비금속	10 이하	±0.15	±0.15	±0.30
	10~50	±0.10	±0.20	±0.35
	50~100	±0.15	±0.25	±0.40
	100~500	±0.20	±0.35	±0.50
	500 초과	±0.25	±0.45	±0.60

note: 2개의 구멍지름이 다를 경우에는 큰 구멍의 공차를 적용한다.

② 기준선과 구멍 중심 사이의 거리(l3) 또는 중심선상의 구멍 위치(l4)

(단위 ㎜R)

재질	구멍직경(d) / l_3 l_4	4 이하	4 초과 10 이하	10 초과 50 이하
금속 및 비금속	10 이하	±0.10	±0.10	±0.15
	10~50	±0.10	±0.15	±0.20
	50~100	±0.10	±0.20	±0.25
	100~500	±0.20	±0.25	±0.30
	500 초과	±0.25	±0.30	±0.35

note: 2개의 구멍지름의 다를 경우에는 큰 구멍의 공차를 적용한다.

③ 구멍지름(d), 구멍의 진원도

(단위 ㎜)

구멍직경(d) / 재질	3 이하	3~6	6~12	12~25	25~50
금속	+0.05 −0.03	+0.10 −0.03	+0.15 −0.03	+0.20 −0.03	+0.25 −0.03
비금속	+0.10 −0.03	+0.15 −0.03	+0.20 −0.03	+0.25 −0.05	+0.35 −0.05

note: ① 위 표의 공차는 구멍의 깊이가 구멍직경의 3배 이하의 것에만 적용한다.
② 구멍의 진원도 공차는 본 표 범위로 한다.

(4) 편심의 일반 공차

① 원통의 중심선과 중심선과의 편심

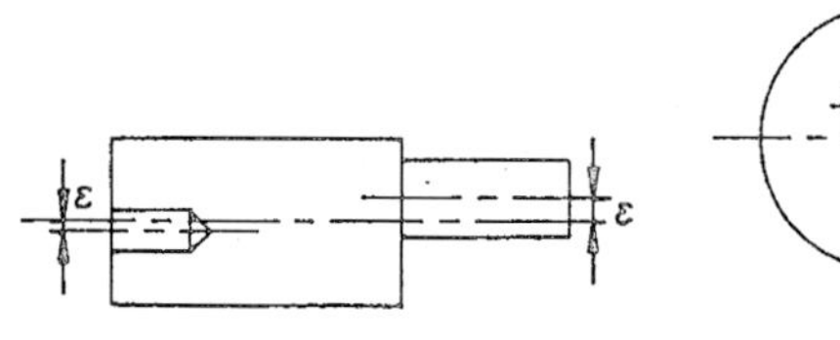

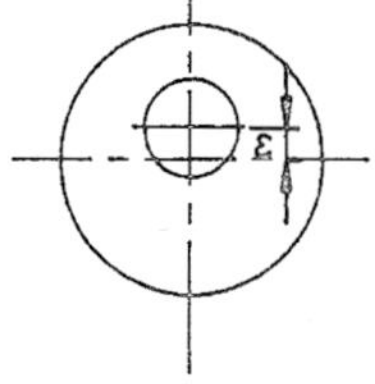

(단위 ㎜)r

가공 종별	편심 ε
선삭	0.03 이하
연삭	0.05 이하

② 각 통의 중심선과 중심선과의 편심

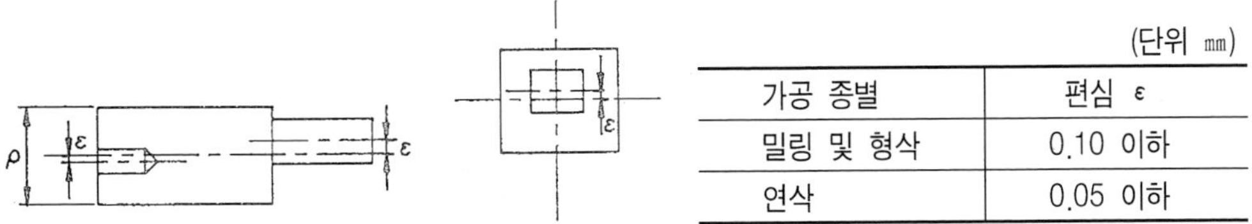

(단위 ㎜)

가공 종별	편심 ε
밀링 및 형삭	0.10 이하
연삭	0.05 이하

③ 홈 부분 또는 凸 부분의 기준 중심선과의 거리편심, 또는 기준중심선에 대한 홈 부분 등의 편심

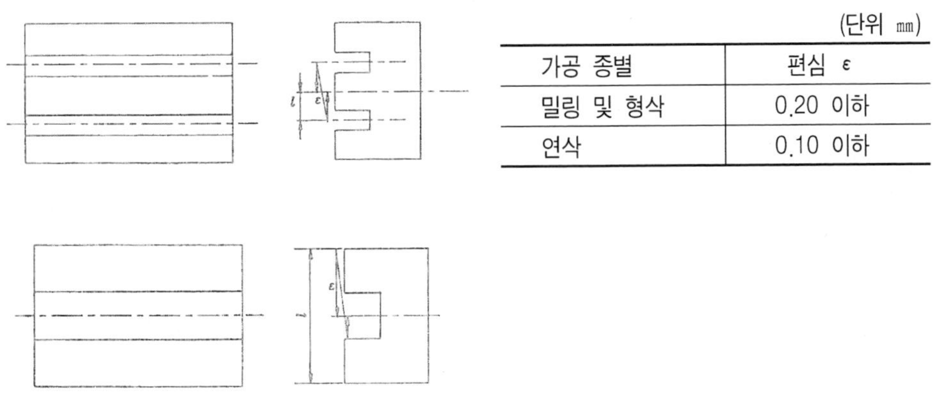

(단위 ㎜)

가공 종별	편심 ε
밀링 및 형삭	0.20 이하
연삭	0.10 이하

18) 일반 금속용 clearance

일반적인 전단가공을 할 때 사용되는 press형의 punch 및 die 사이의 편측간격 (clearance)에 대하여 규정한다.

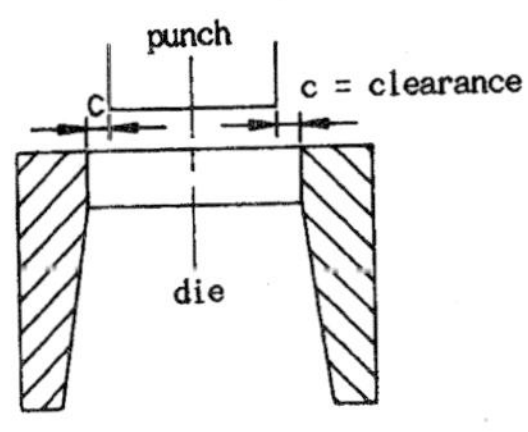

(1) 설계상의 주의 사항

① **clearance를 정하는 방법:** 펀칭하여 따낸 부분을 제품으로 사용할 때에는 다이 치수를 제품치수로 하여 펀치를 clearance만큼 작게 하고, 펀치하여 구멍을 제품상에 사용할 때는 펀치치수를 제품치수로 하여 다이를 clearance만큼 크게 한다.

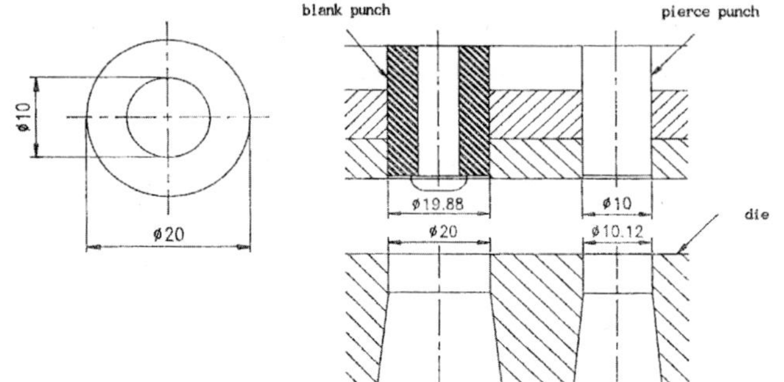

제품도
제품두께: t=1.2
재질: spcl
clearance: 5%=0.06

② **clearance의 도면 지시**

clearance의 치수는 다음과 같이 도면 중 필요한 곳에 지시한다.

계산치수	도면지시
0.004 이하	0
0.004 초과 0.007 이하	0.005
0.007 초과 0.01 이하	0.01
0.01 초과	반올림하여 0.01 단위까지 기입

③ **각 부분(모서리부)의 clearance를 정하는 법**

clearance를 정하는 법으로서 각 모서리의 형상에 대해서는 원칙적으로 아래에 한한다.

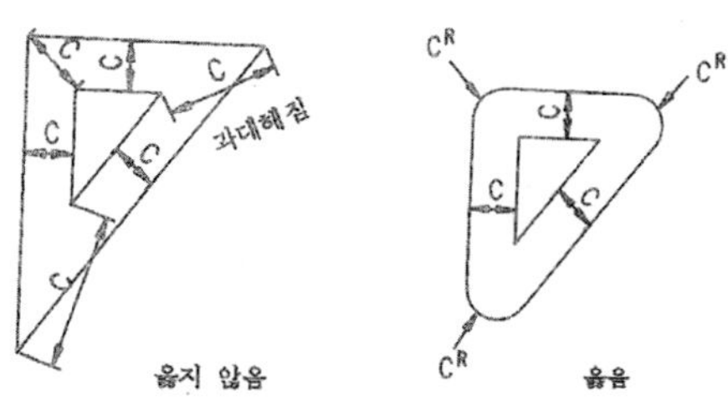

절단작업에서 clearance를 정하는 법은 제품형상에 의해 고려해 볼 필요가 있다.

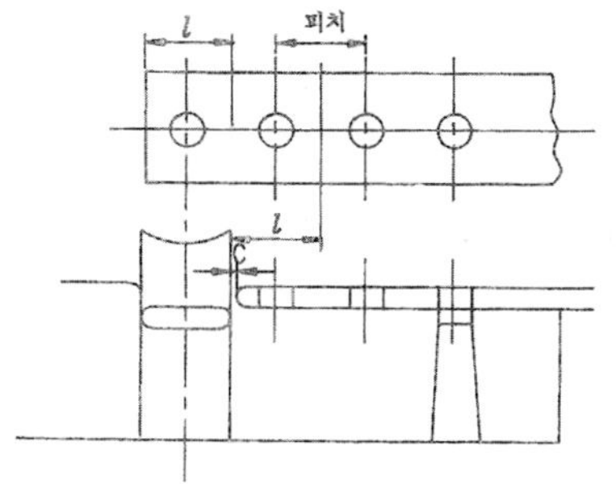

한쪽 이송 절단될 때는 때때로 피치를 잘못 정하기 쉽다.
p=l−c로 하는 것이 좋다.

(2) 각종 재료별의 clearance

(표: 각종 재료의 clearance)

재질종류		clearance(%t)	
		A	B
금속재료	순철	4	8
	연강	5	8
	경강	8	10
	유소강	7	9
	스테인리스 강	7	9
	동	3	6
	황동	3	6
	인청동	4	6
	양은	4	6
	알루미늄	15	10
	알루미늄합금	3	6
	납	3	6
	sn	3	6
	Ni−Cu 합금	3	7
	Be−Cu 합금	4	7
	코발트	5	7
비금속재료	에보나이트	2	
	셀룰로이드	2	
	마이카	2	

표계속

재질종류		clearance(%t)	
		A	B
비금속재료	훼놀파이바	2	
	베크라이트	1.2	
	print 기판	0.03(㎜)	
	BGP	0.03(㎜)	

note: ① 위 표의 값은 주로 판 두께 3㎜ 이하에 적용한다.
② clearance A는 주로 정밀 전단작업에 사용한다.
③ 나사기초공의 clearance는 정밀 전단작업보다 작게 한다.
예 a 순철판 3%
b 황동판 2%
④ B는 사용압력의 감소, 상형, 하형의 맞춤을 용이하게 하고자 할 때에 사용하는 것을 목적으로 한다.

19) press 가공 일반 공차

프레스 제품의 구멍과 구멍의 중심거리, 구멍 중심에서 테두리까지의 거리, 굽힘 각도, 굽힘치수 및 오무리기 치수에 대해서 특히 치수 차 각도 차가 수치 또는 기호로 기입되지 아니한 경우의 치수 차 및 각도 차에 대해서 설명한다.

(1) 일반 공차

① 펀칭의 일반 공차

(단위 ㎜)

재질 \ 판 두께 \ 등급 \ 구분		30 이하		30 초과 100 이하		100 초과 300 이하		300 초과 1000 이하	
		1급	2급	1급	2급	1급	2급	1급	2급
금속	1 이하	0.15	0.5	0.25	0.7	0.35	1.0	–	1.5
	1 초과 3.2 이하	0.2		0.3		0.4			
	3.2 초과 6 이하	0.25		0.35		0.5			

표계속

재질 \ 판 두께 \ 등급 \ 구분		30 이하		30 초과 100 이하		100 초과 300 이하		300 초과 1000 이하	
		1급	2급	1급	2급	1급	2급	1급	2급
비금속	0.5 이하	0.15	0.5	0.25	0.7	0.4	1.0	–	1.5
	0.5 초과 2 이하	0.2		0.3		0.4			
	2 초과	0.25		0.35		0.5			

note: ① 브랭킹: 펀칭에서 따내어진 부분을 제품으로 함을 말한다.
② 피어싱: 펀칭작업에서 따내고 나머지 부분을 제품으로 함을 말한다.

② 구멍과 구멍의 중심거리의 일반 공차

(단위 ㎜)

재질 \ 구멍 치수 \ 등 급 \ 구멍과 구멍의 중심거리		30 이하		30~100 이하		100~300 이하		300~1000 이하	
		1급	2급	1급	2급	1급	2급	1급	2급
금속	6 이하	0.1	0.5	0.15	0.7	–	1.0	–	1.5
	6 초과 12 이하	0.15		0.2					
	12 초과 30 이하	--		0.25					
	30 이하	--		0.3					
비금속	6 이하	0.15		0.2					
	6 초과 12 이하	0.2		0.25					
	12 초과 30 이하	--		0.3					
	30 초과	--		0.4					

note: ① 1급에서는 각 구멍 및 타원구멍에 대해서는 큰 치수에 대한 일반 공차를 적용한다.
② 1급에서는 두 개의 구멍지름이 서로 다를 때에는 큰 구멍에 대한 일반 공차를 적용한다.

③ 구멍 중심과 테두리와의 거리의 일반 공차

(단위 ㎜)

재질	구멍 치수 \ 등급 \ 구멍과 구멍의 중심거리	30 이하		30~100 이하		100~300 이하		300~1000 이하	
		1급	2급	1급	2급	1급	2급	1급	2급
금속	6 이하	0.15	0.5	0.2	0.7	–	1.0	–	1.5
	6 초과 12 이하	0.2		0.24					
	12 초과 30 이하	––		0.3					
	30 이하	––		0.35					
비금속	6 이하	0.2		0.25					
	6 초과 12 이하	0.25		0.3					
	12 초과 30 이하	––		0.35					
	30 초과	––		0.45					

note: 1급에서는 각 구멍 및 타원구멍에 대해서는 큰 치수에 대한 일반 공차를 적용한다.

④ 굽힘 각도의 차

구부림 등급 종류	1급	2급
직각 굽힘	1	2
기타 굽힘	1.5	3

note: 굽힘 반지름이 판 두께보다 큰 경우에는 적용하지 않는다.

⑤ 구부림 치수의 일반 공차

등급 \ 치수구분	30 이하	30 초과 100 이하	100 초과 300 이하	300 초과 1000 이하
1급	0.3	0.4	0.6	0.3
2급	0.5	0.7	1.0	1.5

note: 1. 판 두께 2.3㎜ 이하에 적용한다.
2. 주요치수 l에 대하여 적용하고 기타 치수에 대해서는 이 표의 1.5배 값으로 한다.

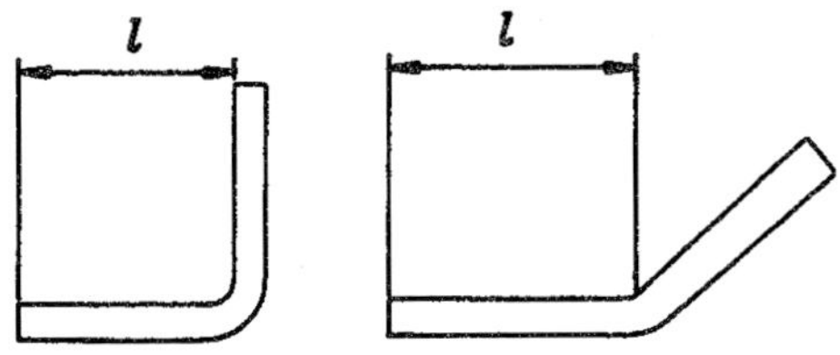

⑥ **오므리기 지름의 일반 공차**

모양 \ 등급 \ 치수		30 이하	30 초과 100 이하	100 초과 300 이하	300 초과 1000 이하
원모양	1급	0.3	0.4	0.6	–
	2급	0.5	0.7	1.0	1.5
기타	1급	0.5	0.7	1.0	–
	2급	0.8	1.1	1.6	2.4

note: 1 판 두께 3.2㎜ 이하에 적용한다.

20) 절삭가공 일반 공차

개개의 절삭가공 치수에 치수 차가 기입되어 있지 않은 경우 1㎜ 이상 1000㎜ 이하의 치수의 일반 공차에 대하여 설명한다.

가공치수	치수 차			
	1급	2급	3급	4급
1 이상 4 이하	0.05	0.1	0.3	0.5
4 초과 16 이하	0.07	0.2	0.5	1.0
16 초과 63 이하	0.1	0.3	0.7	1.5
63초과 250 이하	0.2	0.5	1.2	2.0
250 초과 1000 이하	0.3	0.8	2.0	3.0

21) 각종 가공법에 의한 표면 거칠기

(1) 거칠기의 범위

① 각종 가공법에 의한 거칠기의 범위

표면 거칠기의 표시, z 기호	0.05	0.1z	0.2z	0.4z	0.8z	1.6z	3.2z	6.3z	12.5z	18z	25z	35z	50z	70z	100z	140z	500z
거칠기의 범위 μ / 가공법의 종류	0.05 이하	0.1 ◦	0.2 ◦	0.4 ◦	0.8 ◦	1.6 ◦	3.2 ◦	6.3 ◦	12.5 ◦	18 ◦	25 ◦	35 ◦	50 ◦	70 ◦	100 ◦	140 ◦	500 ◦
3각기호			▽▽▽▽				▽▽▽		▽▽				▽				
정면 밀링 연삭							정 ◀	밀 ▶	상 ◀▶	중 ◀	▶	거 ◀	칠 ▶				
밀링 절삭							정 ◀	밀 ▶	상 ◀▶	중 ◀	▶	거 ◀	칠 ▶				
평 절삭									◀	상 ▶	◀	중 ▶	◀	거 ─	칠 ▶		
형 절삭 (shaper)									◀	상 ▶	◀	중 ▶	◀	거 ─	칠 ▶		
줄 다듬질						◀	▶	◀	─	─	▶						
Round 절삭					정 ◀	밀 ▶	상 ◀	▶	◀	─	▶	◀	─	─	▶		
보링 기공								◀▶	◀	중 ─	▶	거 ◀	칠 ▶				
드릴 가공									◀	─	─	▶					
ream 가공								전 ◀	밀 ▶	◀	─	▶					
평면 연삭							정 ◀	밀 ▶	◀	▶							
호-은 다듬질						정 ◀	밀 ▶	◀	─	▶							
초 다듬질	정 ◀	밀 ─	▶	◀	▶												
buff 다듬질			◀	정 ─	밀 ─	▶	◀	─	▶								
lapping 다듬질	정 ◀	밀 ─	▶	◀	▶												
방전 가공						◀	상 ─	▶	중 ◀	▶	◀	거 ─	칠 ─	─	▶		

note: 위 표 이외의 것에 대해서는 KS에 의한다.

(2) 표 시

가공 면의 다듬질 정도는 부품도면 중의 소정의 개소에 3각 또는 파형기호(~)로 표시하며 특히 필요한 경우에는 2기호를 추가 표시한다.

22) 다듬질 기호에 의한 표면 거칠기

(1) 적 용

① 이 규격은 가공된 고체표면에 거칠기의 표시에 대하여 규정한다.
② 고체표면의 모양을 다룰 때, 거칠기와 함께 파상도도 크게 다루어야 하나 여기서는 필요한 경우 이외에는 파상도를 다루지 않는다.
③ 표면의 양불량은 거칠기나 파상도 외에 가공무늬, 홈, 평탄도 등에 의해서도 문제가 되며, 또한 표면층 금속의 내부조직에도 관계가 되는 것이나 이 규격에서는 가장 큰 영향을 미치는 표면의 거칠기만을 다룬다.
④ 표면의 기하학적인 모양으로서는 요철의 높이, 폭, 기울기, 모양 및 커터자국의 길이, 방향 등이 문제가 되지만 이 규격에서는 거칠기의 일이적인 표현으로서 요철의 높이만을 다루기로 한다.

(2) 정 의

① 거칠기라 함은 작은 간격으로 나타나는 표면의 요철이며 '거칠다' '매끄럽다' 하는 감각의 근본이 되는 것이다. 기계 가공된 표면에서는 절삭공구의 날, 연삭숫돌의 입자 등에 의해서 생기는 요철을 말한다.
② 파상도라 함은 거칠기에 비하여 보다 큰 간격으로 나타나는 기복이며 표면 전체의 길이에 비하면 작은 간격으로 나타나는 요철이다. 기계 가공된 면에서는 공작기계나 커터의 휨, 휨, 진동, 또는 기계각부의 유동 등에 의해서 생기는 것이다.
③ 거칠기 곡선이라 함은 평균표면에 직각인 임의의 방향의 면에서 표면을 자를 때 이면과 표면과의 절단부에서 나타나는 거칠기를 나타내는 곡선이다.

④ 파상도 곡선이라 함은 2, 3과 같은 방법으로 만들어진 절단부에 나타나는 파상도를 표시하는 곡선을 말한다.

(주) 평균표면이라 함은 이상평면에 평행하고 산과 골의 부피가 같은 평면을 말한다.

(3) 거칠기의 표시와 구분

① 표면의 거칠기는 요철의 최대높이로써 표시한다.

요철의 최대높이라 함은 평탄한 다듬질 면에 대해서는 그 면에 3점 이상 접하는 평면을 기준으로 하여 그 면으로부터 상대 면 내의 가장 깊은 골짜기까지의 거리를 말한다. 평탄한 다듬질 면 이외의 표면에 대해서는 그 면에 대한 이상 면을 기준으로 한다. 실제로는 보통 거칠기 곡선에 대하여 최대의 높이를 구한다. 이때 규정된 면 내에 한 번 정도밖에 나타나지 않는 특별히 큰 산이나 골은 제외된다.

② 표면 거칠기의 표시, 구분, 기준 면의 넓이 및 삼각기호는 다음과 같다.

표면 거칠기의 표시	0.1 -s	0.2 -s	0.4 -s	0.8 -s	1.5 -s	3-6	6	12 s	18 s	25 s	35 s	50 s	70 s	10 0s	140 s	200 s	280 s	400 s
거칠기의 범위	0.1 이하	0.2 이하	0.4 이하	0.8 이하	1.5 이하	3 이하	6 이하	12 이하	18 이하	25 이하	35 이하	50 이하	70 이하	100 이하	140 이하	200 이하	280 이하	400 이하
삼각기호	▽▽▽▽					▽▽▽		▽▽			▽							
기준 면의 넓이(㎟)	0.3 × 0.3					1.1 × 1.1		3 × 3			5 × 5 10 × 10							

③ 방향에 따라 요철의 크기나 모양이 다를 경우에는 특별히 지정하지 않는 한 가장 큰 방향으로 잘랐을 때의 거칠기 곡선에 있어서의 최대높이를 그 표면의 거칠기로 한다. 필요한 경우에는 특별히 지정한 방향에 대한 거칠기를 지시할 수 있다.

④ 동일한 면이라도 기준 면을 잡는 장소에 따라 거칠기가 다르게 나타나는 것이 보통이므로, 면 군데의 거칠기의 산술평균으로써 그 면의 거칠기를 표시하도록

하고, 각각의 측정값은 평균값의 50%를 넘는 곳이 있어도 좋다.

⑤ 거칠기 곡선으로부터 거칠기를 구하는 방법은 아래 그림과 같다.

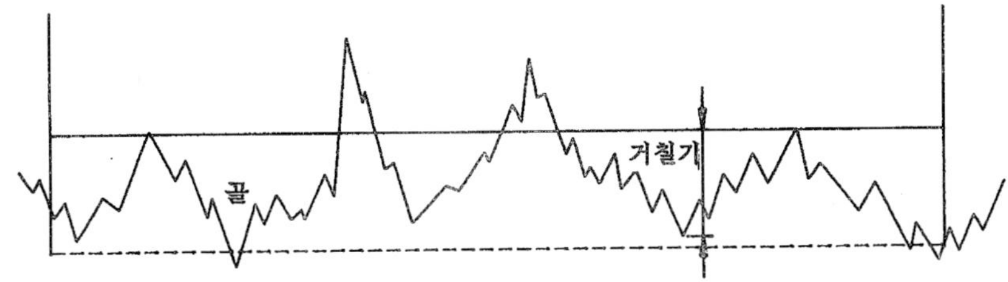

⑥ 파상도를 수치적으로 정할 필요가 있을 때에는 파상도 곡선에 대하여 기준 면의 넓이를 해당되는 거칠기의 경우의 5배 이상으로 잡아 거칠기의 경우와 마찬가지로 정한다. 표시는 s 대신 w를 쓰고 단위는 μ로 한다.

(4) 도면의 기입법

① 표면의 거칠기를 도면에 기입할 때에는 삼각기호와 s기호를 병기하는 것을 원칙으로 한다. 단 거칠기의 범위를 대략적으로 표시하는 경우에는 기호를 생략할 수도 있다.

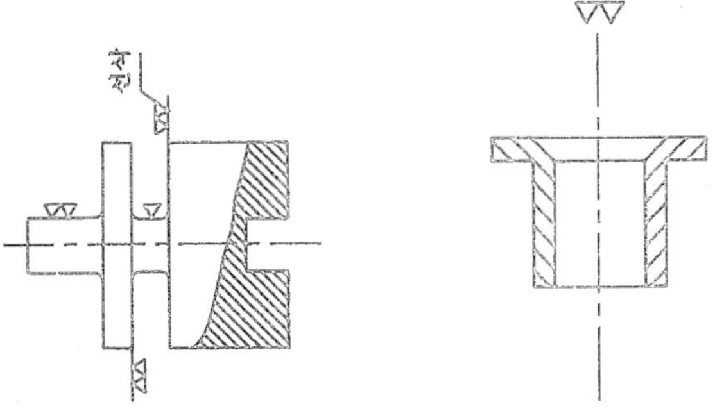

다듬질 기호 기입의 일반적인 보기

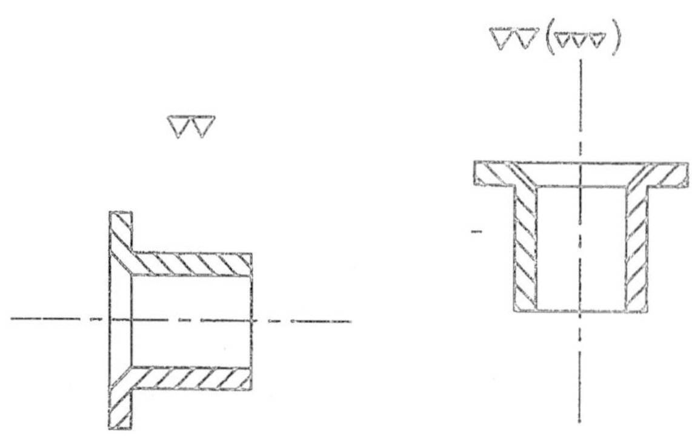

전체 면 다듬질 기호 기입의 보기

② 부분품의 디듬질을 전체 면과 동일하게 할 때에는 다듬질 기호를 부품의 번호 옆에, 부품 번호가 없을 경우에는 부분품도의 위쪽에 약간 큰 기호로 기입하고 다듬질 면에는 이 기호를 생략할 수 있다.

③ 다듬질 정도가 대부분의 면에 대하여 동일하고, 일부분만 다를 때에는 그 다른 다듬질 기호를 도면의 그 부분에 기입하는 동시에 전체 면 동일 다듬질 기호 옆에 괄호로 묶어 부기하는 것으로 한다.

④ 특히 필요한 경우에는 가공법을 지정할 수 있다. 그 기입법은 삼각기호의 밑변에 평행한 절선 위에 기입한다. 단, 가공법은 약호로써 표시한다.

⑤ 주조, 단조, 다이캐스팅, 압연, 인발, 압출, 전조의 면에 대해서는 무기호 또는 파형 기호를, 텀블링, 샌드블라스팅의 면에 대해서는 파형기호를 기입하는 것으로 한다.

23) 최대 실체 공차 방식(Maximum Material Principle)

(1) 적용 범위 이 규격은 치수 공차와 기하 공차와의 사이의 상호 의존관계를, 최대 실체 상태를 기본으로 하여 주어지는 공차 방식(이하 최대 실체 공차 방식이라고 한다)의 적용에 대하여 규정한다.

비고 이 공차 방식의 도시 방법에 대해서는 KS B 0608(모양 및 위치의 정밀도 허용치 도시 방법)에 따른다.

(2) 용어의 의미 이 규격에서 쓰이는 주된 용어의 뜻은 KS B 0608, KS B 0401 (치수 공차 및 끼워 맞춤) 및 KS B 0425(기하 편차의 정의 및 표시)에 따르는 외에 다음에 따른다.

① **최대 실체 상태** 형체의 실체가 최대가 되게끔 허용한계 치수를 가진 형체의 상태.

② **최대 실체 치수**(MMS) 형체의 최대 실체 상태를 정하는 치수. 즉, 외측 형체 (예를 들면 축 등)에 대해서는 최대 허용 치수, 내측 형체(예를 들면 구멍 등)에 대해서는 최소 허용 치수.

③ **최소 실체 상태** 형체의 실체가 최소가 되도록 하는 허용 한계 치수를 가지는 형체의 상태.

④ **최소 실체 치수**(LMS) 형체의 최소 실체 상태를 정하는 치수. 즉 외측 형체에 해해서는 최소 허용 치수, 내측 형체에 대해서는 최대 허용 치수.

⑤ **실효 상태** 대상으로 하고 있는 형체의 최대 실체 치수와, 그 형체의 자세공차 또는 위치 공차와의 종합효과에 의해 생기는 한계의 상태(그림 1 및 그림 2).

비고 형체가 그룹이 되어 있는 경우에는, 그룹 내의 각 형체의 실효 상태는 도시된 조건에 의해 지정되어 있는 것과 같이 서로 정확한 위치에 있다(부표 1 그림 8).

⑥ **실효 치수**(VS) 형체의 실효 상태를 정하는 치수. 즉, 외측 형체에 대해서는 최대 허용 치수에 자세 공차 또는 위치 공차를 더한 치수(그림 1). 내측 형체에 대해서는 최소 허용 치수로부터 자세 공차 또는 위치 공차를 뺀 치수(그림 2).

⑦ **동적 공차** 선도 관련 형체에 있어서 공차붙이 형체의 치수와 기하 공차와의 관계를 나타내는 선도(그림 1 및 그림 2).

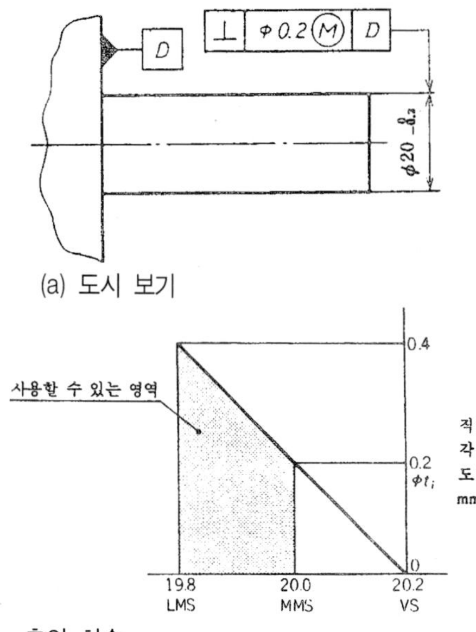

(a) 도시 보기

실효 상태

최대실체 상태

MMS

VS

데이텀 D

(b) (a)의 설명

$A_1 \sim A_3$ = 실치수 = φ19.8~20.0mm

MMS = 최대 실체 치수 = φ20mm

φt_i = 지시된 직각도 공차 = φ0.2mm

VS = 실효 치수 = MMS + φt_i = φ20.2mm

φt = 허용된 직각도 공차 = φ0.2~0.4mm

축의 치수 mm

(c) (a)의 동적 공차 선도

그림 1

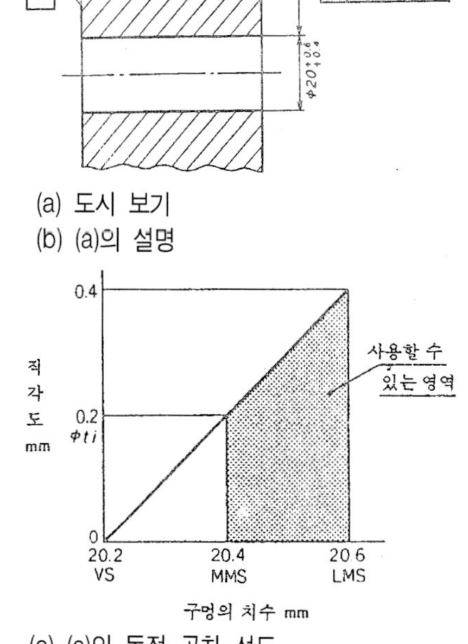

(a) 도시 보기

(b) (a)의 설명

(c) (a)의 동적 공차 선도

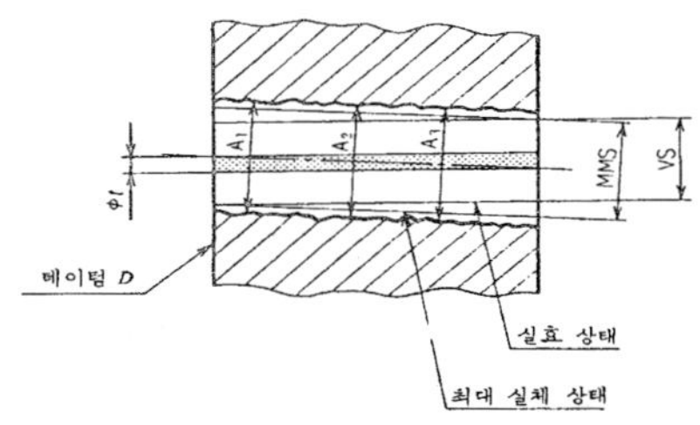

(d) (a)에 의하여 정해지는

$A_1 \sim A_3$ = 실치수 = φ20.4~20.6mm

MMS = 최대 실체 치수 = φ20.4mm

φt_i = 지시된 직각도 공차 = φ0.2mm

VS = 실효 치수 = MMS − φt_i = φ20.2mm

φt = 허용된 직각도 공차 = φ0.2~0.4mm

그림 2

(3) 최대 실체 공차 방식의 적용

① **일반 사항 최대 실체 공차 방식을 지정할 때의 일반 사항은 다음에 따른다.**

가. 최대 실체 공차 방식은 주로 2개의 형체를 단순히 조립할 필요가 있을 때에, 각각의 형체에 대하여 치수 공차와 자세 공차 또는 위치 공차와의 사이에 상호 의존성을 고려하여, 치수의 여유분을 자세 공차 또는 위치 공차에 부가할 수 있는 경우에 적용한다.

비고 운동기구(예를 들면 기어의 축 사이 거리) 등과 같이 기능상 규정된 위치 공차 또는 자세 공차를 형체의 치수에 불구하고 지키지 않으면 안 될 경우에는, 최대 실체 공차 방식을 적용해서는 안 된다.

나. 최대 실체 공차 방식은 축선 또는 중심 면을 가지는 관련 형체에 적용한다. 또한, 평면 또는 평면상의 선에는 적용할 수 없다.

다. 이 공차 방식을 적용할 때에는, 도면에 지시한 자세 공차 또는 위치 공차의 공차 값은, 공차붙이 형체가 최대 실체 상태인 때에 대하여 정해진 것이다.

라. 형체가 허용 한계 내에서 최대 실체 치수로부터 벗어나서 다듬질되었을 때에는, 그만큼 자세 공차 또는 위치 공차에 부가하는 것이 허용된다.

마. 이 부가하는 공차는 실효 상태를 넘지 않는 범위에서 주어진다.

비고 실효 상태를 정하는 치수, 즉 실효 치수는 검사용의 기능 게이지의 치수를 나타낸다.

바. 자세 공차 또는 위치 공차를, 치수 공차를 기지는 데이텀에 관련한 형체에 적용하는 경우에는, 공차붙이 형체와 마찬가지로 데이텀 형체에 대해서도 최대 실체 공차 방식을 적용할 수 있다.

사. ⑥의 경우에는 데이텀 형체가 그의 최대 실체 치수에서 벗어난 값만큼, 데이텀 축 직선이나 데이텀 중심 평면이 부등하는 것을 인정한다.

비고 데이텀 형체가 그의 최대 실체 치수로부터 벗어나 있다는 것은, 공차붙이 형체의 공차를 증가하는 것은 아니다.

최대 실체 공차 방식의 구체적인 설명을 참고에 표시한다.

② **최대 실체 공차 방식의 적용 보기** 최대 실체 공차 방식을 적용하는 경우의 주된 보기를 부표 1 및 부표 2에 나타낸다. 부표의 설명란의 그림 중의 (a) 및 (b)는 각각 형체의 최대 실체 상태 및 최소 실체 상태의 경우를 표시하며, 실제로는

형체는 이들 극단인 상태의 중간에 있다.

또한, 부표 중의 수치의 단위는 ㎜이다.

24) 기하 공차를 위한 데이텀(Datums and Datum-systems for Geometrical Tolerances)

(1) 적용범위 이 규격은 기하 공차를 지시할 때에 사용하는 데이텀 및 데이텀계의 도시 방법 및 설명 방법에 대하여 규정한다.

(2) 용어의 뜻 이 규격에서 사용하는 주된 용어의 뜻은 KS B 0608(모양 및 위치의 정밀도의 허용치 도시 방법). KS B 0425(기하 편차의 정의 및 표시)에 따르는 외에 다음에 따른다.

① **데이텀** 관련 형체에 기하 공차를 지시할 때, 그 공차 영역을 규제하기 위하여 설정한 이론적으로 정확한 기하학적 기준(그림 1). 보기를 들면 이 기준이 점, 직선, 축 직선, 평면 및 중심 평면인 경우에는 각각 데이텀 점, 데이텀 직선, 데이텀 축 직선, 데이텀 평면 및 데이텀 중심 평면이라고 부른다.

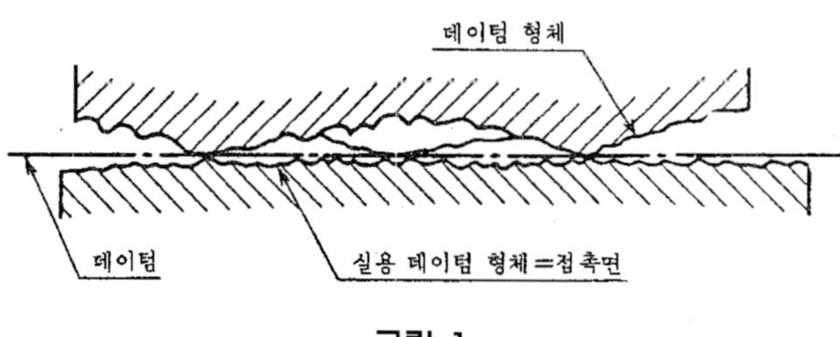

그림 1

② **데이텀 형체** 데이텀을 설정하기 위하여 사용하는 대상물의 실제의 형체(부품의 표면, 구멍 등)(그림 1).

비고 데이텀 형체에는 가공 오차 등이 있으므로, 필요에 따라서 데이텀 형체에 적합한 모양 공차를 지시한다.

③ **실용 데이텀 형체** 데이텀 형체에 접하여 데이텀을 설정할 경우에 사용하는, 충분히 정밀한 모양을 갖는 실제의 표면(정반, 베어링, 맨드릴 등)(그림 1).

비고 실용 데이텀 형체는 가공, 측정 및 검사를 할 경우에 지시한 데이텀을 구체화한 것이다.

④ **공통 데이텀** 2가지의 데이텀 형체에 따라서 설정되는 단일의 데이텀.

⑤ **데이텀계** 공차붙이 형체의 기품으로 하기 위해, 개별로 2가지 이상의 데이텀을 조합시켜서 사용할 경우의 데이텀 그룹.

⑥ **데이텀 표적** 데이텀을 설정하기 위해서 가공, 측정 및 검사용의 장치, 기구 등에 접촉시키는 대상물 위의 점, 선 또는 한정된 영역.

(3) 기호 데이텀 및 데이텀 표적의 기호는 표1에 따른다.

표 1 데이텀 및 데이텀 표적의 기호

사항		기호([1])	참조항목
데이텀을 지시하는 문자기호		A	5.
데이텀 삼각기호([2])			5.
데이텀 표적 기입 테두리		A1 Φ2 A1	6.
데이텀 표적 기호	점	X	6.
	선	X—X	
	영역		

([1]) 문자기호 및 수치는 한 보기를 표시한다.
([2]) KS B 0608 참조.

(4) 데이텀 또는 데이텀계를 지시할 경우의 기본적 사항

① **단일의 데이텀에 의한 지시** 자세 공차, 흔들림 공차 등은 일반적으로 단일의 데이텀과 관련하여 지시한다.

② **3평면 데이텀계에 의한 지시** 위치 공차는 일반적으로 서로 직교하는 3개의 데이텀 평면과 관련하여 지시한다. 이들 3 평면에 의해 구성되는 데이텀계를 3 평면 데이텀

계라 한다. 이 경우, 데이텀의 일의성을 고려하여 데이텀의 우선순위를 정해서 지시한다. 3 평면 데이텀계를 구성하는 데이텀 평면은 그 우선순위에 따라서 각각 체1차 데이텀 평면, 제2차 데이텀 평면 및 체3차 데이텀 평면이라고 한다.(그림 2).

이들의 데이텀에 대응하는 실용 데이텀 형체는 각각 제1실용 데이텀 평면, 제2실용 데이텀 평면 및 제3실용 데이텀 평면이라고 한다(그림 3).

(5) 데이텀 및 데이텀계의 도시 방법

① **데이텀을 지시하기 위한 도시 방법** 데이텀을 지시하기 위한 데이텀 기호의 표시방법은 다음에 따른다.

가. 데이텀 삼각기호를 붙이는 방법 데이텀 삼각기호를 붙이는 방법의 상세는 KS B 0608에 따른다(그림 5, 그림 6).

나. 문자기호에 의한 데이텀 표시방법 문자기호에 의한 데이텀의 표시방법의 상세는 KS B 0608에 따른다(그림 7).

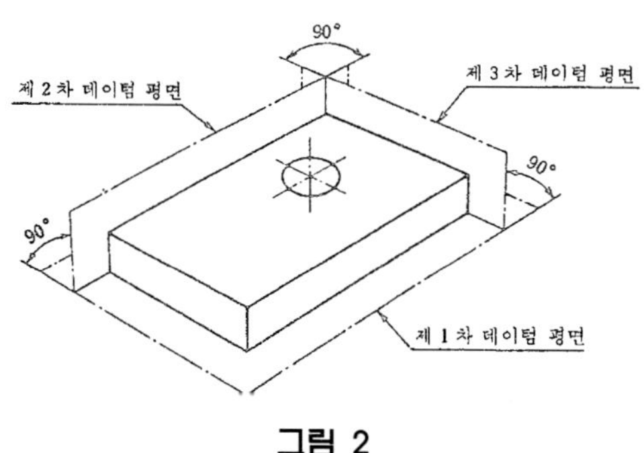

그림 2

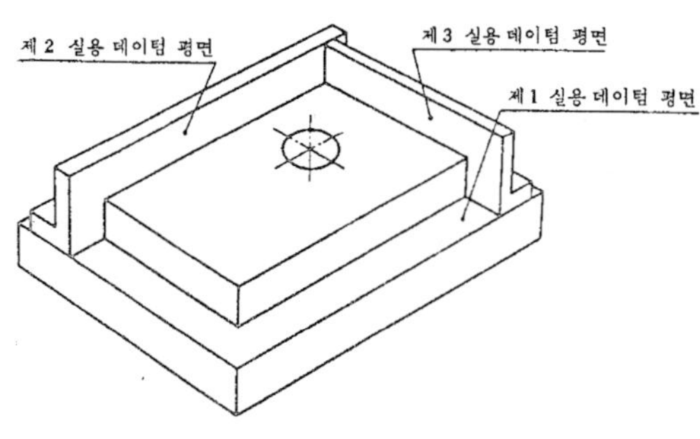

그림 3

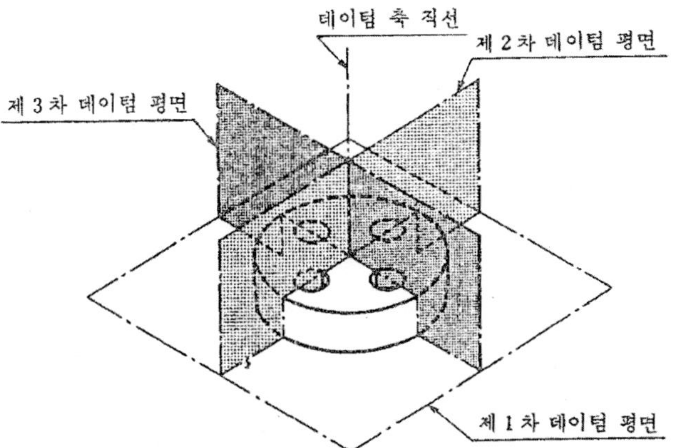

비고　　원통 모양의 대상물에 3평면 데이텀계를 적용할 경우에는 축 직선을 포함하는 서로 직교하는 2평면과, 축 직선에 직교하는 한 평면으로 3 평면을 구성한다(그림 4).

그림 4

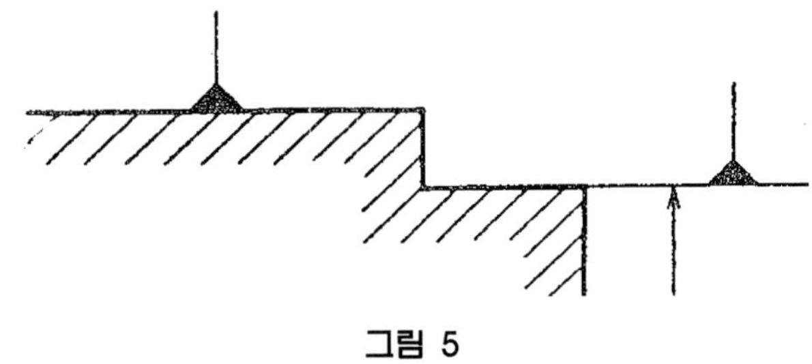

그림 5

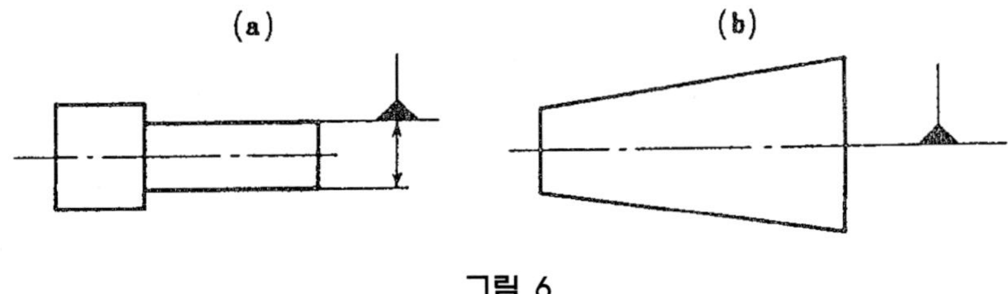

그림 6

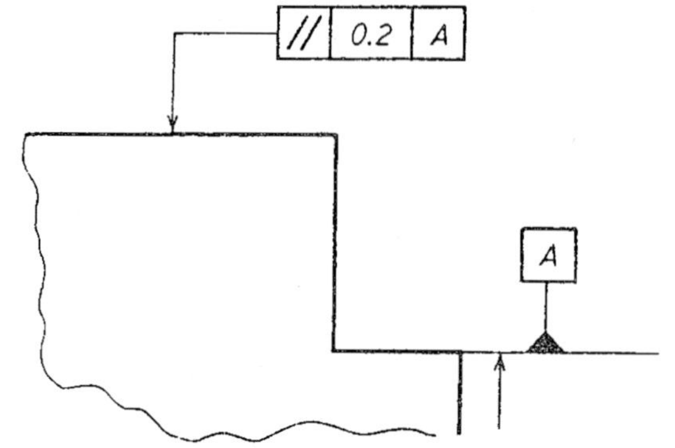

비고 공차 기입 데두리의 왼쪽에서 첫 번째 및 두 번째 구획 속의 기입에 대해서는 KS B 0608에 따른다.

그림 7

② **공차 기입 데이텀 문자기호 기입 방법** 데이텀 기호에 의해서 지시한 데이텀과 공차와의 관련을 나타내기 위해서, 공차 기입 테두리에 데이텀 문자기호를 기입하는 방법은 다음에 따른다.

가. 하나의 데이텀 형체에 의해서 설정하는 데이텀 **데이텀 하나의 형체에 의해서 설정할 경우에는 그 데이텀은 공차 기입 테두리의 왼쪽에서 세 번째 구획 속에 지시한다(그림 8).**

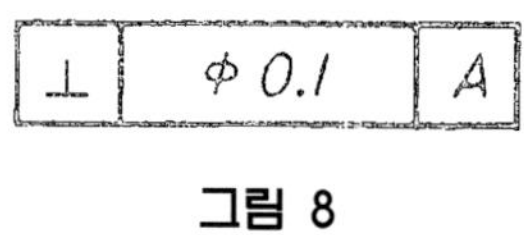

그림 8

나. 2가지의 데이텀 형체에 의해서 설정하는 공통 데이텀 **하나의 데이텀을 2가지의 형체에 의해서 설정할 경우에는, 그 데이텀은 하이픈으로 연결한 2개의 문자기호에 의해서 공차 기입 테두리의 왼쪽에서 세 번째 구획 속에 지시한다(그림 9). 도시 보기를 그림 10에 나타낸다.**

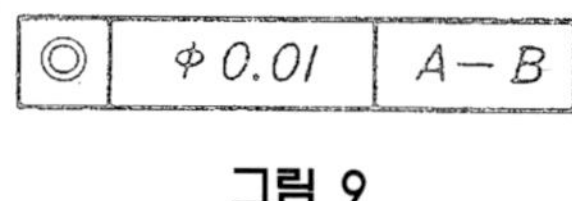

그림 9

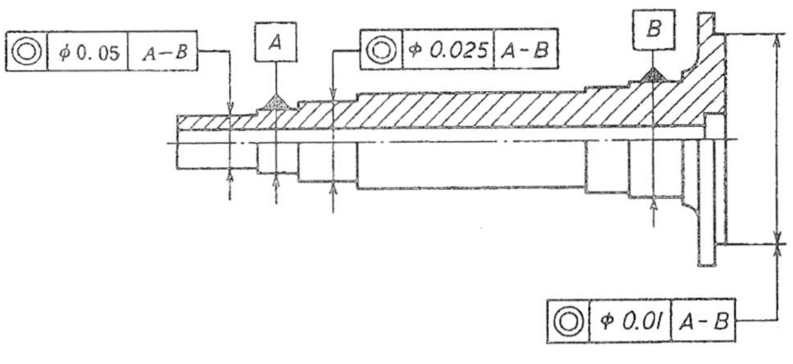

그림 10

다. 2개 이상의 데이텀에 의해서 설정하는 데이텀계 2개 이상의 데이텀을 조합하여 데이텀계인 경우에는, 이들의 데이텀은 공차 기입에 테두리의 왼쪽에서 세 번째 이후의 구획 속에 우선순위에 따라 기입한다(그림 11). 도시 보기를 그림 12에 나타낸다.

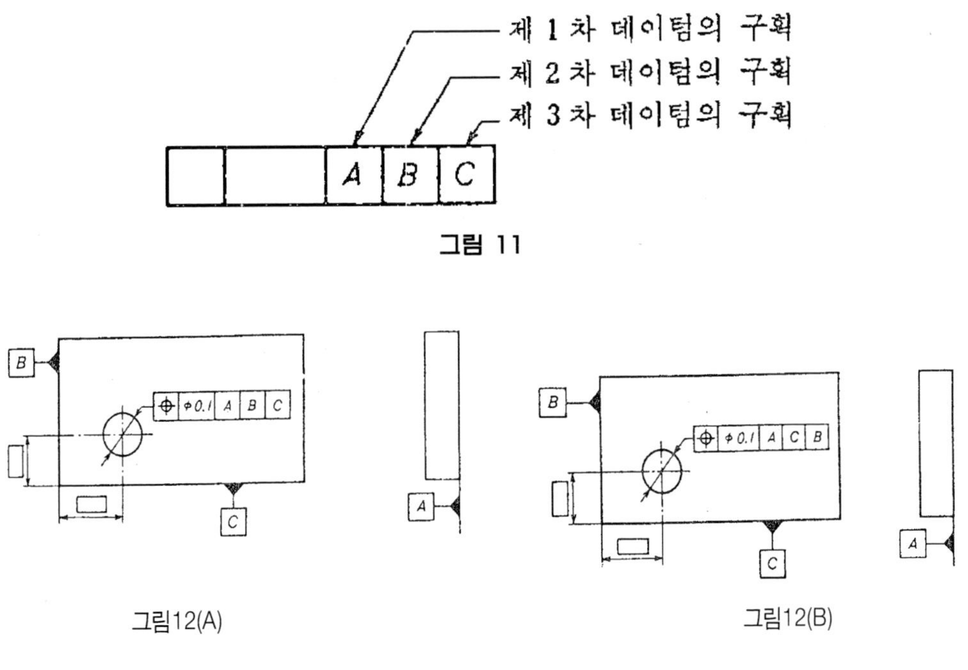

그림 11

그림12(A)

그림12(B)

그림 12

비고 데이텀을 지정할 경우의 순서는 그림 13과 같이 공차에 큰 영향을 미치므로 주의할 필요가 있다. 도시 보기를 그림 14에 나타낸다.

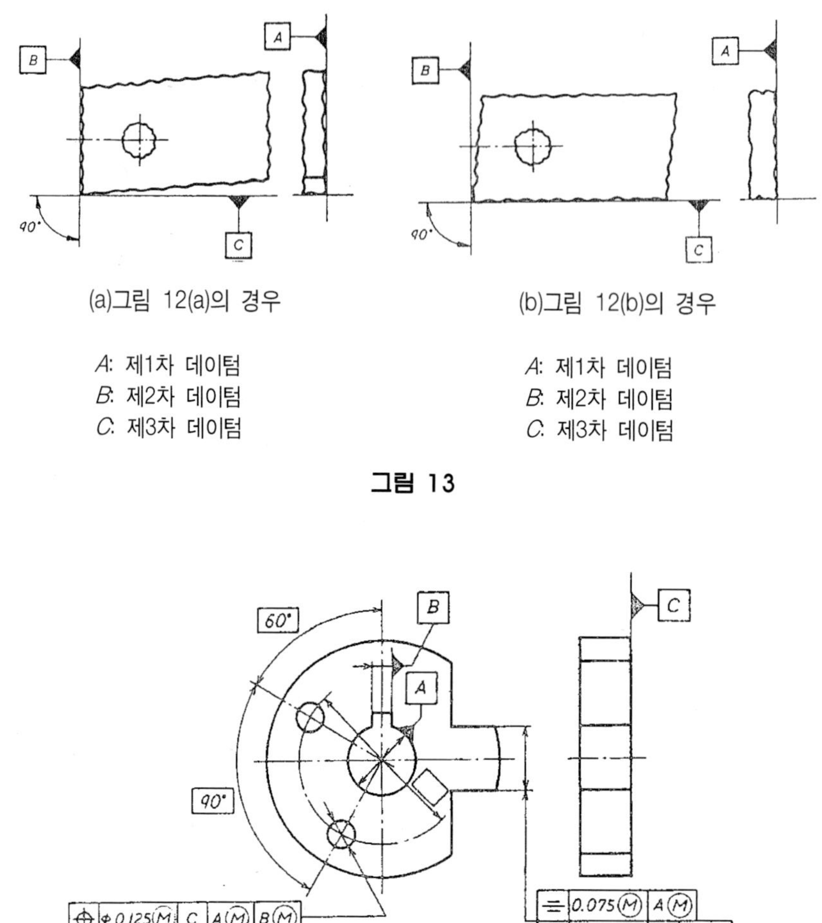

(a)그림 12(a)의 경우

A: 제1차 데이텀
B: 제2차 데이텀
C: 제3차 데이텀

(b)그림 12(b)의 경우

A: 제1차 데이텀
B: 제2차 데이텀
C: 제3차 데이텀

그림 13

그림 14

(6) 데이텀 표적 도시 방법

① **데이텀 표적을 지시할 경우의 기본적 사항** 데이텀 형체가 면인 경우에는 그 면이 이상적인 모양과 크게 다를 경우가 있다. 이 경우, 온 표면을 데이텀 형체로서 지시하면 가공, 검사 등을 할 때 측정에 큰 오차가 생기거나 또 반복성·재현성이 나빠지는 경우가 있다(그림 15 및 그림 16). 이들을 방지하기 위해서 데이텀 표적을 지시한다.

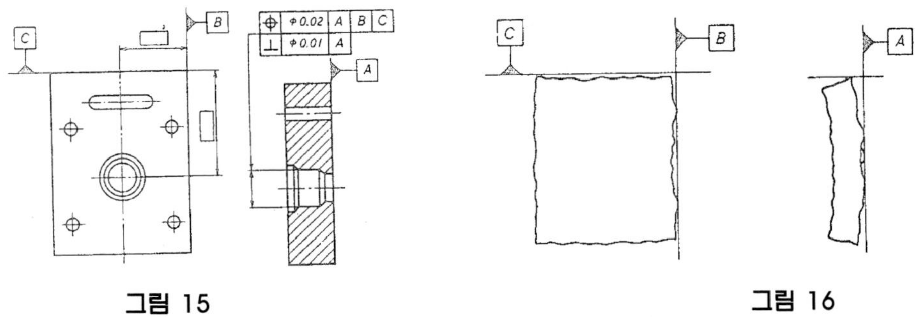

그림 15　　　　　　　　　　　　　　　그림 16

비고 데이텀 표적을 지시할 경우, 형체의 온 표면을 데이텀으로 하는 대신에, 몇 개의 한정된 데이텀 표적만으로 지시함에 의해서 부품의 기능을 해치는지의 여부를 검토해 둘 필요가 있다.

이 경우에는 모양 편차 및 위치 편차의 영향을 고려하여야 한다.

② **데이텀 표적을 도시할 경우에 사용하는 기호** 데이텀 표적의 도시는, 다음의 데이텀 표적 기입 테두리, 문자기호 및 데이텀 표적 기호에 따른다.

가. 데이텀 표적 기입 테두리 및 문자기호 데이텀 표적은 가로선으로 2개 구분한 원형의 테두리(데이텀 표적 기입 테두리)에 의해 도시한다. 데이텀 표적 기입 테두리 하단에는 형체 전체의 데이텀과 같은 데이텀을 지시하는 문자기호 및 데이텀 표적의 번호를 나타내는 숫자를 기입한다. 상단에는 보조사항(보기를 들면 표적의 크기)을 기입한다[그림 17(a)]. 보조사항이 데이텀 표적 기입 테두리 속에 다 기입할 수 없을 경우에는, 테두리의 바깥쪽에 표시하고, 인출선을 그어서 테두리와 연결한다[그림 17(b)].

데이텀 표적 기입 테두리는 화살표를 붙인 인출선을 그어 데이텀 표적을 지시하는 기호(이하 데이텀 표적 기호라고 한다)와 연결한다. 도시의 보기를 그림 21, 그림 22에 나타낸다.

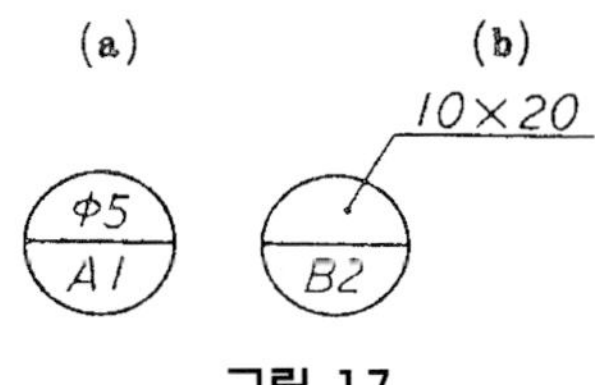

그림 17

나. 데이텀 표적 기호 **데이텀 표덕 기호는 표2에 따른다.**

표 2

<table>
<tr><th colspan="2">용 도</th><th>기 호</th><th>비 고</th></tr>
<tr><td colspan="2">데이텀 표적이 점일 때</td><td>X</td><td>굵은 실선인 X표로 한다</td></tr>
<tr><td colspan="2">데이텀 표적이 선일 때</td><td>X——X</td><td>2개의 X표시를 실선으로 연결한다.</td></tr>
<tr><td rowspan="2">데이텀 표적이 영역일 때</td><td>원인 경우</td><td>(해칭한 원)</td><td rowspan="2">원칙적으로 가는 2점쇄선으로 둘러싸고 해칭을 한다. 다만, 도시하기 곤란한 경우에는 2점쇄선 대신에 가는 실선을 사용해도 좋다.</td></tr>
<tr><td>직사각형인 경우</td><td>(해칭한 직사각형)</td></tr>
</table>

비고 1. 데이텀 표적 기호는 데이텀 표적을 도시한 표면을 알기 쉬운 투영도로 표시한다.
2. 데이텀 표적의 위치는 주 투영도에 도시하는 것이 좋다(그림 80, 그림 19, 그림 20).

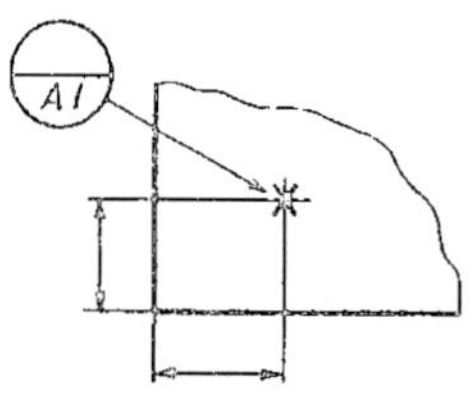

점의 데이텀 표적

그림 18

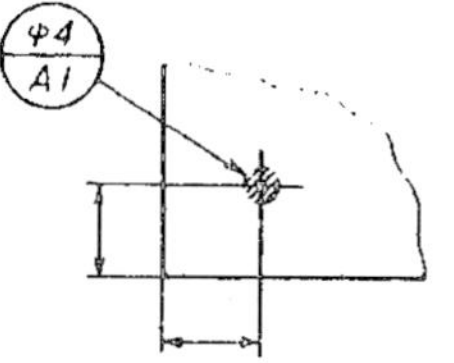

영역의 데이텀 표적

그림 19

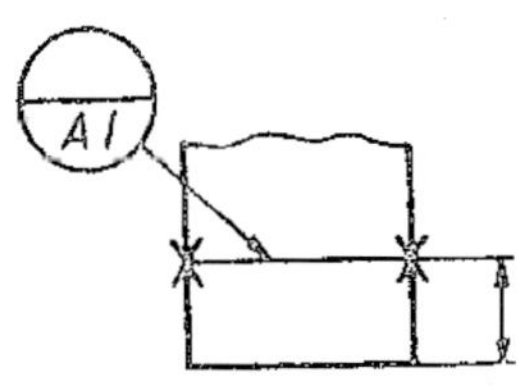

(a) 전체가 보이도록 도시한 선의 데이텀 표적

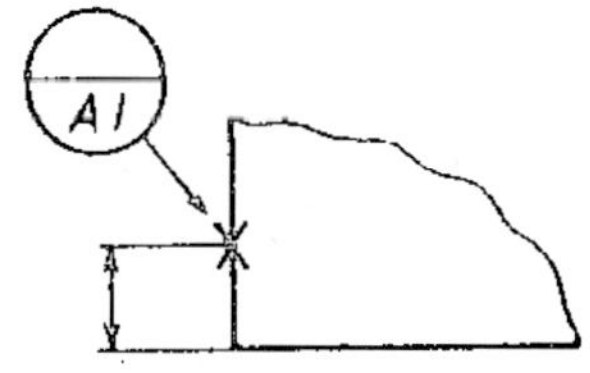

(b) 측면의 가장자리에 도시한 선의 데이텀 표적

그림 20

③ **데이텀 표적의 도시 보기** 데이텀 표적의 도시 보기를 그림 21 및 그림 22에 나타낸다.

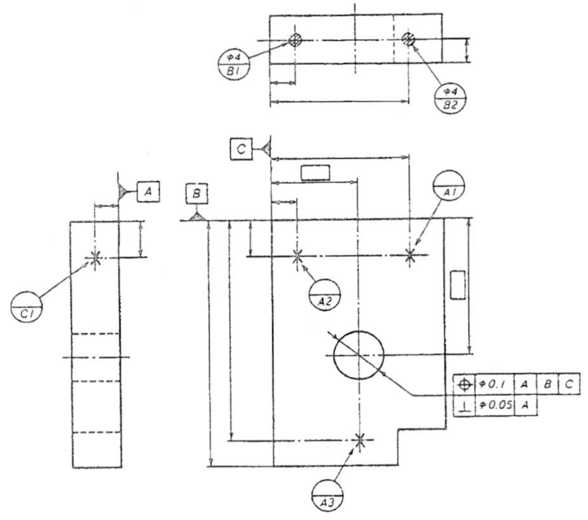

비고 데이텀 표적 A1, A2, A3에 의해 데이텀 A를 설정한다.
데이텀 표적 B1, B2에 의해 데이텀 B를 설정한다.
데이텀 C1에 의해 데이텀 C를 설정한다.

그림 21

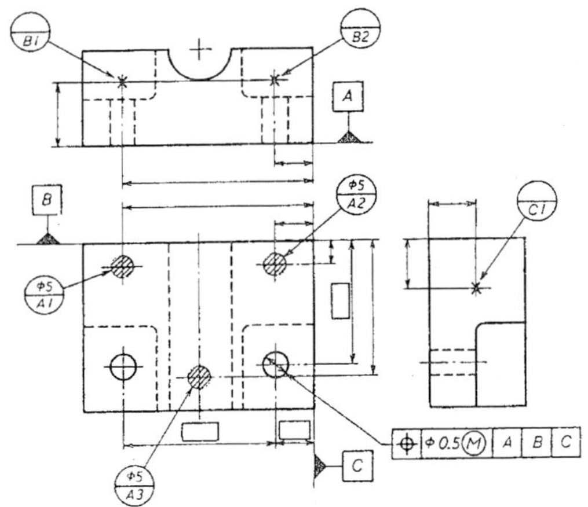

비고 데이텀 표적 A1, A2, A3에 의해 데이텀 A를 설정한다.
데이텀 표적 B1, B2에 의해 데이텀 B를 설정한다.
데이텀 C1에 의해 데이텀 C를 설정한다.

그림 22

가. 형체 그룹을 데이텀으로 하는 지시 복수의 구멍과 같은 형체 그룹의 실제의 위치를 다른 형체 또는 형체 그룹의 데이텀으로서 지시할 경우는, 그림 23과 같이 공차 기입 테두리에 데이텀 삼각기호를 붙인다.

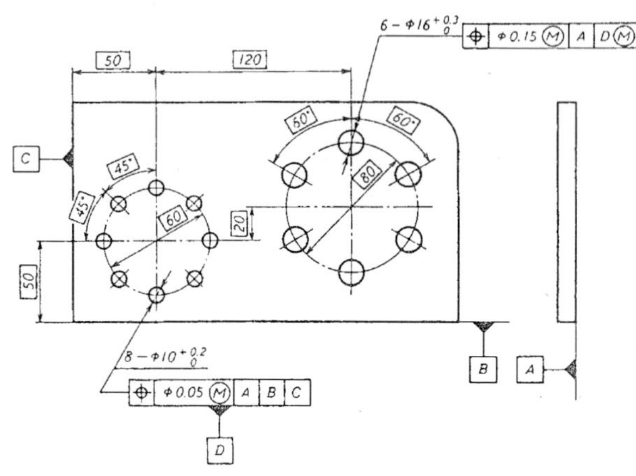

비고 1. 이 도시 보기는 8개의 구멍을 '데이텀 D' 로서 지정하고 있다.
2. 6개 구멍의 위치도 공차는 기능 게이지를 사용하여 검사하면 좋다.

그림 23

나. 데이텀의 설정 데이텀 형체로서 지정된 형체에는, 가공 공정에서 어느 정도의 오차가 생기는 것은 피할 수 없다. 그 형체는 볼록면 모양, 오목면 모양, 원추 모양과 같은 모양이 되는 것이 있으나, 이와 같은 모양에 대하여 데이텀을 설정하는 방법의 보기를 다음에 나타낸다.

- 직선 또는 평면의 데이텀 직선 또는 평면을 데이텀으로서 지시한 경우, 데이텀 형체를 실용 데이텀 형체와의 최대 간격이 가능한 한 작아지도록 설치하여 데이텀을 설정한다. 데이텀 형체가 실용 데이텀 형체에 대하여 안정되고 있을 경우에는 그대로의 상태에서 데이텀을 설정한다(그림 1 참조). 데이텀 형체가 실용 데이텀 형체에 대하여 불안정한 경우에는, 이 틈새가 안정하도록 적당한 간격을 잡아서 받침을 놓고 데이텀을 설정한다. 이 경우, 선의 데이텀 형체에 대해서는 2개의 받침(그림 24)을, 평면의 데이텀 형체에 대해서는 3개의 받침을 사용한다.

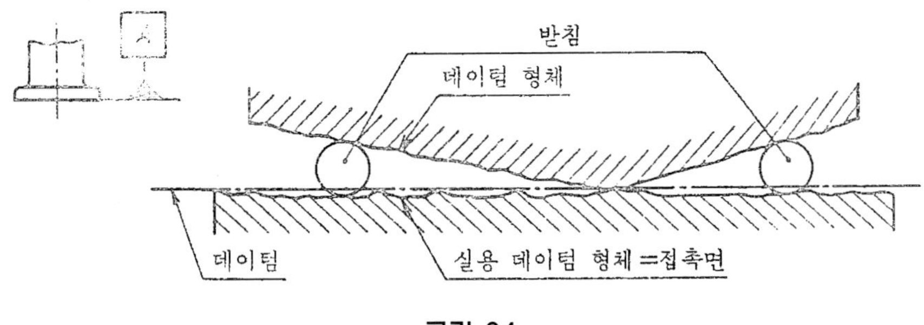

그림 24

- 원통 축선의 데이텀 원통의 구멍 또는 축의 축선을 데이텀으로서 지시한 경우, 이 데이텀은 구멍의 최대 내접 원통의 축 직선 또는 축의 최소 외접 원통의 축 직선에 의해서 설정한다.

  데이텀 형체가 실용 데이텀 형체에 대하여 불안정한 경우에는 이 원통을 어느 방양으로 움직여도 이동량이 같아지는 자세가 되도록 설정한다.(그림 25).

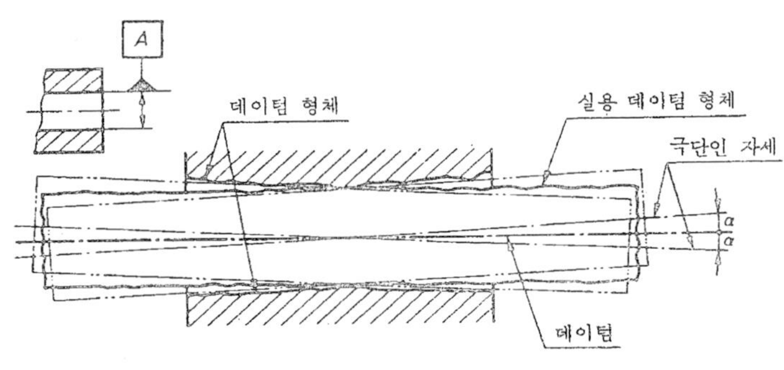

그림 25

- 공통 데이텀 공통 축 직선 또는 공통 중심 평면의 데이텀은 개개의 데이텀 형체에 대하여, 공통의 실용 데이텀 형체에 의해서 데이텀을 설정한다. 실용 데이텀 형체인 2개의 최소 외접 동측 원통의 축 직선에 의해서 공통 축 직선의 데이텀의 보기를 그림 26에 나타낸다.

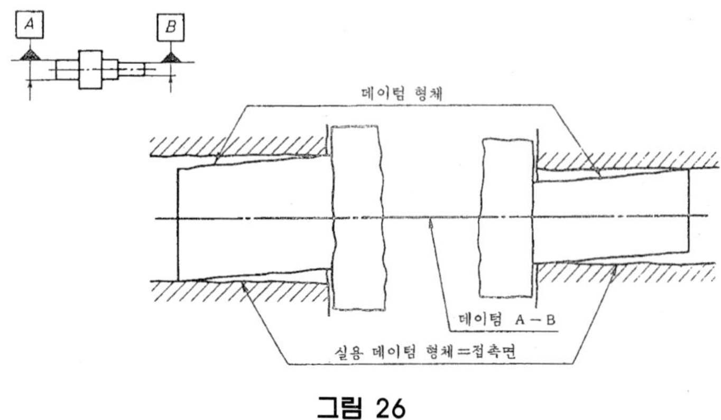

그림 26

- 원통의 축선에서 평며나에 수직인 데이텀 데이텀 A는 데이텀 형체 A에 접하는 평탄한 평면에 의해서 설정한다. 데이텀 B는 데이텀 A에 수직으로 데이텀 형체 B에 내접하는 최대 원통의 축 직선에 의해서 설정한다(그림 27).

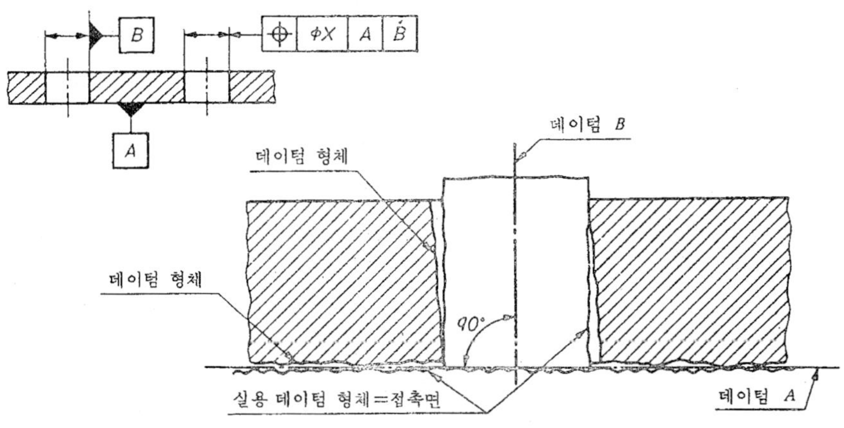

비고 이 보기에서는 데이텀 A가 제1차 데이텀, 데이텀 B가 제2차 데이텀이다.

그림 27

다. 데이텀 적용 데이텀 및 데이텀계는 관련되는 형체 사이에 기하학적 관계를 설정하기 위한 기준으로 사용한다.

서로 관련된 데이텀 형체 및 실용 데이텀 형체의 정밀도는 기능상의 요구에 대하여 충분하여야 한다. 따라서 데이텀 형체에는 모양 공차를 지정하는 것이 바람직하다.

데이텀의 도시 방법, 또 그 지정한 데이텀의 데이텀 형체 및 데이텀 형체에 의해서 데이텀을 설정하는 방법의 보기를 부표에 나타낸다.

데이텀 설정 보기

데이텀의 도시	테이텀 형체	데이텀의 설정
1. 데이텀－점		
1.1 구의 중심 A φS **그림 1.1(A)**	실제 표면 **(B)**	데이텀 =최소 외접구 의 중심 실용 데이텀 형체 =V 블럭 위의 4개의 접촉점(최소 외접구에 의하여 표시된다.) **(C)**
1.2 원의 중심 A **그림 1.2(A)**	원의 실제 윤곽 **(B)**	실용 데이텀 형체 =최대 내접원 데이텀 =최대 내접원의 중심 **(C)**
1.3 원의 중심 A **그림 1.3(A)**	원의 실제 윤곽 **(B)**	실용 데이텀 형체 =최소 외접원 데이텀 =최소 외접원의 중심 **(C)**
2. 데이텀－선		
2.1 구멍의 축선 A **그림 2.1(A)**	실제 표면 **(B)**	실용 데이텀 형체 =최대 내접 원통 데이텀 =최대 내접 원통의 축 직선 **(C)**

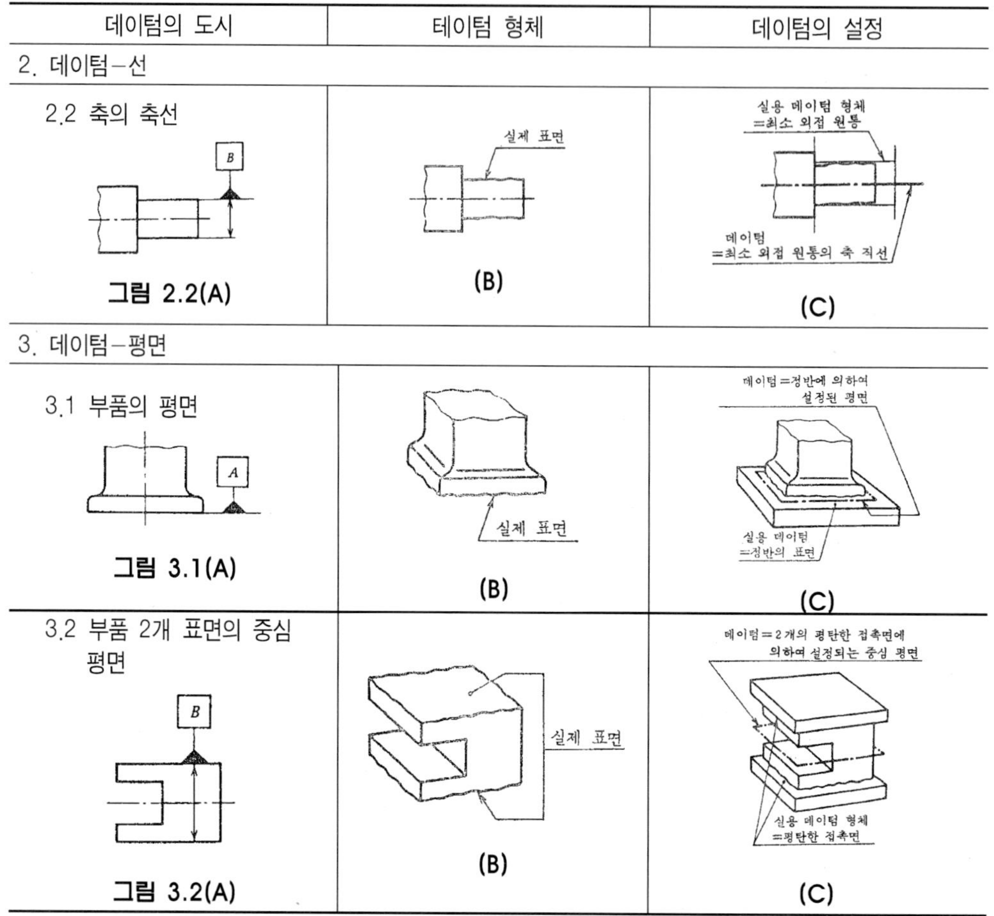

데이텀의 도시	데이텀 형체	데이텀의 설정
2. 데이텀-선		
2.2 축의 축선 B 그림 2.2(A)	실제 표면 (B)	실용 데이텀 형체 =최소 외접 원통 데이텀 =최소 외접 원통의 축 직선 (C)
3. 데이텀-평면		
3.1 부품의 평면 A 그림 3.1(A)	실제 표면 (B)	데이텀=정반에 의하여 설정된 평면 실용 데이텀 =정반의 표면 (C)
3.2 부품 2개 표면의 중심 평면 B 그림 3.2(A)	실제 표면 (B)	데이텀=2개의 평탄한 접촉면에 의하여 설정되는 중심 평면 실용 데이텀 형체 =평탄한 접촉면 (C)

25) 모양 및 위치의 정밀도 허용치 도시 방법

(1) 공차역에 관한 일반 사항 공차붙이 형체가 포함되어 있어야 할 공차역은 다음에 따른다.

① 형체(점, 선, 축선, 면 또는 중심 면)에 적용하는 기하 공차는 그 형체가 포함되어야 할 공차역을 정한다.

② 공차의 종류와 그 공차 값의 지시방법에 의하여 공차역은 표3에 나타나는 공차역 중의 어느 한 가지로 된다.

표 3 공차역과 공차 값

공차역		공차 값	비고
1	원 안의 영역	원의 지름	부표의 10.1 참조
2	두 개의 동심원 사이의 영역	동심원의 반지름 차	부표의 3. 참조
3	두 개의 등간격의 선 또는 두 개의 평행한 직선 사이에 끼인 영역	두 선 또는 두 직선의 간격	부표의 1.2 참조
4	구 안의 영역	구의 지름	부표의 10.1 참조
5	원통 안의 영역	원통의 지름	부표의 1.3 참조
6	두 개의 등축의 원통 사이에 끼인 영역	등축 원통의 반지름 차	부표의 4. 참조
7	두 개의 등거리의 면 또는 두 개의 평행한 평면 사이에 끼인 영역	두 면 또는 두 평면의 간격	부표의 1.1 참조
8	직6면체 안의 영역	직6면체의 각 변의 길이	부표의 1.3 참조

③ 공차역이 원 또는 원통인 경우에는 공차 값 앞에 기호 φ를 붙이고(그림 3), 공차역이 구인 경우에는 기호 Sφ를 붙여서 나타낸다(부표의 10.1의 도시 보기 참조).

④ 공차붙이 형체에는 기능상의 이유로 두 개 이상의 기하 공차를 지정하는 수가 있다(그림 5). 또 기하 공차 중에는 다른 종류의 기하 편차를 동시에 규제하는 것도 있다(보기를 들면, 평행도를 규제하면, 그 공차역 내에서는 선의 경우에는 직선도, 면의 경우에는 평면도도 규제한다). 반대로 기하 공차 중에는 다른 종류의 기하 편차를 규제하지 않는 것도 있다(보기를 들면, 진직도 공차는 평면도를 규제하지 않는다).

⑤ 공차붙이 형체는 공차역 내에 있어서 어떠한 모양 또는 자세라도 좋다. 다만, 보충의 주기(그림 42, 그림 43)나, 더욱 엄격한 공차역의 지정(그림 41)에 의하여 제한이 가해질 때에는 그 제한에 따른다.

⑥ 지정한 공차는 대상으로 하고 있는 형체의 온 길이 또는 온 면에 대하여 적용된다. 다만, 그 공차를 적용하는 범위가 지정되어 있는 경우에는 그것에 따른다(그림 39, 그림 46).

⑦ 관련 형체에 대하여 지정한 기하 공차는 데이터 형체 자신의 모양 편차를 규정하지 않는다. 따라서 필요에 따라 데이텀 형체에 대하여 모양 공차를 지시한다.

비고 데이텀 형체의 모양은 데이텀으로서의 목적에 어울리는 정도로 충분히 기하 편차가 작은 것이 좋다.

(2) 공차의 도시 방법

① **도시 방법** 일반 도시 방법에 관한 일반적인 사항은 다음에 따른다.

가. 단독 형체에 기하 공차를 지시하기 위해서는, 공차의 종류와 공차 값을 기입한 4각형의 틀(이하 공차 기입 틀이라 한다)과 그 형체를 지시선으로 연결해서 도시한다.

나. 관련 형체에 기하 공차를 지시하기 위해서는 데이텀에 데이텀 3각기호(직각이등변 3각형으로 한다)를 붙이고, 공차 기입 틀과 관련시켜서 (1)에 준하여 도시한다(8. 참조).

② **공차 기입들에의 표시 사항**

가. 공차에 대한 표시 사항은 공차 기입 틀을 두 구획 또는 그 이상으로 구분하여, 그 안에 기입한다. 이들 구획에는 각각 다음의 내용을 (1)~(3)의 순서로 왼쪽에서 오른쪽으로 기입한다(그림 1, 그림 2, 그림 3).

- 공차의 종류를 나타내는 기호(그림 1, 그림 2, 그림 3)
- 공차 값(그림 1, 그림 2, 그림 3)
- 데이텀을 지시하는 문자기호(그림 2, 그림 3)

또한, 규제하는 형체가 단독 형체인 경우에는 문자기호를 붙이지 않는다(그림 1).

비고 데이텀이 복수인 경우의 데이텀을 지시하는 문자기호의 기입순서에 대해서는 8.3(3), (4)를 참조할 것.

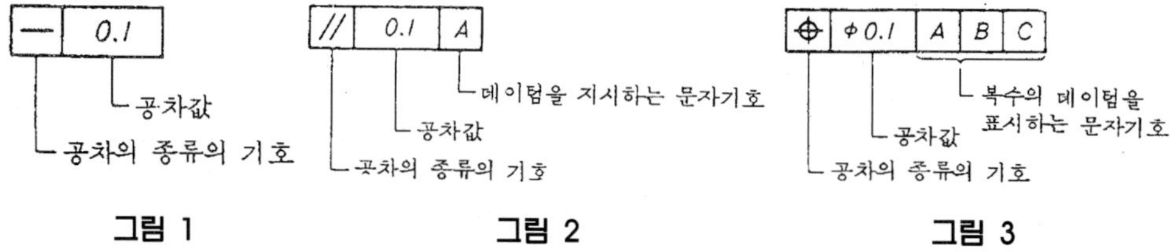

그림 1 그림 2 그림 3

나. '6구멍', '4면'과 같은 공차붙이 형체에 연관시켜서 지시하는 주기는 공차 기입 틀의 위쪽에 쓴다(그림 4).

다. 한 개의 형체에 두 개 이상의 종류의 공차를 지시할 필요가 있을 때에는 이들의 공차 기입 틀을 상하로 겹쳐서 기입한다(그림 5).

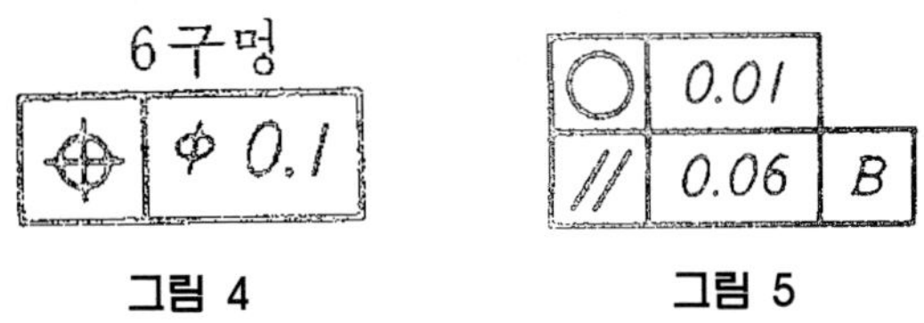

그림 4　　그림 5

③ **공차에 의하여 규정되는 형체의 표시방법** 공차에 의하여 규제되는 형체는 공차 기입 틀로부터 끌어내어, 끝에 화살표를 붙인 지시선에 의하여 다음의 규정에 따라 대상으로 하는 형체에 연결해서 나타낸다.

또한, 지시선에는 가는 실선을 사용한다.

가. 선 또는 면 자체에 공차는 지정하는 경우에는 형체의 외형선 위 또는 외형선의 연장선 위에(치수선의 위치를 명확하게 피해서) 지시선의 화살표를 수직으로 한다(그림 6, 그림 7). 다만, 7.3의 경우는 제외한다.

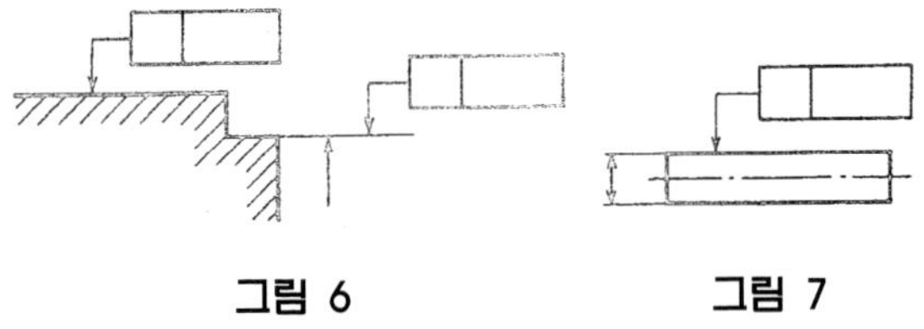

그림 6　　그림 7

나. 치수가 지정되어 있는 형체의 축선 또는 중심 면에 공차를 지정하는 경우에는 치수선의 연장선이 공차 기입 틀로부터의 지시선이 되도록 한다(그림 8, 그림 9, 그림 10).

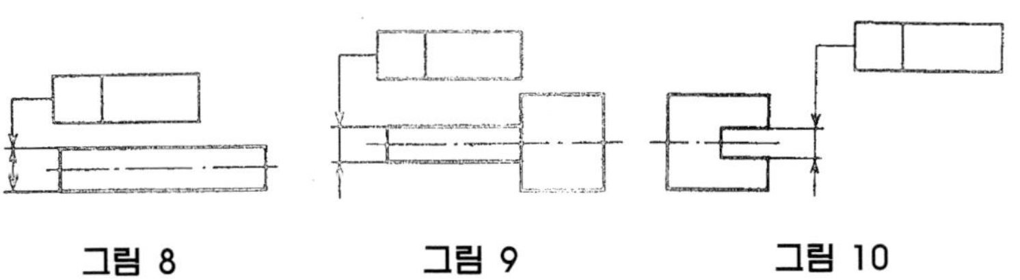

그림 8　　그림 9　　그림 10

다. 축선 또는 중심 면이 공통인 모든 형체의 축선 또는 중심 면에 공차를 지정하는 경우에는 축선 또는 중심 면을 나타내는 수직으로, 공차 기입 틀로부터의 지시선의 화살표를 댄다(그림 11, 그림 12, 그림 13).

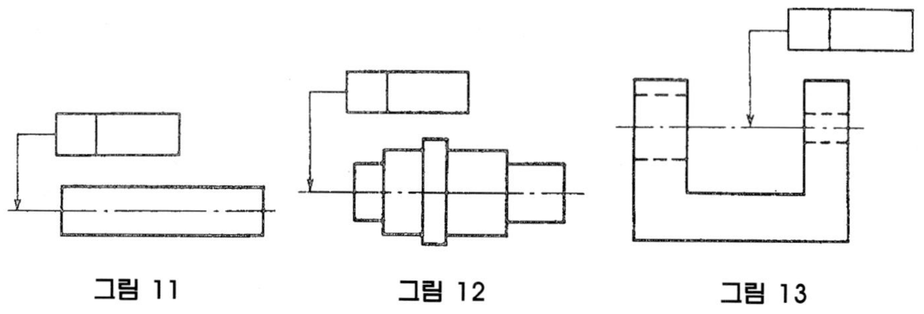

그림 11 그림 12 그림 13

라. 여러 개의 떨어져 있는 형체에 같은 공차를 지정하는 경우에는 개개의 형체에 각각 공차 기입 틀로 지정하는 대신에 공통의 공차 기입 틀로부터 끌어낸 지시선을 각각의 형체에 분기(2)해서 대거나(그림 14), 각각의 형체를 문자기호로 나타낼 수 있다(그림 15).

주(2) 지시선의 분기점에는 둥근 흑점을 붙인다.

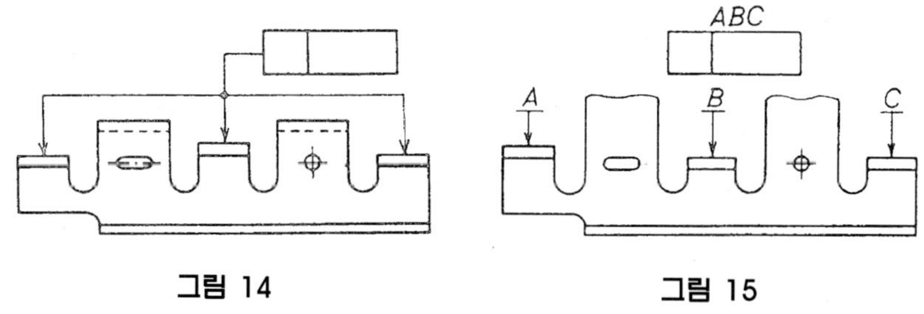

그림 14 그림 15

(3) 도시 방법과 공차역의 관계

① 공차역은 공차 값 앞에 기호 φ가 없는 경우에는 공차 기입 틀과 공차붙이 형체를 연결하는 지시선의 화살방향에 존재하는 것으로서 취급한다(그림 16). 기호 φ가 부기되어 있는 경우에는 공차역은 원 또는 원통의 내부에 존재하는 것으로서 취급한다(그림 17).

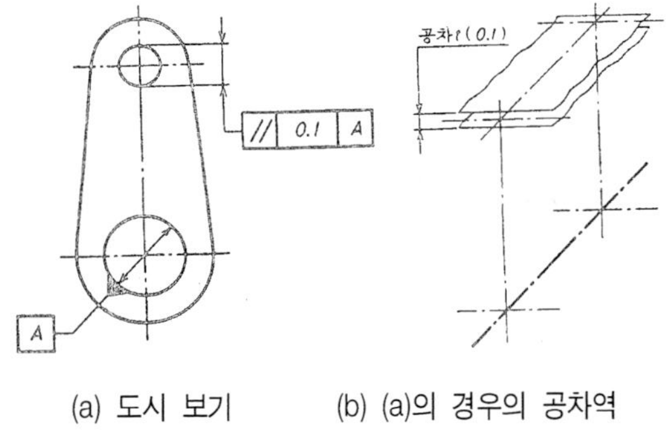

(a) 도시 보기 (b) (a)의 경우의 공차역

그림 16

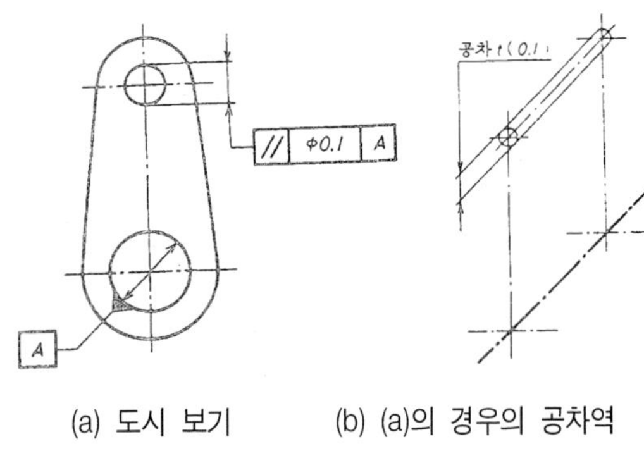

(a) 도시 보기 (b) (a)의 경우의 공차역

그림 17

② 공차역의 나비는 원칙적으로 규제되는 면에 대하여 법선방향에 존재하는 것으로서 취급한다(그림 18).

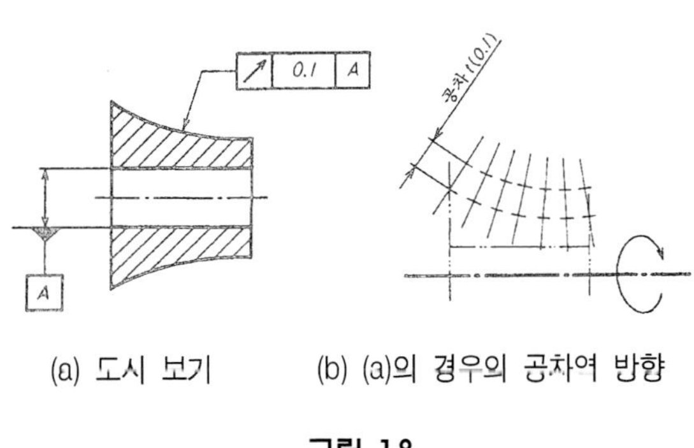

(a) 도시 보기 (b) (a)의 경우의 공차역 방향

그림 18

③ 공차역을 면의 법선방향이 아니고 특정한 방향에 지정하고 싶을 때에는, 그 방향을 지정한다(그림 19).

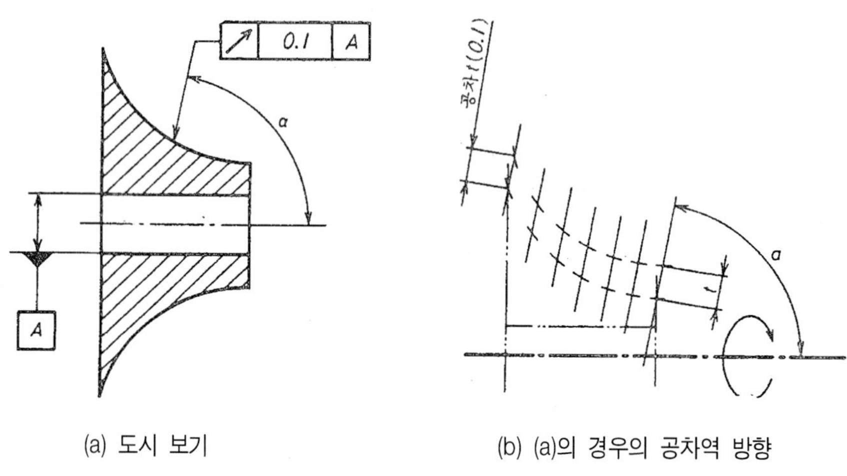

(a) 도시 보기

(b) (a)의 경우의 공차역 방향

그림 19

④ 여러 개의 떨어져 있는 형체에 같은 공차를 공통인 공차 기입 틀을 사용하여 지정하는 경우에는, 특별히 지정하지 않는 한 각각의 형체마다 지정하는 공차역을 적용한다(그림 20, 그림 21).

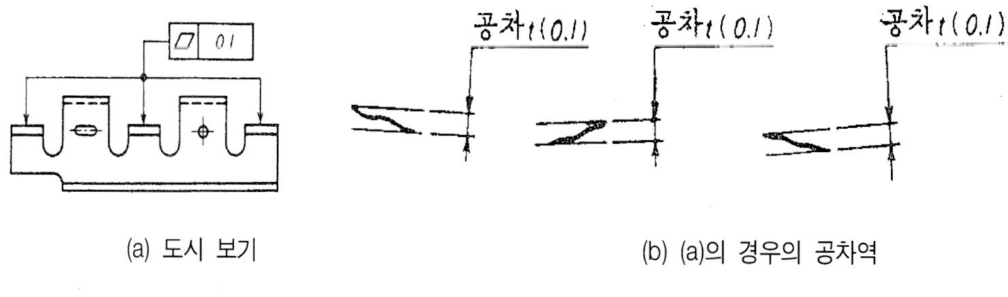

(a) 도시 보기

(b) (a)의 경우의 공차역

그림 20

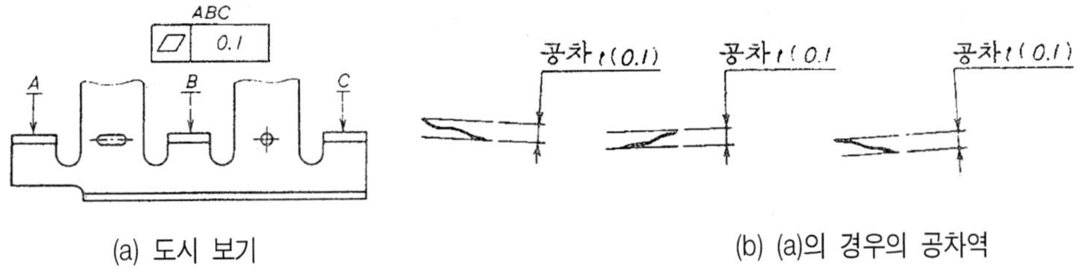

(a) 도시 보기

(b) (a)의 경우의 공차역

그림 21

⑤ 여러 개의 떨어져 있는 형체에 공통의 영역을 갖는 공차 값을 지정하는 경우에는 공통의 공차 기입 틀의 위쪽에 '공통 공차역'이라고 기입한다(그림 22, 그림 23).

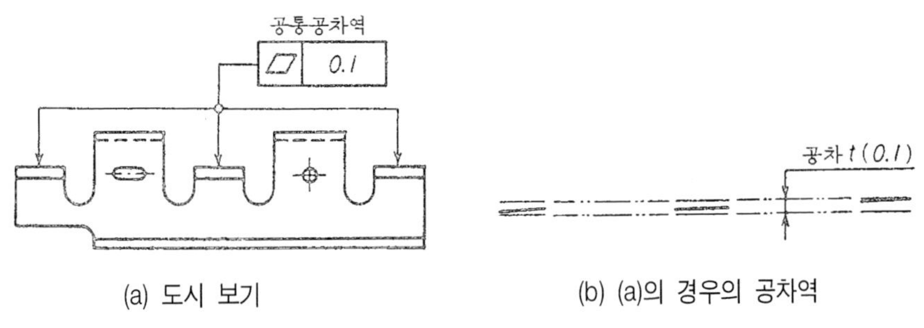

(a) 도시 보기

(b) (a)의 경우의 공차역

그림 22

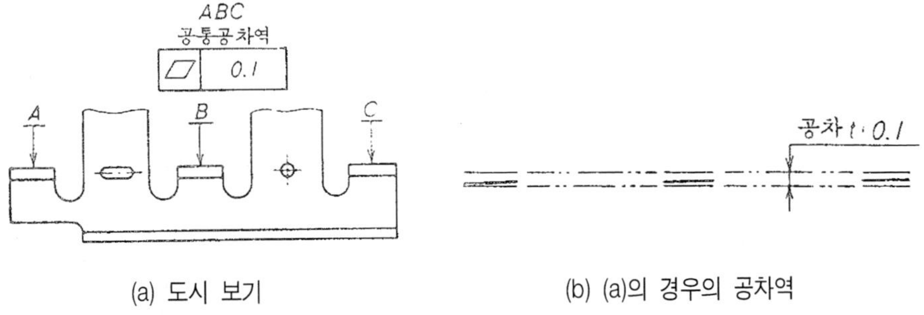

(a) 도시 보기

(b) (a)의 경우의 공차역

그림 23

(4) 데이텀의 도시 방법

① 형체에 시정하는 공차가 데이텀과 관련되는 경우에는 데이텀은 원칙적으로 데이텀을 지시하는 문자기호에 의하여 나타낸다. 데이텀은 영어의 대문자를 정4각형으로 둘러싸고, 이것과 데이텀이라는 것을 나타내는 데이텀 3각기호를 지시선을 사용하여 연결해서 나타낸다. 데이텀 3각기호는 빈틈없이 칠해도 좋고, 칠하지 않아도 좋다(그림 24, 그림 25).

그림 24 그림 25

② 데이텀을 지시하는 문자에 의한 데이텀의 표시방법은 다음에 따른다.

가. 선 또는 면 자체가 데이텀 형체인 경우에는 형체의 외형선 위 또는 외형선을 연장한 가는 선 위에(치수선의 위치를 명확히 피해서) 데이텀 3각기호를 붙인다(그림 26).

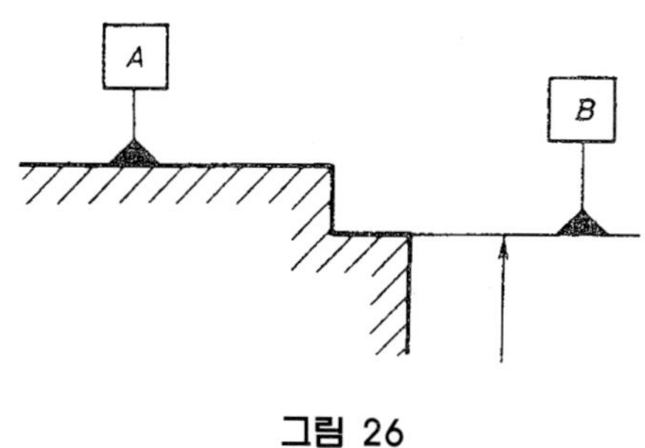

그림 26

나. 치수가 지정되어 있는 형체의 축 직선 또는 중심 평면이 데이텀인 경우에는 치수선의 연장선을 데이텀의 지시선으로 사용하여 나타낸다(그림 27(a), (b), 그림 28).

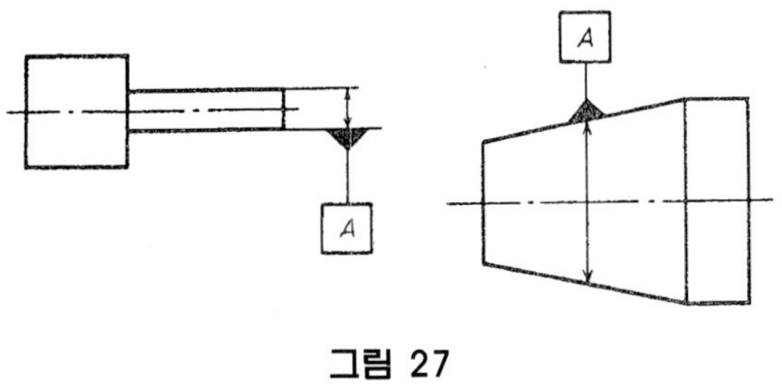

그림 27

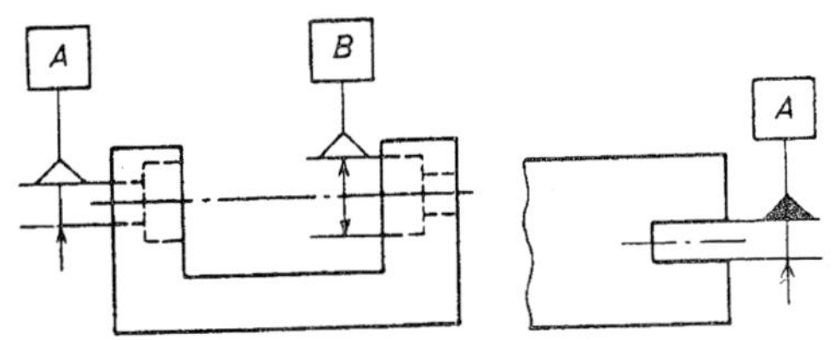

비고 치수선의 화살표를 치수 보조선 또는 외형선의 바깥쪽으로부터 기입한 경우에는 그 한쪽을 데이텀 3각기호로 대용한다(그림 28, 그림 29).

그림 28 그림 29

다. 축 직선 또는 중심 평면이 공통인 모든 형체의 축 직선 또는 중심 평면이 데이텀인 경우에는 축 직선 또는 중심 평면을 나타내는 중심선에 데이텀 3각기호를 붙인다(그림 30, 그림 31, 그림 32).

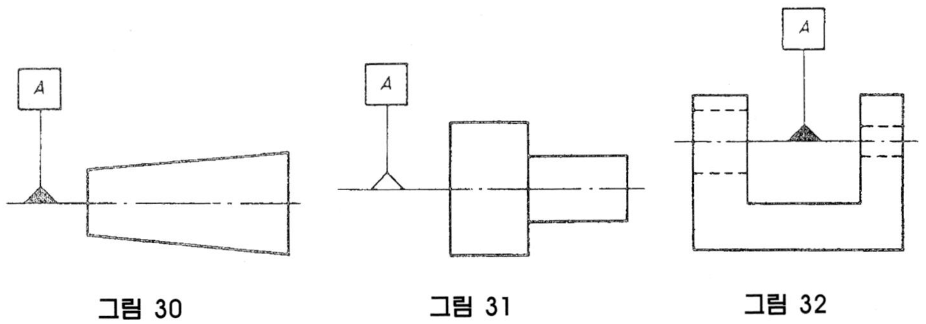

그림 30 그림 31 그림 32

비고 다른 형체가 3개 이상 연속하는 경우, 그 공통 축 직선을 데이텀에 지정하는 것은 피하는 것이 좋다.

라. 잘못 볼 염려가 없는 경우에는 공차 기입 틀과 데이텀 3각기호를 적접 지시선에 의하여 연결함으로써 데이텀을 지시하는 문자기호를 생략할 수 있다(그림 33, 그림 34).

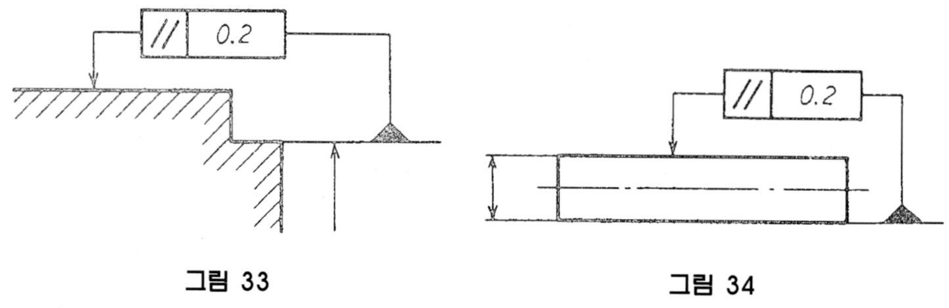

그림 33　　　그림 34

③ 데이텀을 지시하는 문자기호를 공차 기입 틀에 기입할 때에는 다음에 따른다.

가. 한 개의 형체에 의하여 설정하는 데이텀은 그 데이텀을 지시하는 한 개의 문자기호로 나타낸다(그림 35).

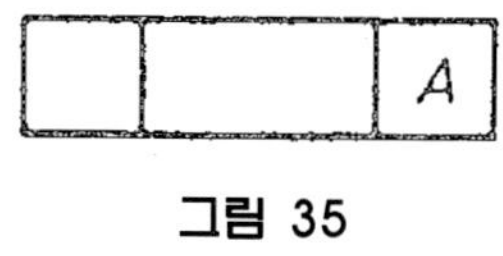

그림 35

나. 두 개의 데이텀 형체에 의하여 설정하는 공통 데이텀은 데이텀을 지시하는 두 개의 문자기호를 하이픈으로 연결한 기호로 나타낸다(그림 36).

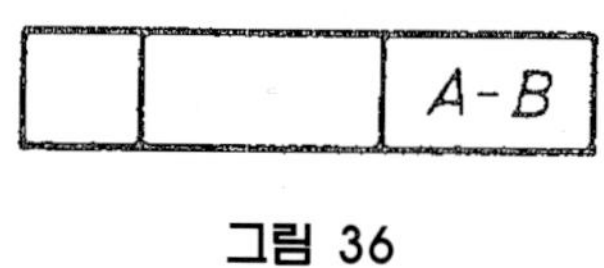

그림 36

다. 두 개 이상의 데이텀이 있고, 그들 데이텀에 우선순위를 지정할 때에는 우선순위가 높은 순서로 왼쪽에서 오른쪽으로 데이텀을 지시하는 문자기호를 각각 다른 구획에 기입한다(그림 37).

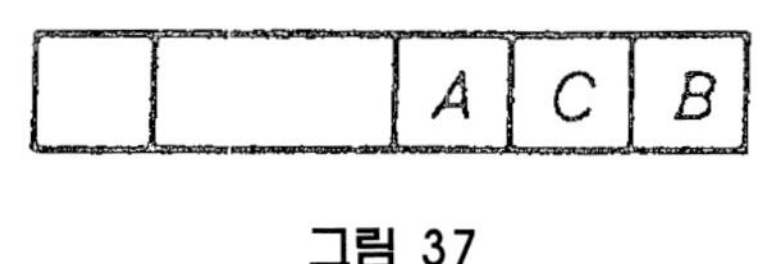

그림 37

라. 두 개 이상의 데이텀이 있고 그들 데이텀의 우선순위를 문제 삼지 않을 때에는 데이텀을 지시하는 문자기호를 구획 내에 나란히 기입한다(그림 38).

그림 38

(5) 공차 적용의 한정

① 선 또는 면의 어느 한정된 범위에만 공차 값을 적용하고 싶을 경우에는, 선 또는 면에 따라 그린 굵은 1점 쇄선으로 한정하는 범위를 나타내고(3) 도시한다(그림 39). 주(3) KS B 0001(기계제도)의 4 참조

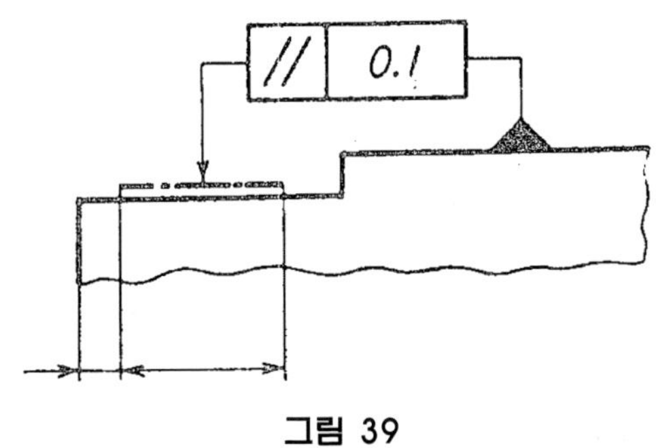

그림 39

② 대상으로 한 형체의 임의의 위치에서 특정한 길이마다에 대하여 공차를 지정하는 경우에는 공차 값 뒤에 사선을 긋고 그 길이를 기입한다(그림 40).

그림 40

③ 대상으로 한 형체의 전체에 대한 공차 값과 그 형체의 어느 길이마다에 대한 공차 값을 동시에 지정할 때에는, 전자를 위쪽에, 후자를 아래쪽에 겹쳐서 기입하고, 상하를 가로선으로 구획 짓는다(그림 41).

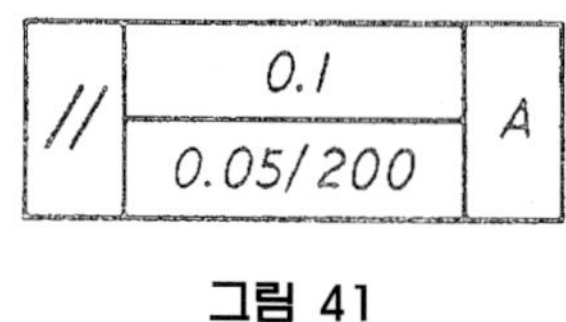

그림 41

④ 공차역 내에서의 형체의 성질을 특별히 지시하고 싶을 때에는 공차 기입 틀 근처에 요구사항을 기입하거나 또는 이것을 인출선으로 연결한다(그림 42, 그림 43).

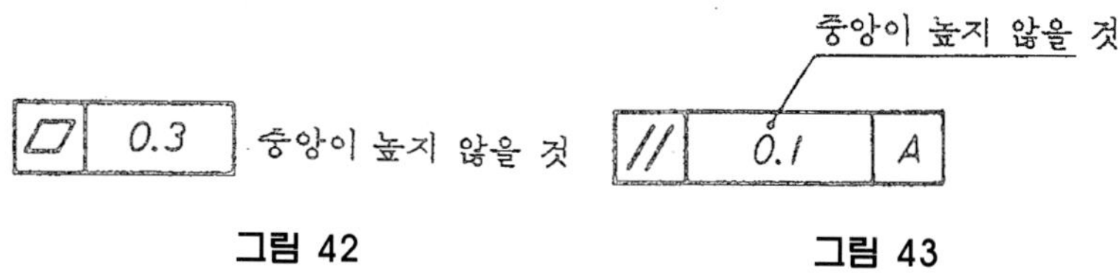

그림 42 그림 43

(6) 이론적으로 정확한 치수의 도시 방법 위치도, 윤곽도 또는 경사도의 공차를 형체에 지정하는 경우에는 이론적으로 정확한 위치, 윤곽 또는 각도를 정하는 치수를 [30]과 같이 4각형 틀로 둘러싸서 나타낸다(그림 44, 그림 45).

비고 이와 같은 4각형 틀 내에 나타내는 치수를 이론적으로 정확한 치수라 하고, 그 자체는 치수 허용차를 갖지 않는다.

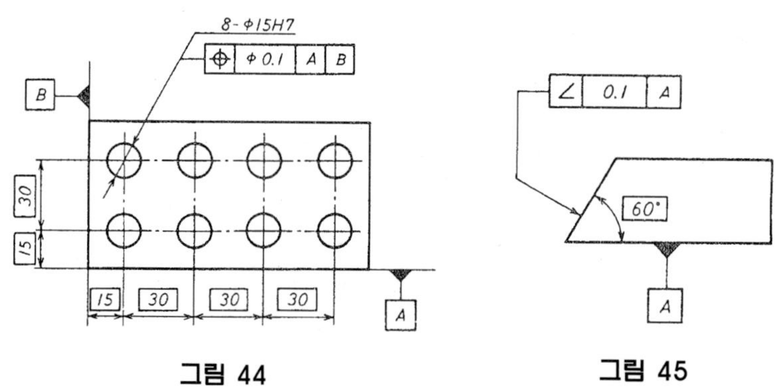

그림 44 그림 45

(7) 돌출 공차역의 지시 방법 공차역을 그 형체 자체의 내부가 아니고, 그 외부에 지정하고 싶을 경우에는 그 돌출부를 가는 2점 쇄선으로 표시하고, 그 치수 숫자 앞 및 공차 값 뒤에 기호 Ⓟ를 기입한다(그림 46).

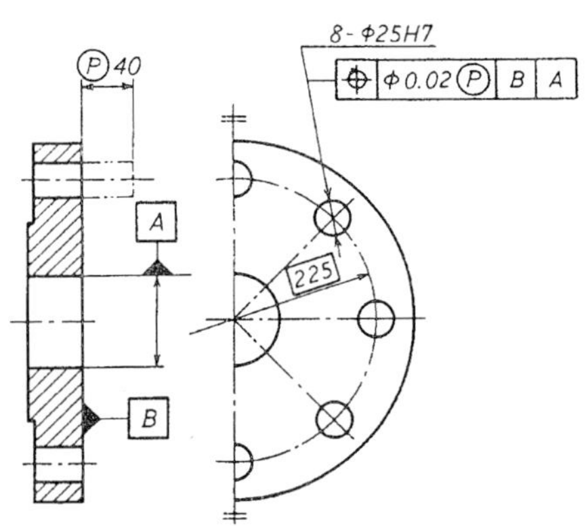

비고 이와 같은 지시에 의하여 정해지는 공차역을 돌출 공차역이라 하며, 이것은, 자세공차 및 위치공차에 적용할 수 있다.

그림 46

(8) 최대 실체 공차 방식의 적용을 지시하는 방법

① 최대 실체 공차 방식을 적용하는 것을 지시하기 위해서는 최대 실체 공차의 대상으로 된 형체, 데이텀 형체 또는 그 양차에 적용하는가에 따라 기호 Ⓜ을 사용하여 각각 다음과 같이 나타낸다.

가. 공차붙이 형체에 적응하는 경우에는 공차 값 뒤에 Ⓜ을 기입한다(그림 47).

나. 데이텀 형체에 적응하는 경우에는 데이텀을 나타내는 문자기호 뒤에 M을 기입한다(그림 48).

다. 공차붙이 형체와 그 데이텀 형체의 양자에 적용하는 경우에는 공차 값 뒤와 데이텀을 나타내는 문자기호 뒤에 Ⓜ을 기입한다(그림 49).

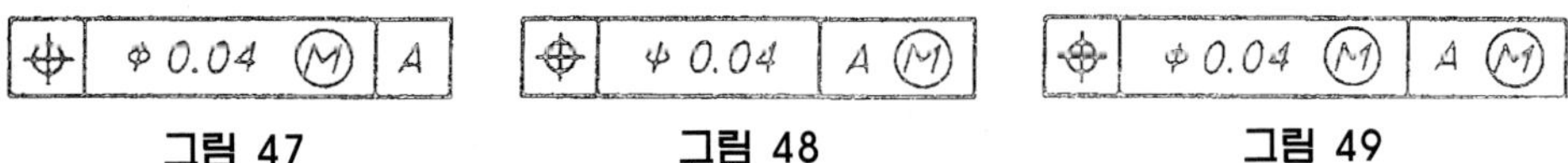

그림 47 **그림 48** **그림 49**

② 데이텀이 데이텀을 지시하는 문자기호에 의하여 표시되어 있지 않은 경우에 최대 실체 공차 방식을 적용하는 것을 지시하기 위해서는 공차 기입 틀의 세 번째의 구획에 기호Ⓜ을 기입한다(그림 50, 그림 51).

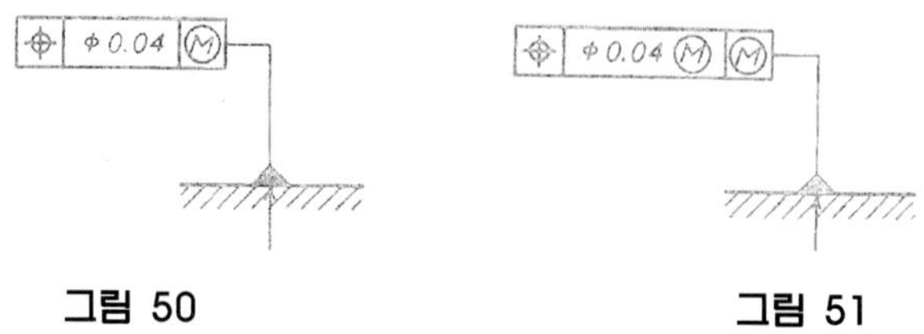

그림 50　　　그림 51

비고　최대 실체 공차 방식의 적용에 대해서는 KS B 0242(최대 실체 공차 방식)에 따른다.

(9) 공차역의 정의, 도시 보기와 그 해석 기하 공차의 공차역의 정의, 도시 보기 및 그 해석을 부표에 나타낸다.

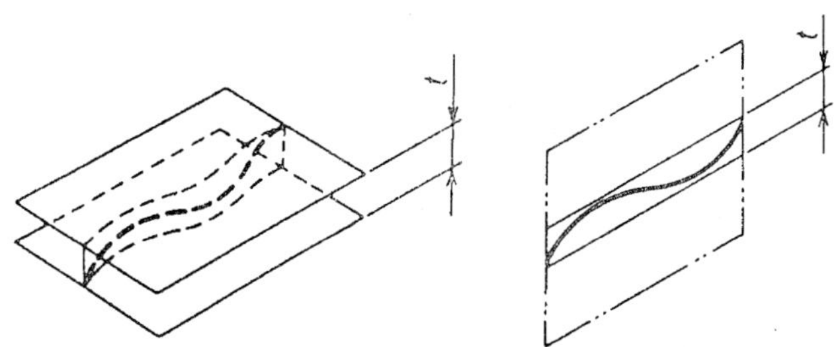

비고 1. 부표는 기하 공차의 공차역의 정의를 나타냄과 동시에 대표적인 도시 보기와 그 해석을 설명도와 함께 도시하였다.
또한, 설명도에서는 그 공차가 취급하고 있는 편차에 대해서만 나타낸다.
2. 한 방향만의 선 또는 축선의 진직도의 공차역은 설명도에서는 다음의 어느 한 가지에 의하여 나타낸다.
(1) 공차 t만큼 떨어진 2개의 평행 평면에 의함(그림 52).
(2) 공차 t만큼 떨어진 3개의 평행 직선에 의함(그림 53).
그림 52는 3차원 도시 방법이며, 그림 53은 그것을 평면에 투상한 그림이다. 이 두 개의 표현방법에는 그 뜻을 나타내는 데 다름이 없다. 이 부표의 공차역의 설명도에서는 되도록 그 설명의 뜻을 이해하기 쉬운 그림이 선택되어 있다.
3. 부표 중의 도시 보기에서 치수선에 φ를 붙인 것은 원 또는 원통이라는 것을 표시한다.

그림 52　　　그림 53

26) 일반적인 치수기입 방법(General Demensioning)

(1) 곡면에 대한 치수기입

① 원호들로 구성된 곡선

두 개 또는 그 이상으로 원호로 구성된 곡선은 반지름과 중심의 위치를 주거나 그 원호들이 만나는 곳에 치수를 기입해 주어야 한다.

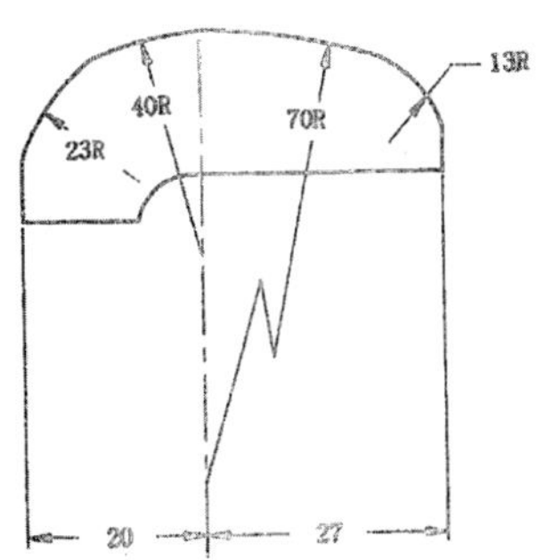

② 곡면에 대한 치수기입

원호 위에 있는 특정 부위 간의 거리는 현이나 호의 길이로써 나타낸다. 호로써 치수를 나타낼 경우 dimensioned points의 측정 면을 지적해 주어야 한다.

만약 구멍 사이의 각도가 주이지면 REF로 표시해야 한다.

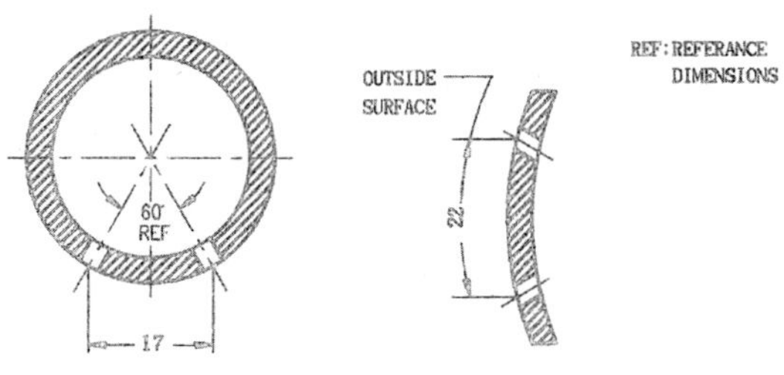

③ 비원형 곡선

비원형 곡선은 좌표법에 의해서 치수를 기입한다.

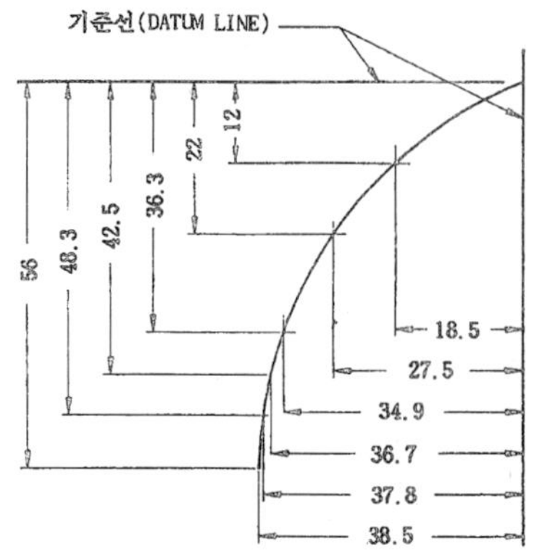

(2) 특정한 부분의 치수기입

① 카운터보어 구멍(Counterbored Holes)

원래 구멍 치수 위에 카운터보어의 직경, 깊이, 모서리 반경 등을 표시한다. 다음은 몇 가지 보기인데 여기서 카운터보어의 깊이보다는 오히려 남은 밑 부분의 두께를 표기하는 편이 좋다.

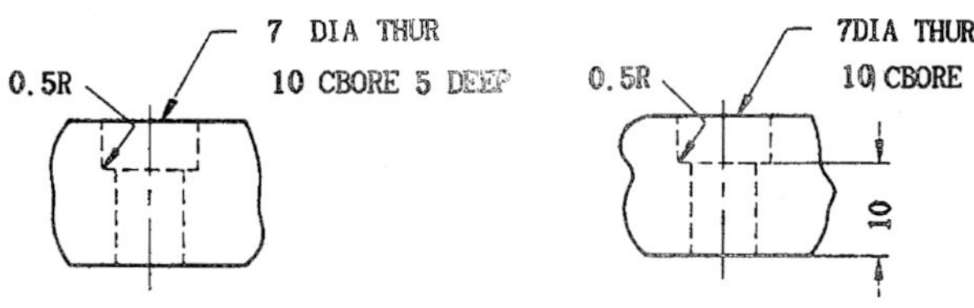

② 카운터 싱크 구멍(Countersunk Holes)

원래 구멍 치수 외에 카운터 싱킹과 카운터 드릴링 구멍의 지름 및 관련 각도를 표기한다.

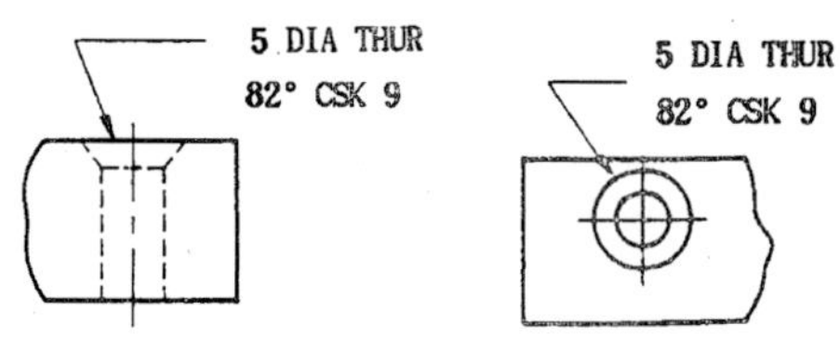

③ **Spot 페이싱(Spot faces)**

spot faces는 보올트머리, 너트, 와셔, 기타 유사한 부품들의 자리 면을 만들어 주는 데 필요한 최소 깊이로 가공된 면적을 말한다.

spot faces는 SF라는 약자와 함께 그 지름을 지시선으로 끌어내어 나타내 준다.

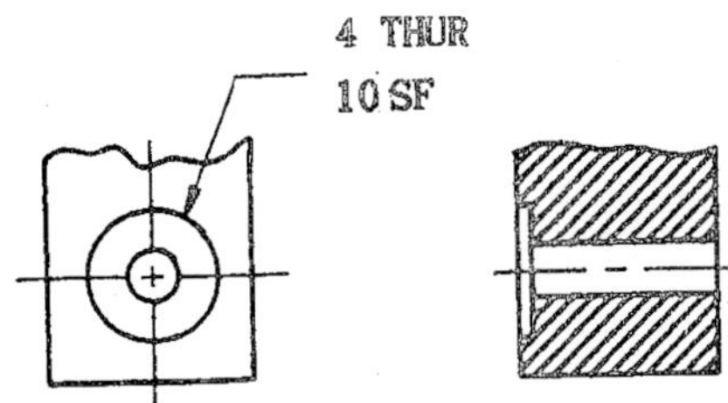

분리된 보스(boss)에 대한 spot faces의 지름은 생략하고 그 대신 '전체표면(full surface)'이라는 말을 기록한다.

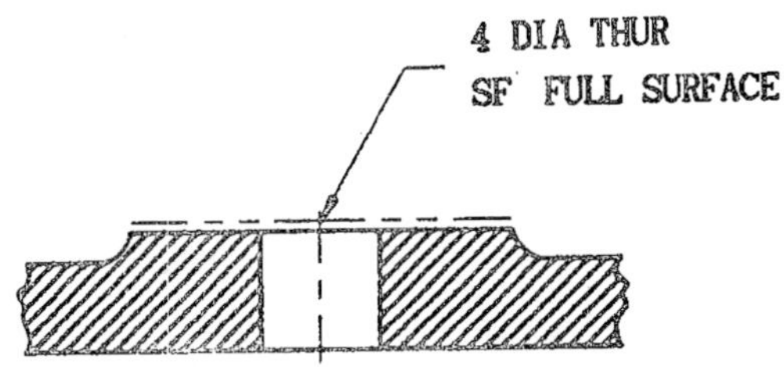

④ **챔퍼(chamfers)**

45도 각도의 챔퍼는 그림과 같이 표시하며 도면에 '챔퍼(chamfer)'라는 말을 사용할 필요가 없다.

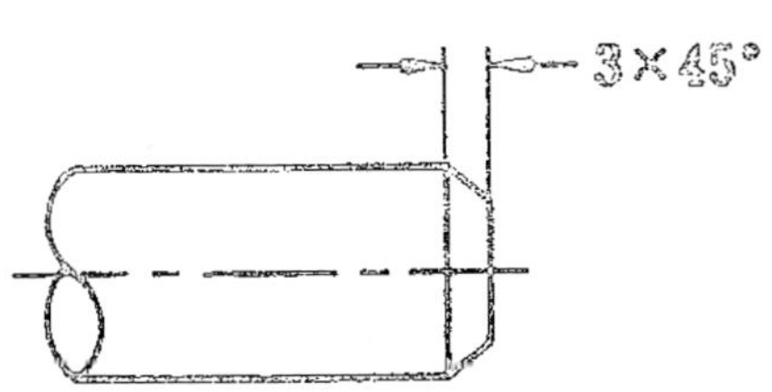

가. 45도 이외의 다른 챔퍼들은 그 길이와 각도를 기입해 준다.

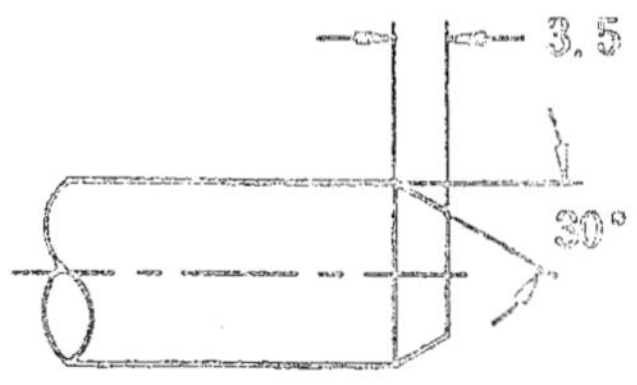

나. 챔퍼의 지름을 제한할 필요가 있을 경우에는 도면과 같은 방법을 사용한다.

⑤ 끝이 둥근 부품

끝이 둥근 부품에 대해서는 모든 관련 치수를 기입한다.

그렇게 해야 대량 생산이나 치수 검사를 할 때 치수를 별도로 요구하지 않아도 되며 부품의 실제 사용 면에 대한 직접적인 조정이 가능하게 된다.

완전하게 끝이 둥근 부품에 대해서는 반경만 표시하고 치수는 기입하지 않아도 좋다. 양산 시의 어려움을 피하기 위해 가능하다면 완전하게 끝이 둥글게 하는 것보다는 도면처럼 끝의 일부분만 둥글게 하는 것이 좋다.

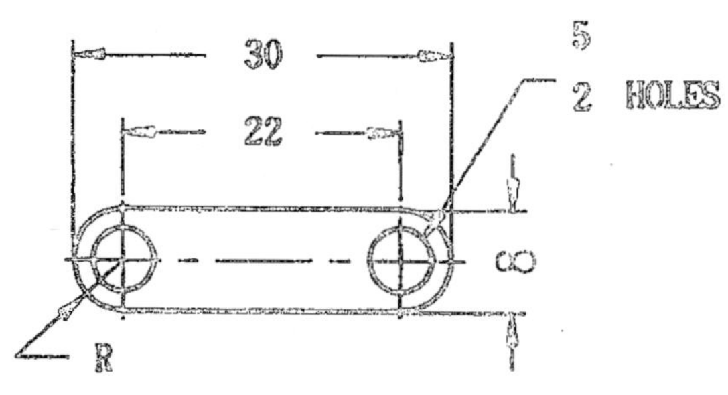

가. 끝의 일부만이 둥글게 된 부품에 대해서는 반경의 치수를 반드시 기입한다.

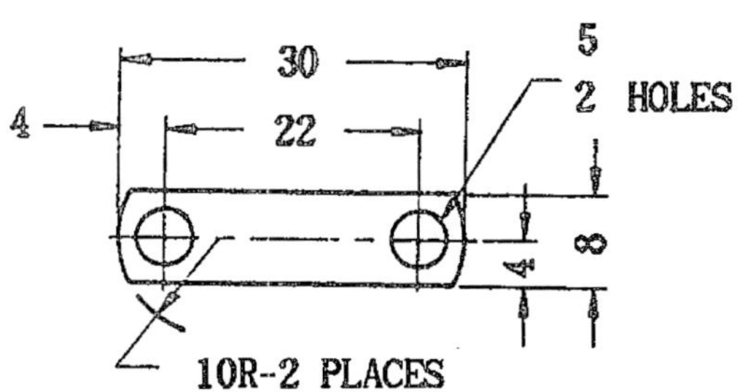

⑥ **슬롯트 구멍**(Slotted Holes)

일반적 형태의 슬롯트 구멍은 길이, 폭, 끝 반경 R의 치수를 기입하므로 그 크기를 나타내며, 한쪽 끝이나 중심에서 세로 기준 면까지의 치수를 기입하여 그 위치를 나타낸다.

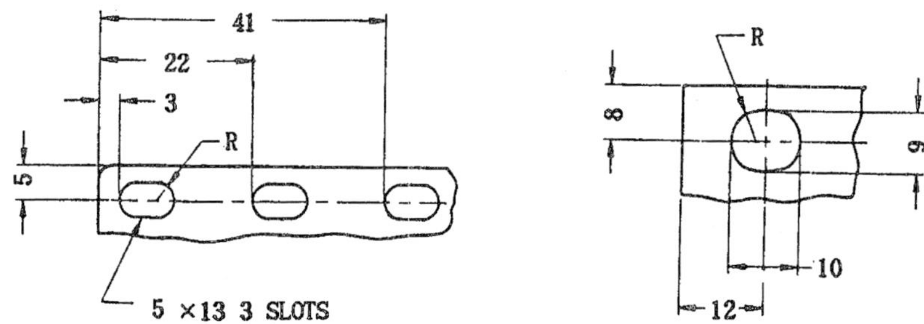

⑦ **키이자리**(Keyseats)

키이자리는 폭, 깊이, 커터의 지름으로 치수를 나타내며 키이 깊이는 축이나 구멍의 반대쪽에서부터 치수선을 끌어내어 기입한다.

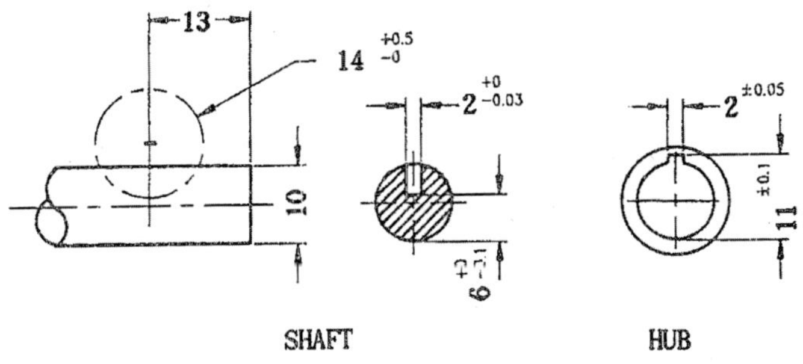

⑧ **등간격으로 위치한 형상물**

공통된 기준으로부터 등간격으로 떨어져 있는 형상물에 대한 치수기입 방법은 다음 도면과 같다.

간격의 수나 간격의 치수 그리고 전체 치수를 적는다. 기준선택은 기능적 조건에 따르며 열의 첫 번째 형상물이 아니어도 된다.

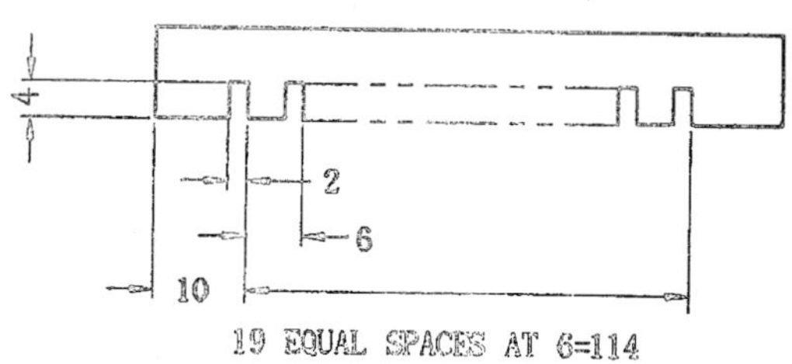

(3) 구멍형태의 치수기입

① **일직선상에 등간격으로 위치한 구멍**

일직선상에 많은 구멍들이 등간격으로 배열되어 있는 경우 양쪽 끝에 있는 구멍들 사이의 전체치수와 인접한 구멍들 사이의 간격을 표시해 준다.

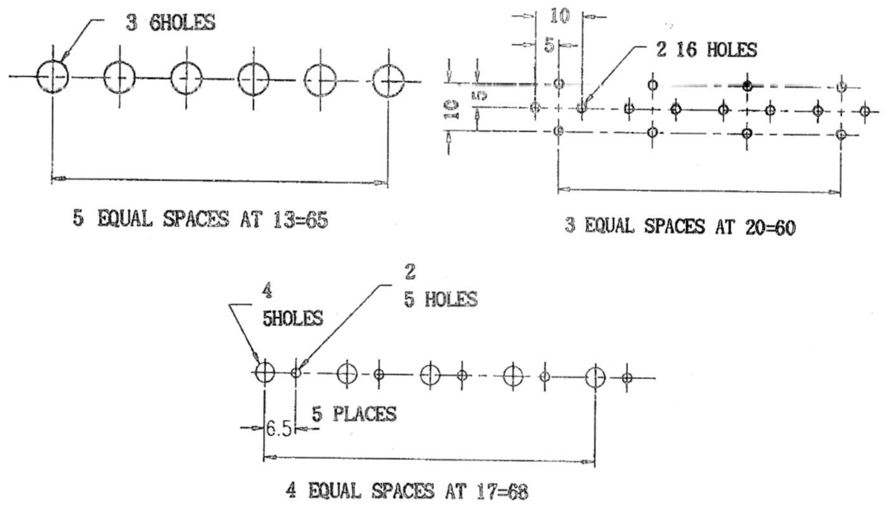

② 공통된 원호상의 등간격 구멍

공통된 원호상에 등간격으로 배열되어 있는 경우, 다음과 같이 나타낼 수 있다.

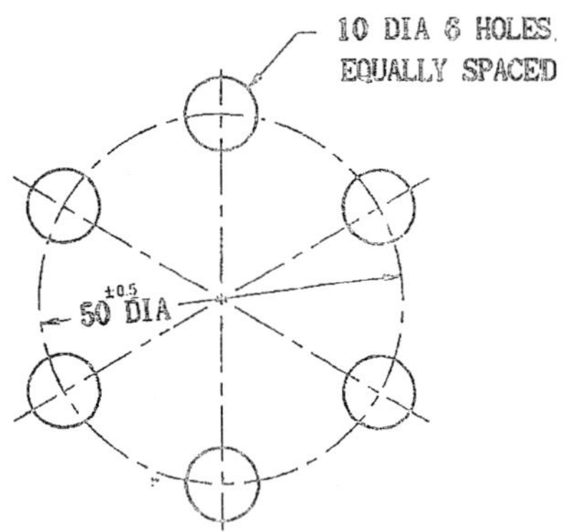

③ 기준에 의한 치수기입

기준에 의한 치수기입법은 부품형상의 위치를 따로 나타내지 않고 공통된 기준으로부터 그 위치를 나타내주는 치수기입 방법이다.

이 방법을 알맞게 적용하면 공구설계, 생산과 검사 등을 쉽게 할 수 있으며 일련의 치수에 있어서 공차의 누적을 없앨 수 있다.

기준의 설정은 주로 설계의 기능적 조건에 바탕을 둔다.

실제에 있어서 한 쌍의 부품들에 관한 대응되는 형상은 조립이 확실히 될 수 있도록 해야 한다.

실제 부품상에서 기준형상은 생산 및 검사를 하는 동안 측정하기 쉬운 위치에 두는 것이 유용하다.

가. 정확한 위치라고 생각되는 면이나 형상으로부터 치수를 나타냈을 때, 그 면이나 형상이 곧 기준이 된다.

이러한 기준과 관련되어 치수를 잘못 이해할 수도 있는 곳이 있다면 도면상에서 기준들을 확인시켜 주어야 한다.

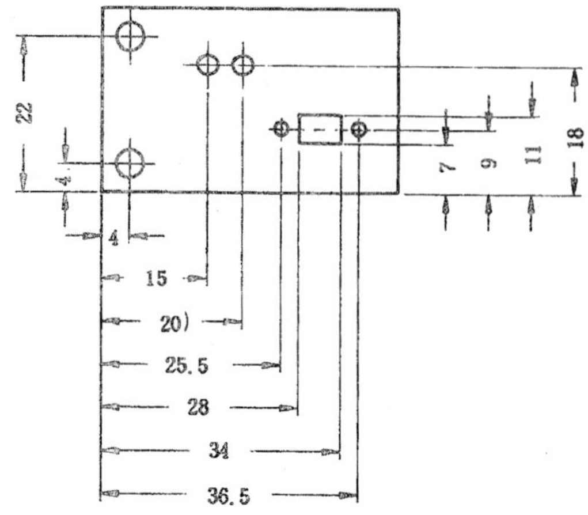

나. 구멍들이나 다른 형상들이 서로 기능적으로 뚜렷하게 관련되어 있는 경우, 이러한 관계를 나타내 주는 치수기입 방법이다.

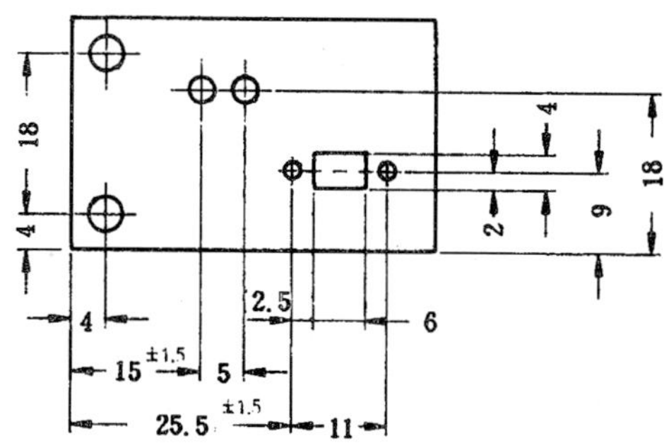

(4) 구멍의 분류

하나의 부품상에 구멍의 크기가 3가지 이상으로서 group을 이루어 그려져 있는 경우 같은 크기와 공차를 갖는 구멍에는 같은 문자를 적으므로 구멍들을 구별시킨다.

같은 도면, 같은 설계상에서 나타난 구멍으로 크기는 모두 같으나 부품이 다를 때 구멍의 수가 다른 경우에는 그 크기에 맞는 문자에 X라는 첨자를 붙여서 나타낸다.

아래의 표의 'AX'와 아래의 도면을 보면 이 방법은 부품들 사이의 차이가 근소하고 복잡하지 않은 곳에서만 사용돼야 하며 만약, 그렇지 않은 경우에는 두 개 또는 그 이상의 도면을 그려야 한다.

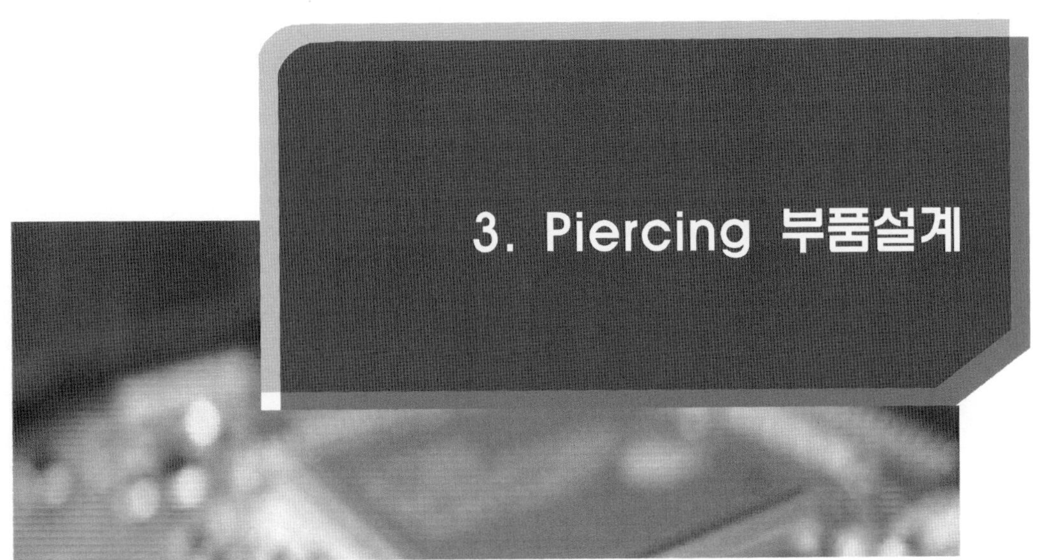

3. Piercing 부품설계

1) 최소 brideg 폭

(1) 구멍 또는 외곽의 최소 거리

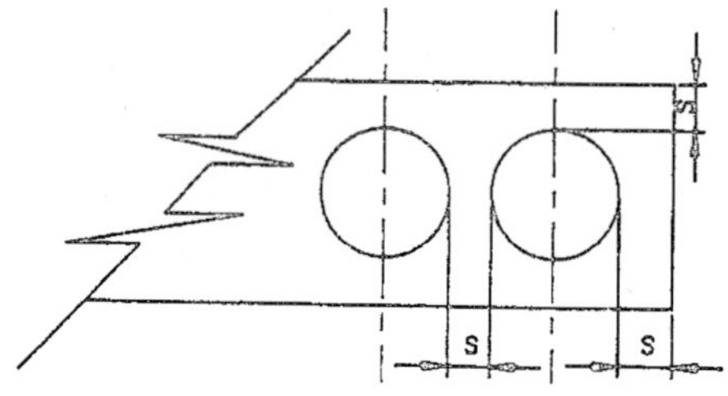

인청동, 양은, spring 강	s>1.0~1.5t
황동, 규소 강판	
순철, 동, 알루미늄	s>1.5~2.0t
스테인리스 강	
비금속	s>2.0~3.0t

t: 재료 두께

(2) blanking 또는 piercing 후 bending이 가능한 최소 거리

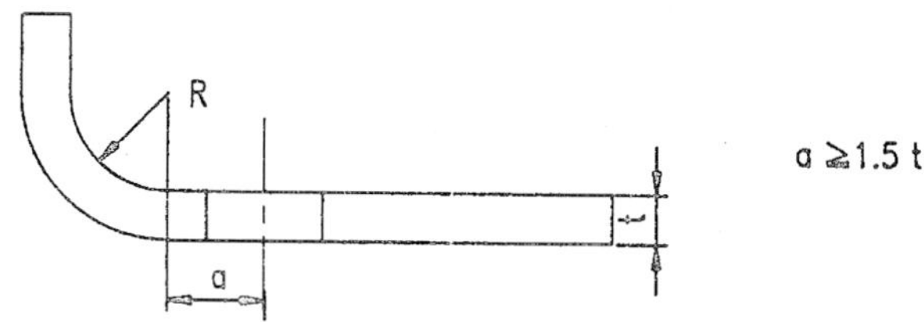

(3) 최소 blanking 직경

재료	일반		정밀(d≧0.4㎜)	
경강	1.3t	1.0t	0.5t	0.4t
연강	1.0t	0.7t	0.35t	0.3t
알루미늄	1.8t	0.5t	0.3t	0.28t
	둥근 펀치	각 펀치	둥근 펀치	각 펀치

(4) bridge 폭

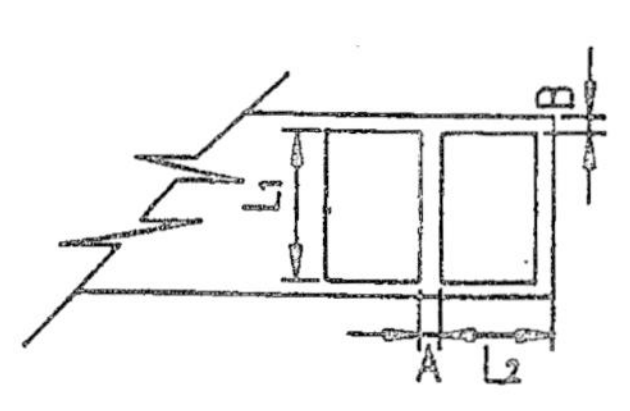

재료	L또는L / 두께 t	A			B
		50 이하	50~100	100 이상	1.2A
일반금속	0.5 미만	0.7	1.0	1.2	1.2A
	0.5 이상	0.4+0.6t	0.65+t	0.8+0.8t	1.2A
규소강판	0.3 미만	1.2	1.2	1.6	1.2A
	0.3 이상	0.9+t	1.1+t	1.3+t	1.2A

2) piercing 부품설계

(1) press 선정

사용 press의 선정 조건은 재료의 총 전단저항력을 계산해야 한다.

$P = tl\ Ks$

Ks(전단저항) = 0.8 × 인장강도

ex) t = 1㎜, 반경 100㎜인 구멍의 경우

p = 1.0 × 3.14 × 100 × 35 = 10,900kg

약 11ton의 press력이 요구되나 실제로는 약 20% 정도 여유를 준다.

stripper force: $p = 2.5tl = 2.5 \times \pi \times 100 \times 1.0 = 785$(kg)

(2) 각종 재료의 기계적 성질

구분 / 재료 연경	전단저항(kg / mm)		인장강도(kg / mm)	
	soft	hard	soft	hard
연	2~3	–	2.5~4	–
납	3~4	–	4~5	–
Al	7~11	13~16	8~12	17~22
듀랄루민	22	38	26	48
아연	12	20	15	25
동	18~22	25~30	22~28	30~40
황동	22~30	35~40	28~35	40~60
청동	32~40	40~60	40~50	50~75
양은	28~36	45~56	35~45	55~70
철판	32	40	–	45
강판	45~50	51~60	–	60~70
강 0.15%C	25	32	32	45
0.2%C	32	40	40	50
0.3%C	36	48	45	60
0.4%C	45	56	56	72
0.6%C	56	72	72	90
0.8%C	72	90	90	110
규소강판	45	56	55	–
스테인리스 강판	52	56	65~70	–
니켈	25		44~50	57~63
Hard Board	3.44	–	–	–

3) 표준 Punching clearance

아래 그림에 표시된 clearance는 편측에 대해서이다. 표 중의 숫자는 판 두께에 대해서의 %를 나타낸 것이다.

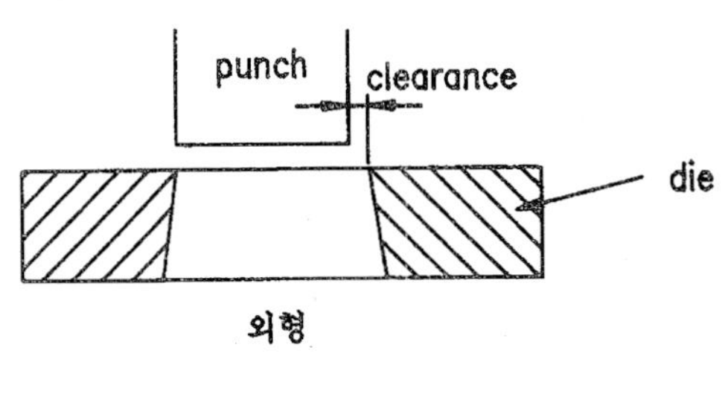

(1) 일반형의 clearance

재질	외형 clearance		작은 구멍 clearance	
	2t 이상	2t 미만	2t 이상	2t 미만
듀랄루민	6	8	4	6
스테인리스				
규소강판				
탄소강판				
냉간압연강판	4	6	3	4
황동				
동				
알루미늄				
합성수지류	2		2	

(2) 특수형의 clearance

가공법	판 두께	
	2t 미만	2t 이상
shaving fine blanking	0.01 이하	0.02

4) 각종 hole

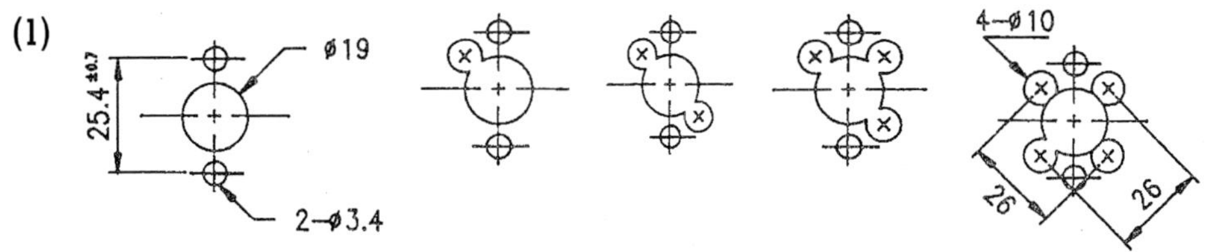

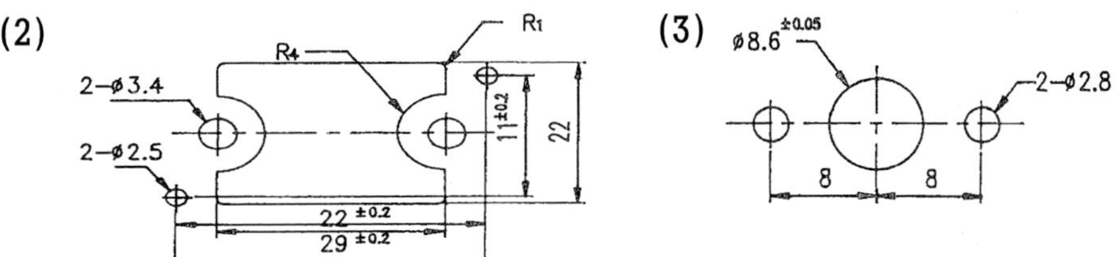

(4)

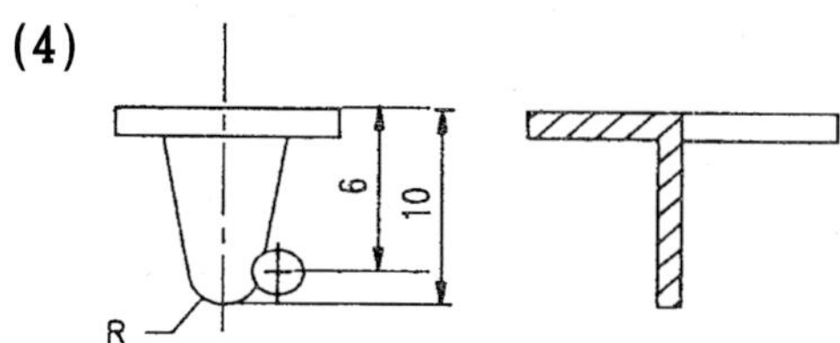

(5)

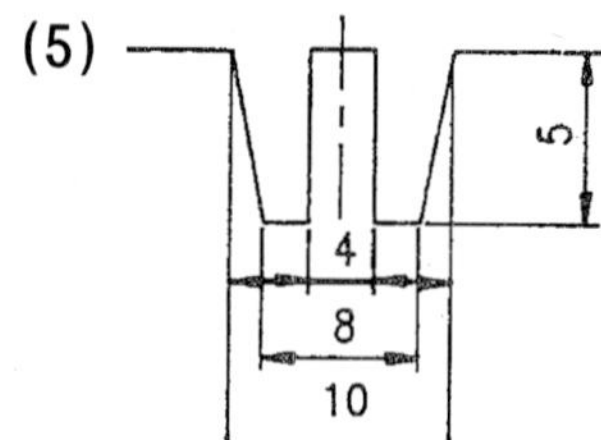

(6)

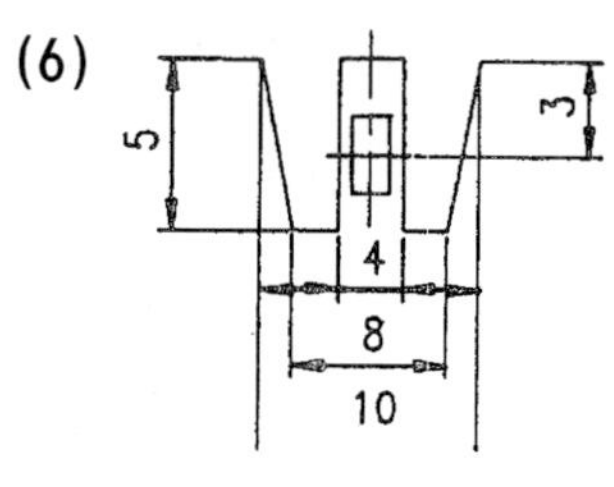

(7)

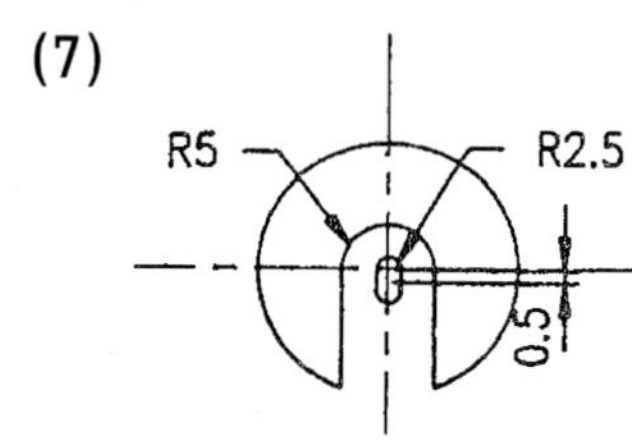

(8)

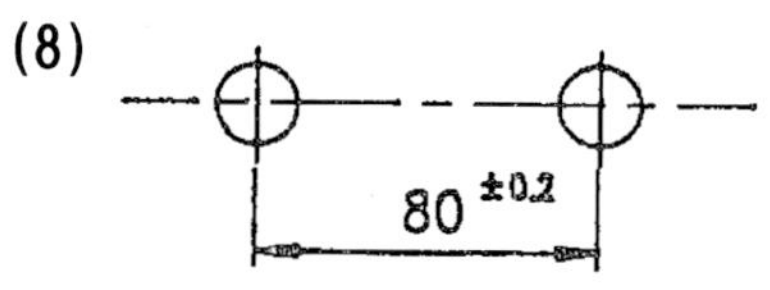

(9)

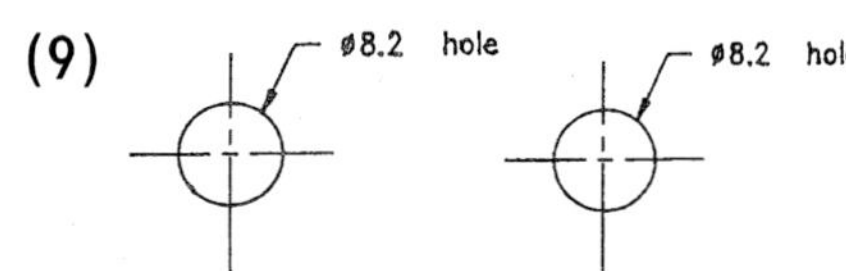

(10)

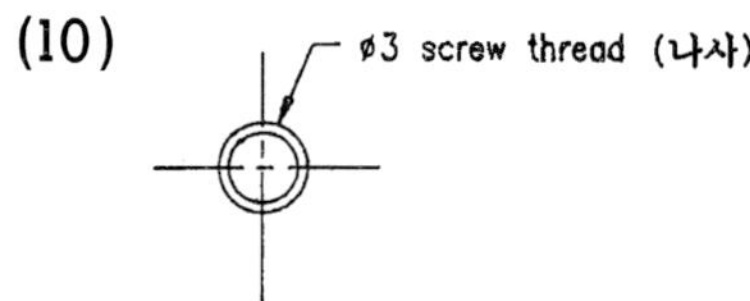

(11)

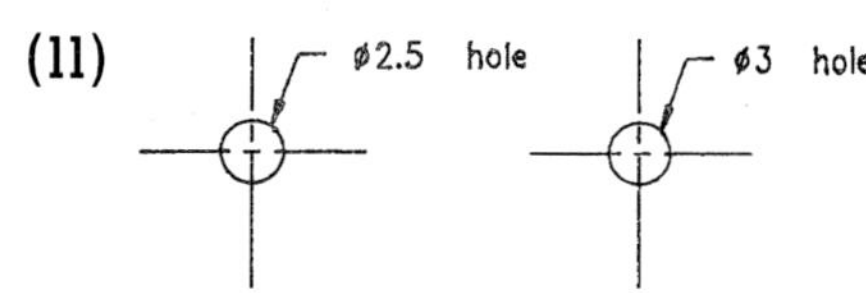

(12)

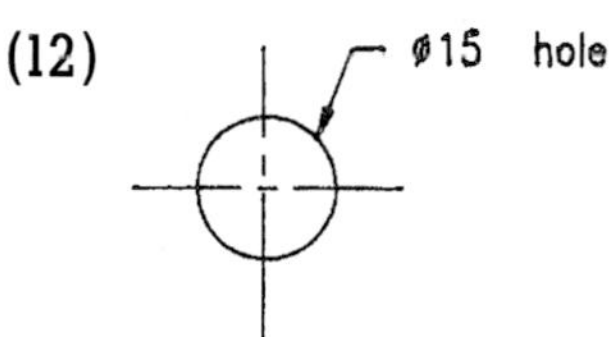

(13)

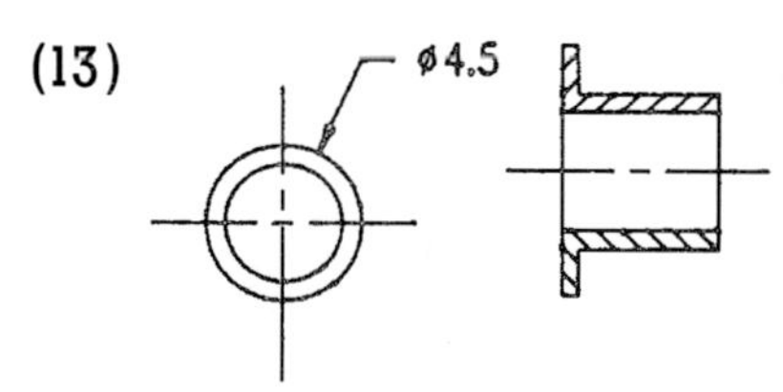

(14)

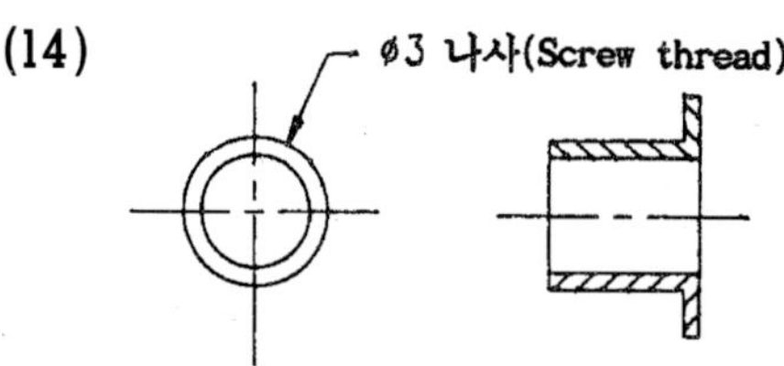

(15)

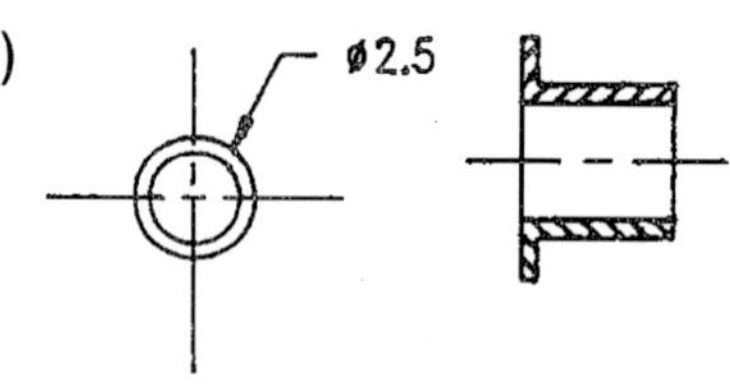

(16)

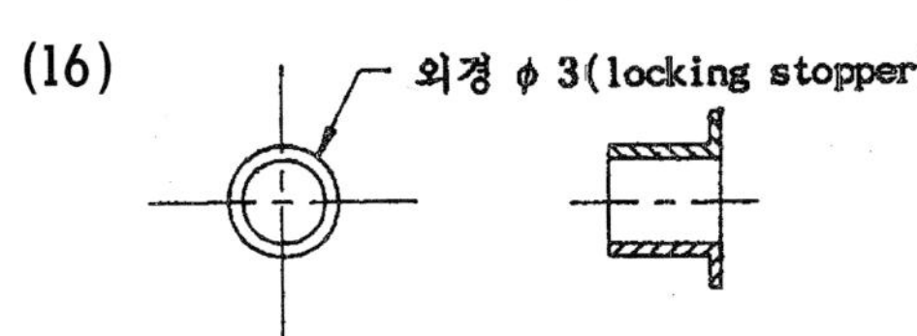

(17)

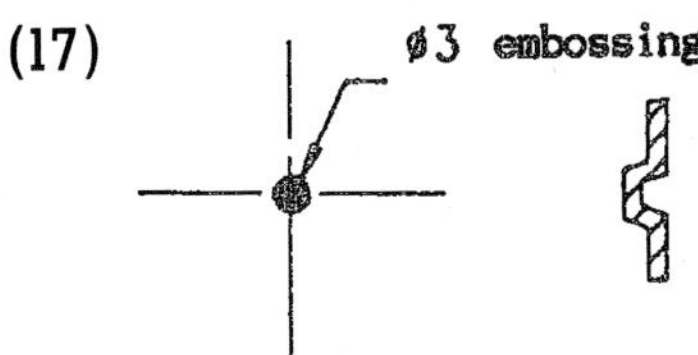

(18)

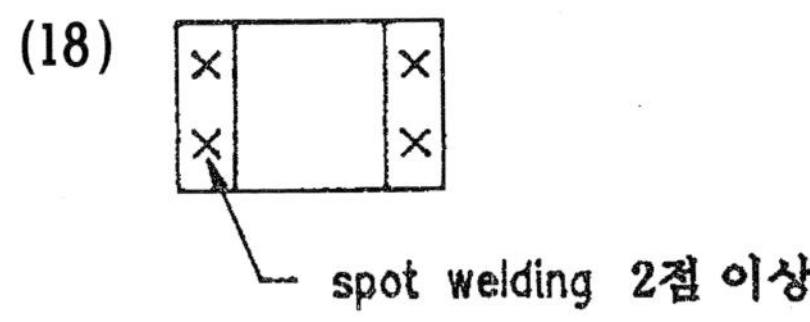

(19)

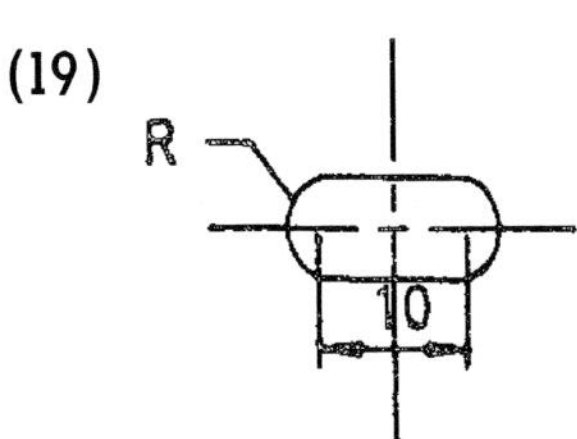

(20)

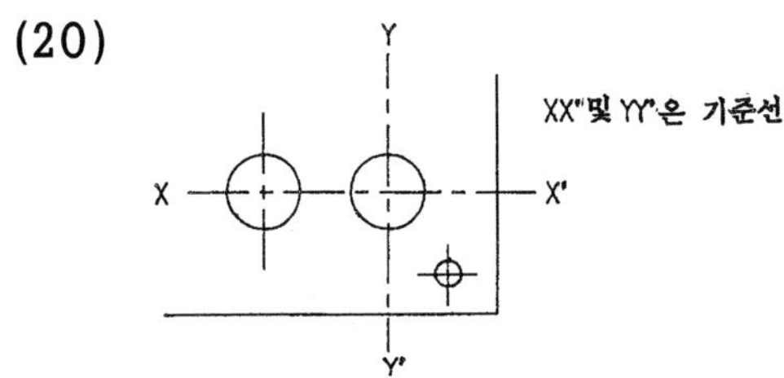

(21)

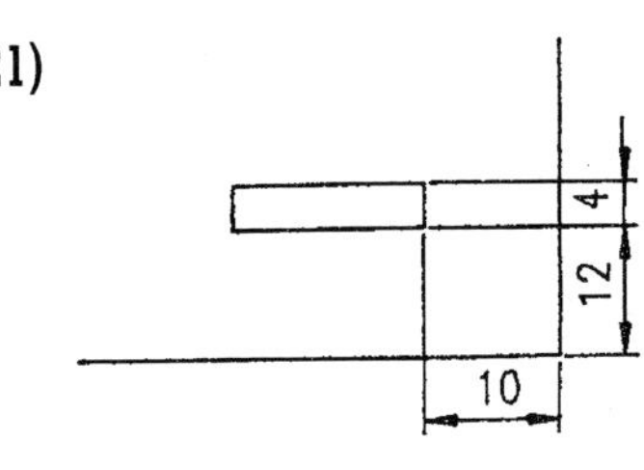

(22)

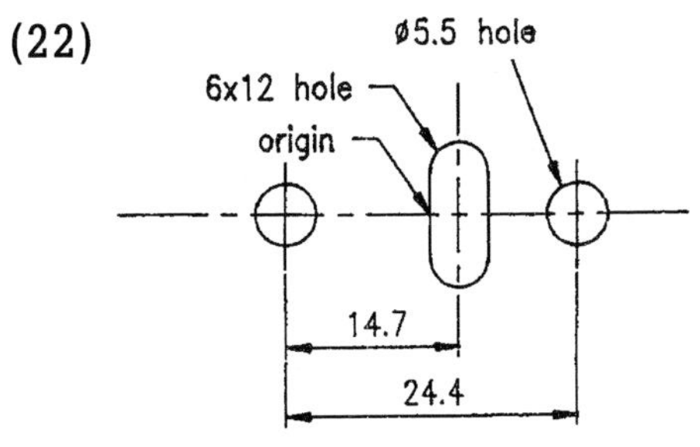

(23)

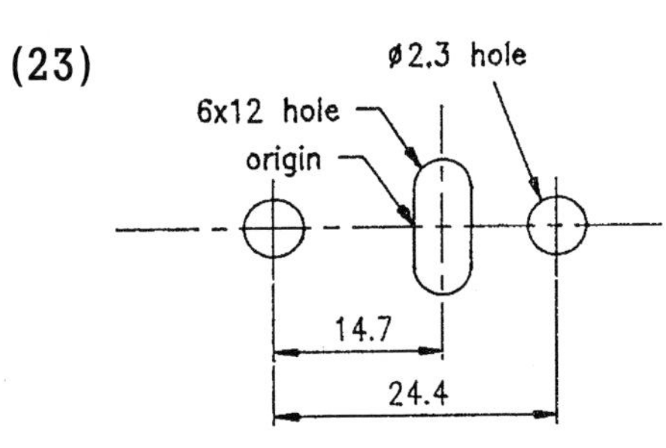

(24)

□7.1

R2

(25)

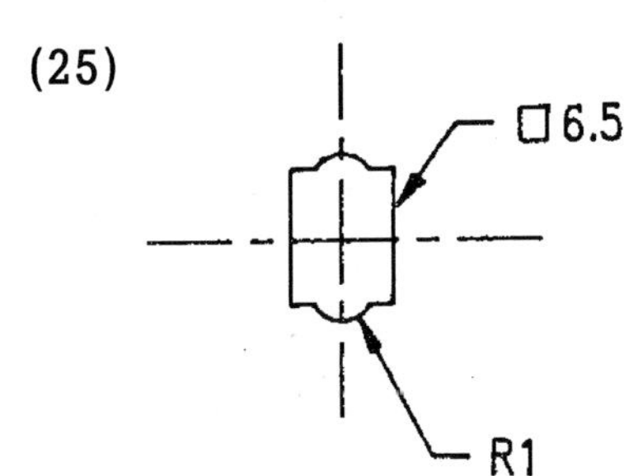

(26)

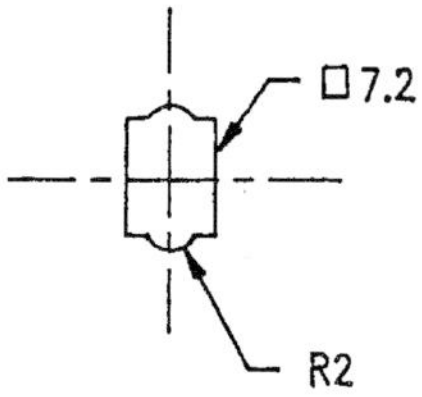

□7.2

R2

(27) cord stopper

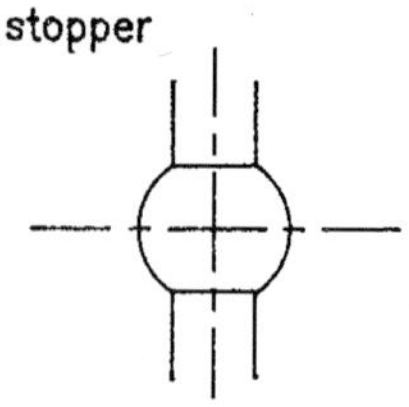

5) tap전의 drill 구멍직경

Metric thread			
나사		tap전 구멍직경	
호칭직경	pitch	1급	2급
M1	0.25	0.75	0.8
M1.2	0.25	0.95	1.0
M1.4	0.3	1.1	1.2
M1.6	0.35	1.3	1.3
M2	0.4	1.6	1.6
M2.3	0.45	1.9	2.0
M2.6	0.45	2.1	2.2
M3	0.5	2.3	2.4
M3.5	0.6	2.8	2.9
M4	0.7	3.2	3.3
M4.5	0.75	3.7	3.8
M5	0.8	4	4.1
M6	1	4.9	5
M7	1	5.9	6
M8	1.25	6.6	6.8
M9	1.25	7.6	7.8
M10	1.5	8.3	8.5
M12	1.75	10	10.2
M14	2	11.7	12
M16	2	13.7	14
M18	2.5	15	15.5
M20	2.5	17	17.5
M22	2.5	19	19.5
M24	3	20.5	21
M27	3	23.5	24
M30	3.5	26	26.5
M33	3.5	26	29.5
M36	4	31.5	32
M39	4	35	35
M42	4.5	36.8	37

Whitworth thread		
나사		drill 구멍직경
호칭직경	pitch	2급, 3급
W1 / 16	60	1.3
W3 / 12	48	1.9
W1 / 8	40	2.6
W5 / 12	32	3.2
W3 / 16	24	3.7
W7 / 32	24	4.5
W1 / 4	20	5.1
W5 / 16	18	6.5
W3 / 8	16	8
W7 / 16	14	9.3
W1 / 2	12	10.5
W9 / 16	12	12
W5 / 16	11	13.5
W3 / 4	10	16.5
W7 / 8	9	19.5
W1	8	22
W1 1 / 8	7	25
W1 1 / 4	7	28
W1 3 / 8	6	30.5
W1 1 / 2	6	34
W1 5 / 8	5	36
W1 3 / 4	5	39
W1 7 / 8	4 1 / 2	42
W2	4 1 / 2	42

6) 판 두께별 clearance

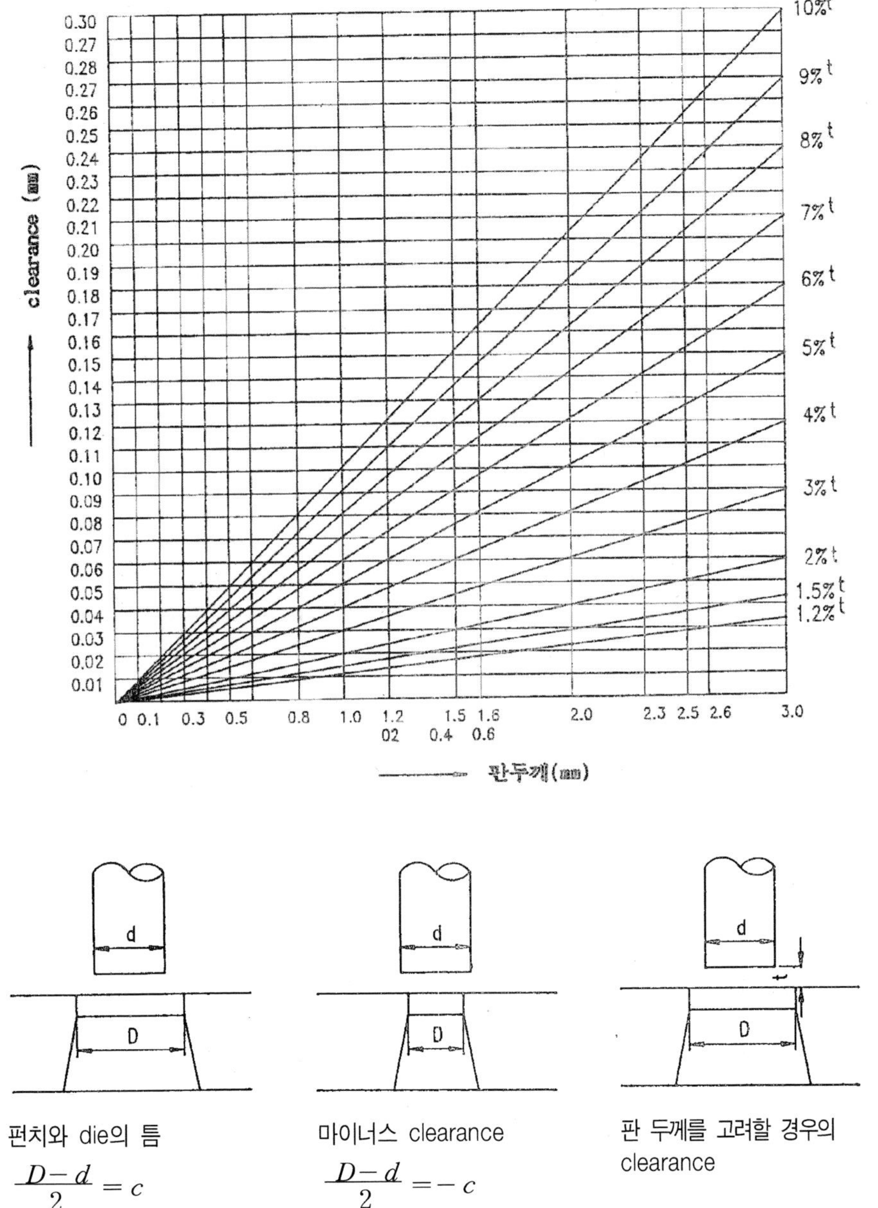

펀치와 die의 틈

$$\frac{D-d}{2} = c$$

마이너스 clearance

$$\frac{D-d}{2} = -c$$

판 두께를 고려할 경우의 clearance

판 두께와 clearance의 %가 결정되면 위 그래프로부터 틈 C를 간단히 읽을 수 있다.

7) die 치수를 취하는 방법

재료 두께		die의 높이	
in	㎜	in	㎜
0~1 / 16	0~1.6	15 / 16	24.0
1 / 16~3 / 16	1.6~5.0	1 1/8	28.5
3 / 16~1 / 4	5.0~6.5	1 5/8	41.5
1 / 4 이상	6.5 이상	1 7/8	47.5

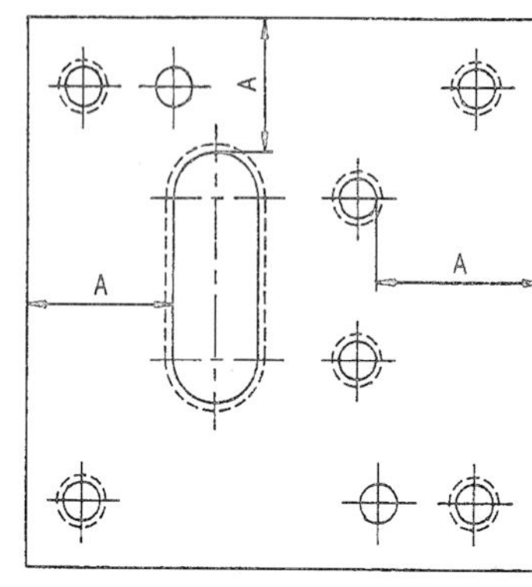

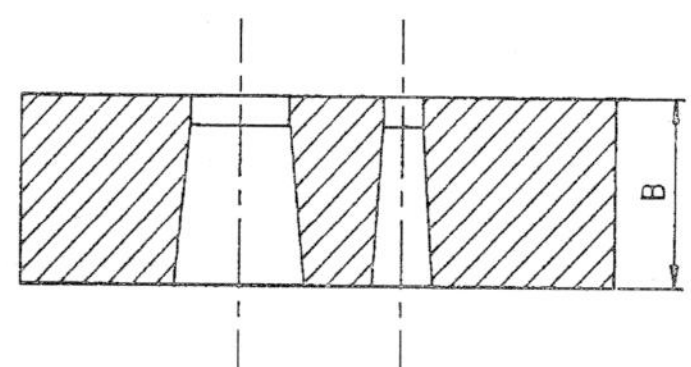

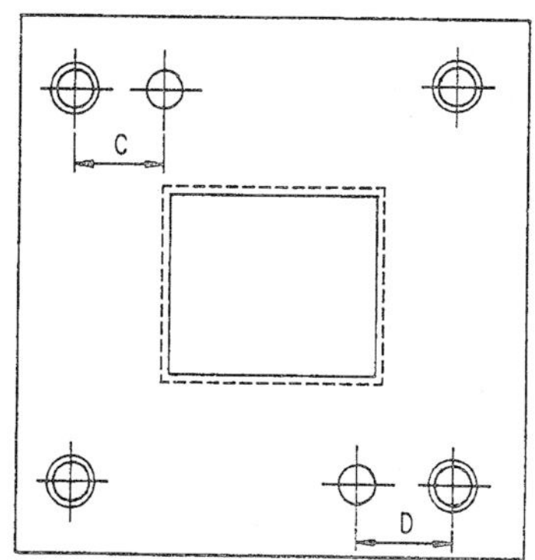

일반적으로 A(구멍의 끝 부분에서 die의 끝 부분까지의 거리)의 차는 적어도A = 1 1/8 B로 취하지 않으면 안 된다.

큰 die라든가 예리한 구멍을 갖는 경우에는A = 1 1/2 B로 한다.

또 특히 큰 die로 재료가 두꺼운 경우에는 A㎜ = 2B로 한다.

대칭형의 die에서는 때때로 보수 후에 부정확하게 조립된다. 이것은 punch와 die의 약간의 부적합에서 공구 날을 망가뜨리는 원인이 된다.

이것을 막기 위해서 왼쪽 그림과 같이 dowel pin의 위치를 C ≠ D와 같이 되게 둔다.

8) 태핑나사용 hole

(1) 태핑나사 2종 및 3종의 선단에 홈을 넣으면 나사 압입성을 좋게 함과 동시에 직경을 작게 만들어도 된다.

(2) 표 중의 위 수치는 아래 부위 hole 직경을 나타내고 밑의 수치는 호칭에 대한 간섭하는 수치임.

3-8-1. 태핑나사 1종의 hole

(단위 ㎜)

판의 두께		0.4	0.5	0.6	0.8	1.0	1.2
적용 나사 의 호칭	3	2.2 0.8	2.3 0.7	2.3 0.7	2.4 0.6	2.5 0.5	2.6 0.4
	3.5	2.5 1.0	2.6 0.9	2.6 0.9	2.7 0.8	2.8 0.7	2.9 0.6
	4		2.9 1.1	2.9 1.1	3.0 1.0	3.1 0.9	3.2 0.8
	4.5		3.3 1.2	3.3 1.2	3.4 1.1	3.5 1.0	3.6 0.9
	5			3.6 1.4	3.8 1.2	3.9 1.1	4.0 1.0
				4.5 1.5	4.5 1.3	4.2 1.2	4.9 1.1

note: 강, 스테인리스강, 모넬메탈, 황동, 알루미늄합금에 적용.

3-8-2. 태핑나사 1종의 hole

(단위 ㎜)

		아래 구멍	재료의 적용 두께
적용나사의 호칭	3	2.5	5~6.5
	3.5	2.9	5~6.5
	4	3.3	6.5~8
	4.5	3.8	6.5~8
	5	4.2	8~9.5
	6	5.2	8~9.5
	7	7.0	10~13

3-8-3. 태핑나사 2종의 hole

(단위 ㎜)

판의 두께		0.4	0.5	0.6	0.8	1.0	1.2	1.6	2.0	2.3	2.6	3.2	3.5	4.0	4.5	5.0
적용나사의 호칭	3	2.3 0.7	2.3 0.7	2.3 0.7	2.4 0.6	2.5 0.5	2.6 0.4	2.6 0.4	2.7 0.3							
	3.5		2.7 0.8	2.7 0.8	2.8 0.7	2.8 0.7	2.9 0.6	2.9 0.6	3.0 0.5	3.1 0.4	3.2 0.3					
	4			3.0 1.0	3.0 1.0	3.1 0.9	3.2 0.8	3.3 0.7	3.4 0.6	3.5 0.5	3.6 0.4	3.7 0.3	3.7 0.3			
	4.5			3.4 1.1	3.5 1.0	3.6 0.9	3.7 0.8	3.8 0.7	3.9 0.6	3.9 0.6	4.0 0.5	4.1 0.4	4.1 0.4			
	5				3.9 1.1	4.0 1.1	4.1 1.0	4.2 0.8	4.3 0.7	4.3 0.7	4.4 0.6	4.5 0.5	4.5 0.5	4.6 0.4		
	6				4.7 1.3	4.8 1.2	4.9 1.1	5.0 1.0	5.1 0.9	5.2 0.8	5.3 0.7	5.4 0.6	5.5 0.6	5.6 0.4	5.6 0.4	5.7 0.3

note: 스테인리스강, 모넬메탈, 황동에 적용.

3-8-4. 태핑나사 2종의 hole

(단위 ㎜)

판의 두께		0.8	1.0	1.2	1.6	2.0	2.3	2.6	3.2	3.5	4.0	4.5	5	6	8	10
적용나사의 호칭	3	2.3 0.7	2.3 0.7	2.4 0.6	2.4 0.6	2.5 0.5	2.5 0.5	2.6 0.4								
	3.5	2.6 0.9	2.7 0.8	2.8 0.7	2.9 0.6	2.9 0.6	3.0 0.5	3.0 0.5	3.1 0.4	3.1 0.4	3.1 0.4					
	4	3.0 1.0	3.1 0.9	3.2 0.8	3.3 0.7	3.4 0.6	3.4 0.6	3.5 0.5	3.5 0.5	3.5 0.5	3.6 0.5	3.6 0.4	3.6 0.4			
	4.5		3.5 1.0	3.6 0.9	3.7 0.8	3.8 0.7	3.8 0.7	3.9 0.6	3.9 0.6	4.0 0.5	4.0 0.5	4.0 0.5	4.0 0.5	4.1 0.4	4.1 0.4	4.1 0.4
	5			4.0 1.0	4.1 0.9	4.2 0.8	4.2 0.8	4.3 0.7	4.3 0.7	4.4 0.6	4.4 0.6	4.4 0.5	4.5 0.5	4.5 0.5	4.5 0.5	4.5 0.5
	6				5.0 1.0	5.1 0.9	5.1 0.9	5.2 0.8	5.2 0.8	5.3 0.7	5.3 0.7	5.4 0.6	5.4 0.6	5.5 0.5	5.5 0.5	5.5 0.5

note: 알루미늄합금에 적용.

3-8-5. 태핑나사 2종의 hole

(단위 ㎜)

적용나사의 호칭	아래 구멍	유효구멍 깊이
3	2.7 0.3	5
3.5	3.2 0.3	6.5
4	3.7 0.3	6.5
4.5	4.1 0.4	6.5
5	4.6 0.4	6.5
6	5.6 0.4	8

note: 알루미늄합금, 주물, 아연주물, 황동주물 등에 적용.

3-8-6. 태핑나사 2종의 hole

(단위 ㎜)

적용나사의 호칭	아래 구멍	유효구멍 깊이
3	2.5 0.5	6.5
3.5	3.0 0.5	6.5
4	3.4 0.6	6.5
4.5	3.9 0.6	8
5	4.3 0.7	8
6	5.2 0.8	9.5

note: 셀룰로이드, 아크릴 수지, 스티롤 수지 등에 적용.

3-8-7. 태핑나사 3종의 hole

(단위 mm)

판의 구께		1.0	1.2	1.6	2.0	2.6	3.0	3.5	4.0	5	6	8	10
적용나사의 호칭	3	2.5 0.5	2.5 0.5	2.5 0.5	2.6 0.4	2.7 0.3	2.7 0.3	2.7 0.3	2.7 0.3				
	3.5		3.0 0.5	3.0 0.5	3.1 0.4	3.1 0.4	3.2 0.3	3.2 0.3	3.2 0.3				
	4		3.4 0.6	3.5 0.5	3.5 0.5	3.6 0.4	3.6 0.4	3.7 0.4	3.7 0.4	3.7 0.4	3.7 0.4		
	4.5		3.8 0.7	3.9 0.6	4.0 0.5	4.0 0.5	4.1 0.4	4.1 0.4	4.1 0.4	4.2 0.4	4.2 0.4		
	5			4.4 0.6	4.5 0.5	4.5 0.5	4.6 0.4	4.6 0.4	4.6 0.4	4.6 0.4	4.6 0.4	4.7 0.3	4.7 0.3
	6			5.4 0.6	5.5 0.5	5.5 0.5	5.5 0.5	5.5 0.5	5.5 0.5	5.6 0.5	5.6 0.5	5.6 0.4	5.6 0.4
	8				7.5 0.5	7.5 0.5	7.5 0.5	7.5 0.5	7.5 0.5	7.6 0.5	7.6 0.5	7.6 0.4	7.6 0.4

note: 동, 스테인리스, 모넬메탈, 황동 등에 이용.

3-8-8. punching 시 이용 최소 hole 지름 d(두께 t)

피가공 재료	보통의 구멍		정밀(d>0.4mm)	
	둥근 punch	각 punch	둥근 punch	각 punch
경 강	1.3t	1.0t	0.5t	0.4t
연강, 황동	1.0t	0.7t	0.35t	0.3t
알루미늄	0.8t	0.5t	0.3t	0.28t

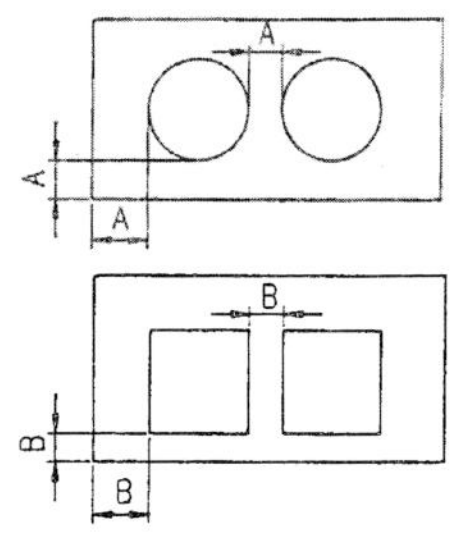

판 두께	최소 거리(A)
1.5mm 이하	3.1mm
1.5mm 이상	판 두께의 2배
판 두께	최소 거리(B)
2.3mm 이상	4.6mm
2.3mm 이하	판 두께의 2배

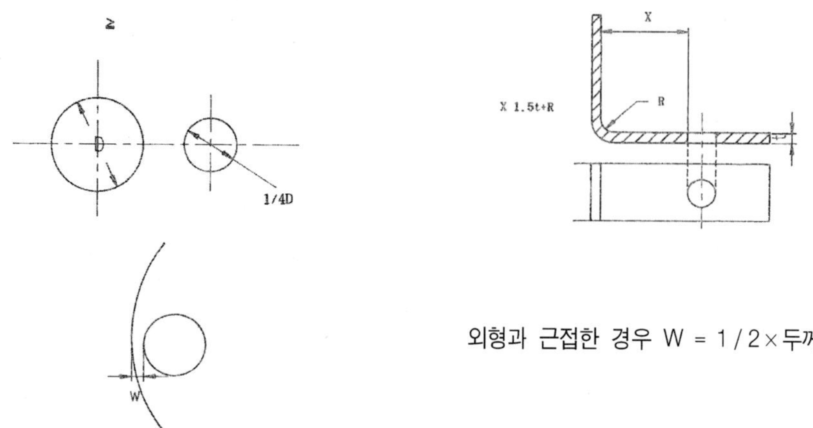

3-8-9. bending 후의 경우 구멍의 위치

3-8-10. symbol of words

spot welding	burring	curling	up	down	outside diameter	screw thread
WD	B	C	U	D	G	M

3-8-11. 진공관 socket용 구멍

holes	no hole	1 hole	2 holes	3 holes	4 holes
symbols	M0	M1	M2	M3	M4
형상 치수	2-ø3.4, 25.4, ø19				26, 26, 4-ø10

3-8-12. 특수용도의 구멍들에 대한 symbol

symbol	KK	CO	
use	for IFT	for coils	Bending-up
형상 치수	R1, 2-ø3.4±0.05, 2-ø2.5, 11±0.2, 22, 22±0.2, 29±0.2	ø8.6±0.03, 2-ø2.8, 8, 8	5, 6, 10, 2R, ø5

symbols	Holes for lug terminal plate
Ⓛ	 $80^{\pm 0.2}$

9) drawing에서의 구멍표기 규칙

3-9-1. 구멍표기

	표 기	단순 표기	비 고
hole-1	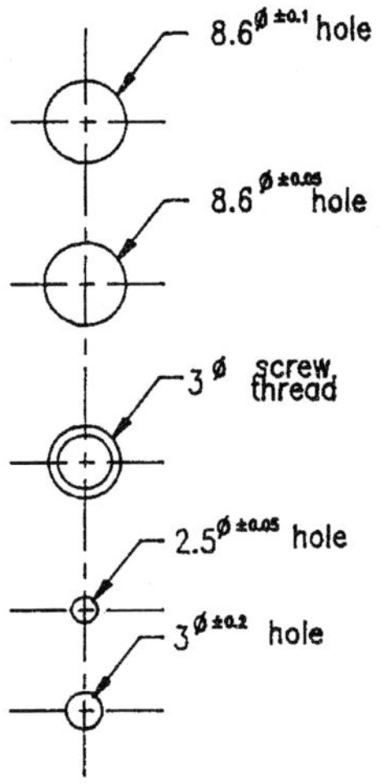 8.6ø ±0.1 hole 8.6ø ±0.05 hole 3ø screw thread 2.5ø ±0.05 hole 3ø ±0.2 hole	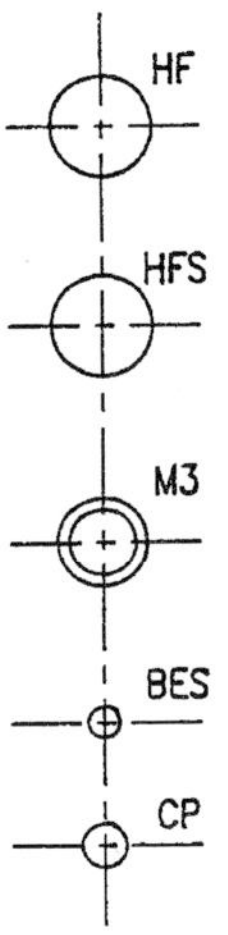 HF HFS M3 BES CP	hole diameter 1.0㎜~10.0㎜
hole-2	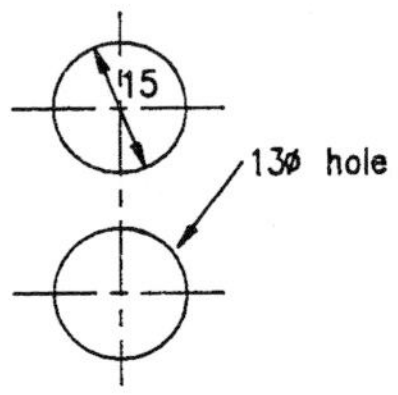 15 13ø hole	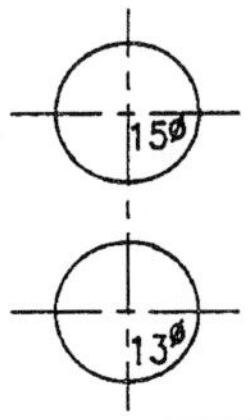 15ø 13ø	hole diameter 10㎜~40㎜ 이하
embossing	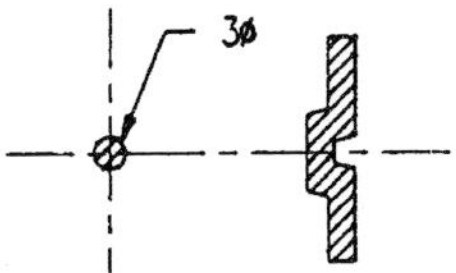 3ø 3ø embossing ,0.4H	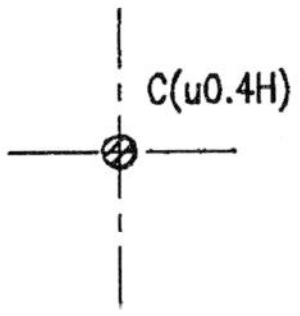 C(u0.4H)	

	표 기	단순 표기	비 고
Burring	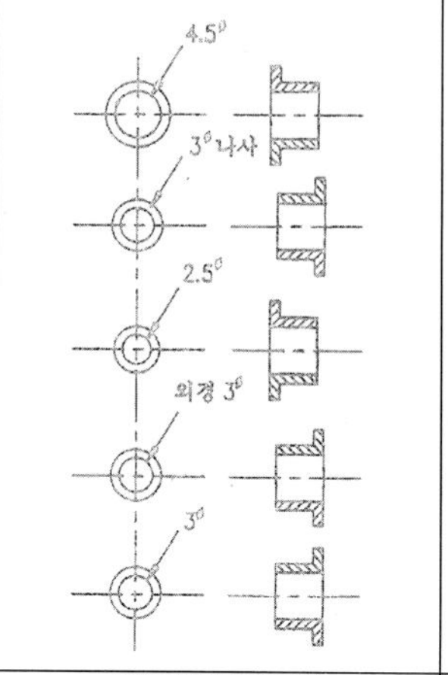 4.5ϕ 3ϕ나사 2.5ϕ 외경 3ϕ 3ϕ	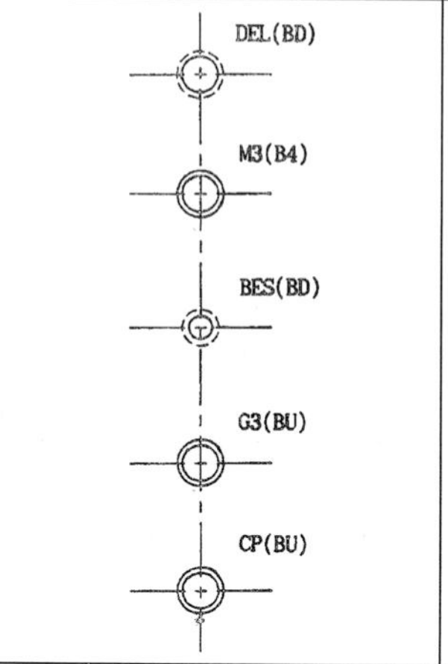 DEL(BD) M3(B4) BES(BD) G3(BU) CP(BU)	
spot welding	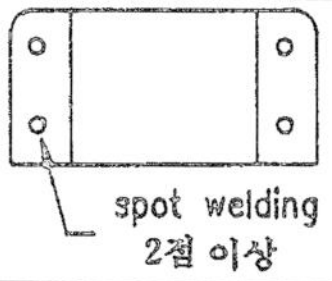 spot welding 2점 이상	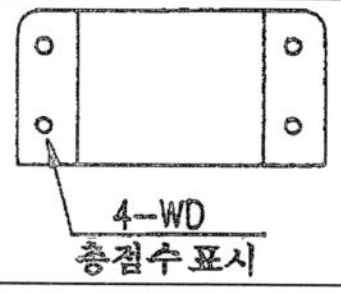 4-WD 총점수표시	
long hole	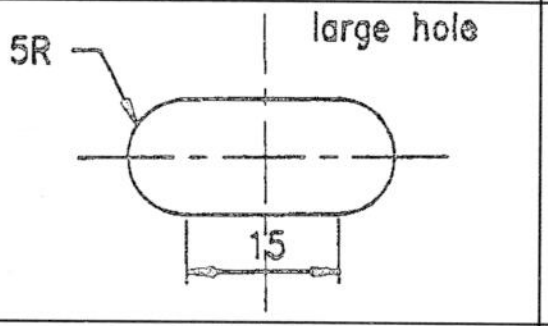 5R large hole 15	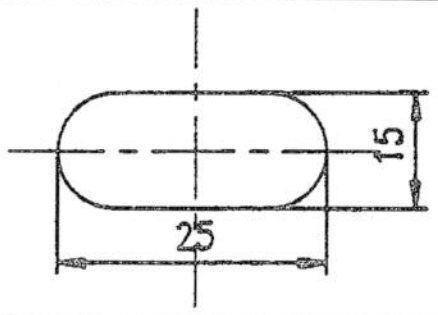 15 25	
long hole	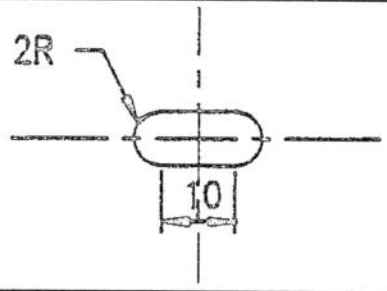 2R 10	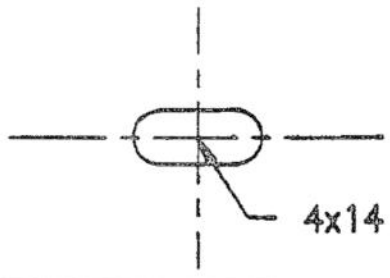 4x14	
bending up	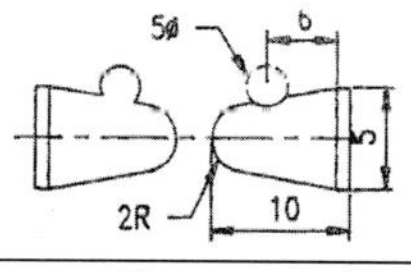 5ϕ 6 5 2R 10	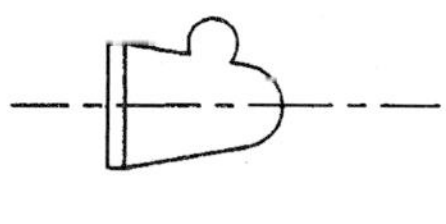	지정된 평면의 상향 bending의 경우
	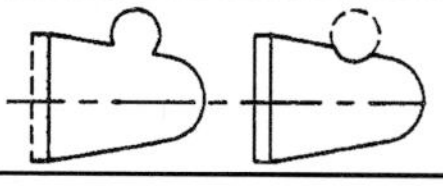		지정된 평면의 하향 bending의 경우

① 큰 구멍인가 작은 구멍인가의 판단은 설계자가 내린다.

② 작은 구멍은 A×B로 나타내며 이때 A는 단축 B는 장축이다. 각 반원의 중심은 도면에 표시한다.

3-9-2. 기타

(1) stock number의 표시위치 지정

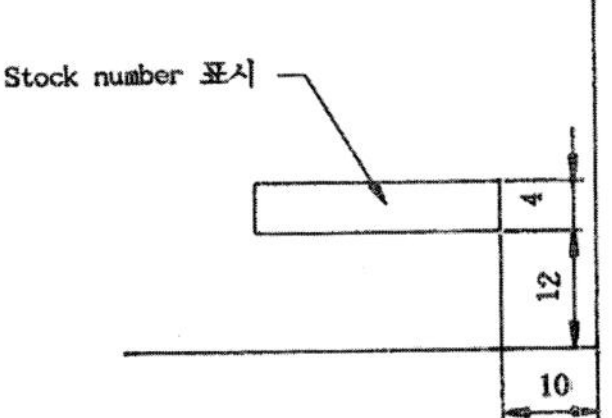

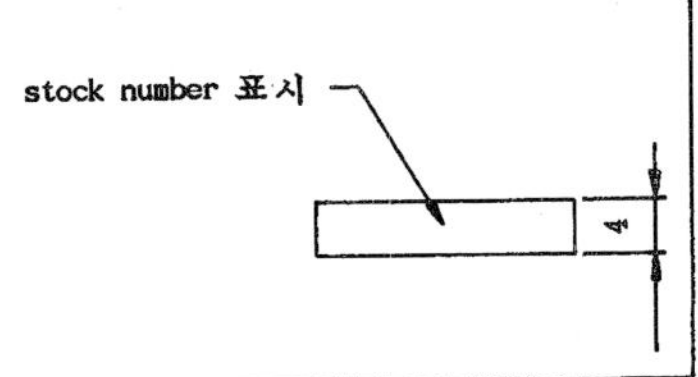

(2) 특수용 hole 기호

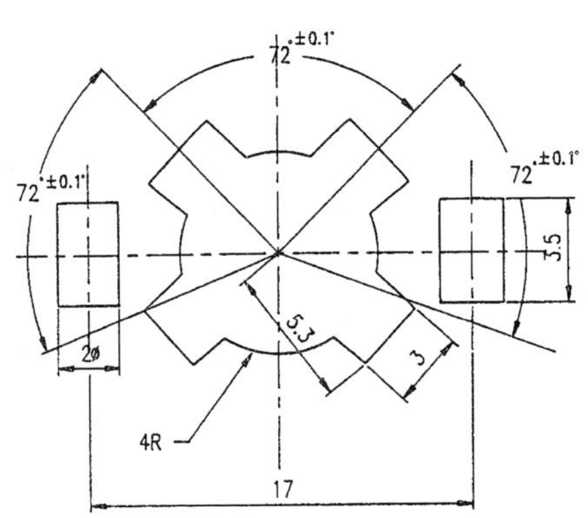

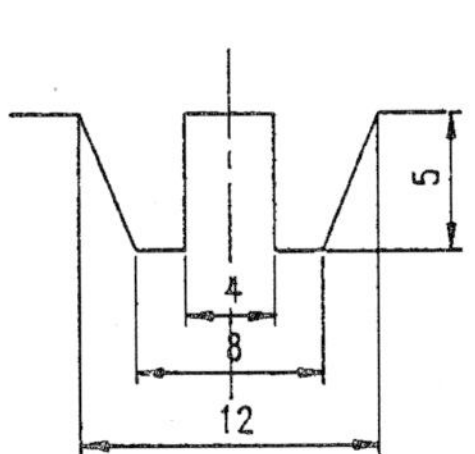

③

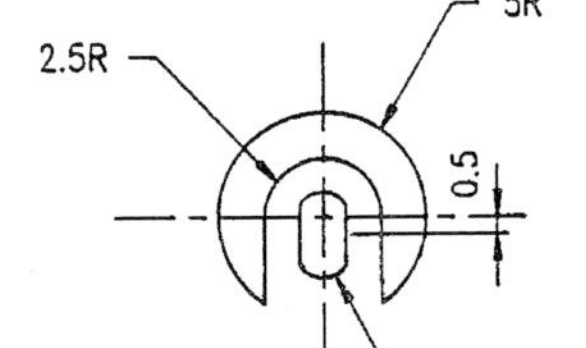

④

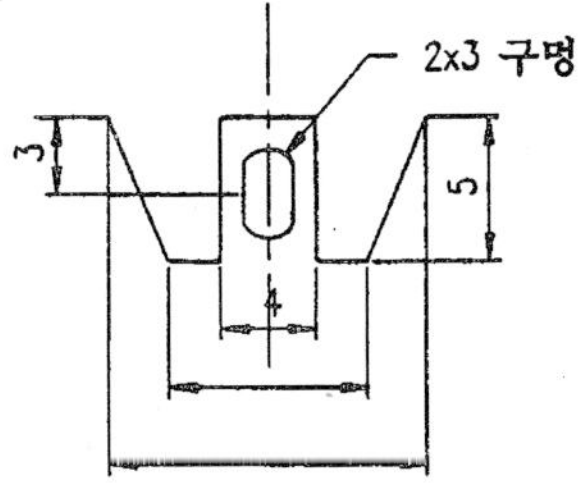

No	기호
1	
2	FO
3	FP
4	FQ

⑤

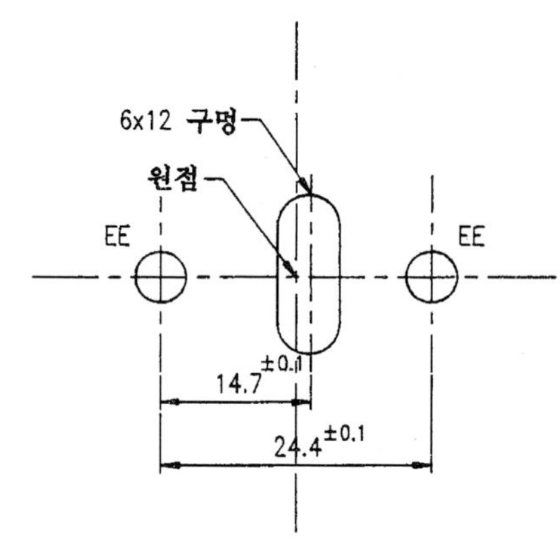

⑥

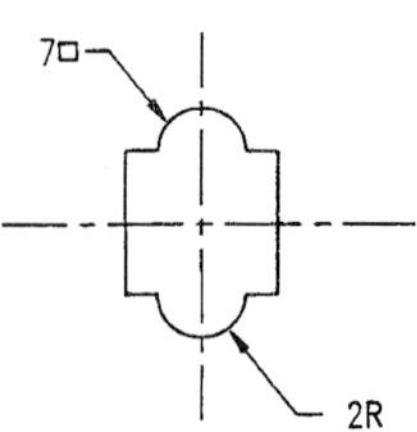

⑦

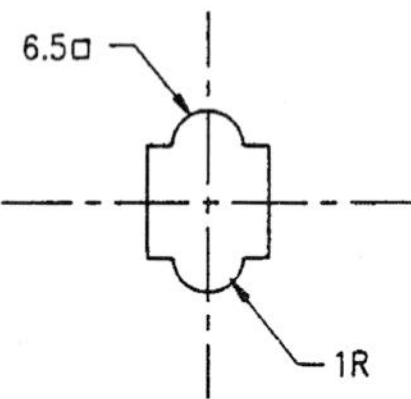

⑧

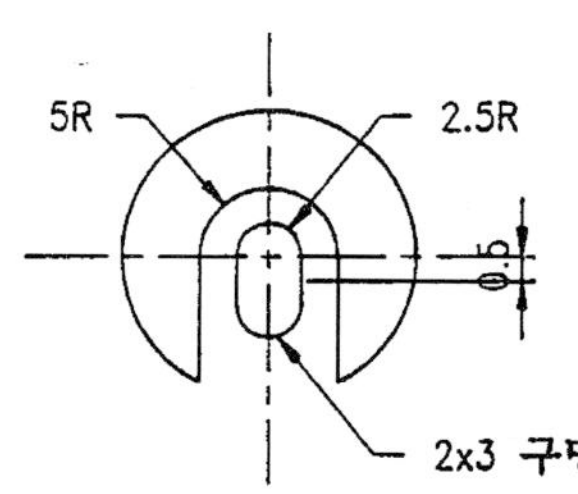

⑨

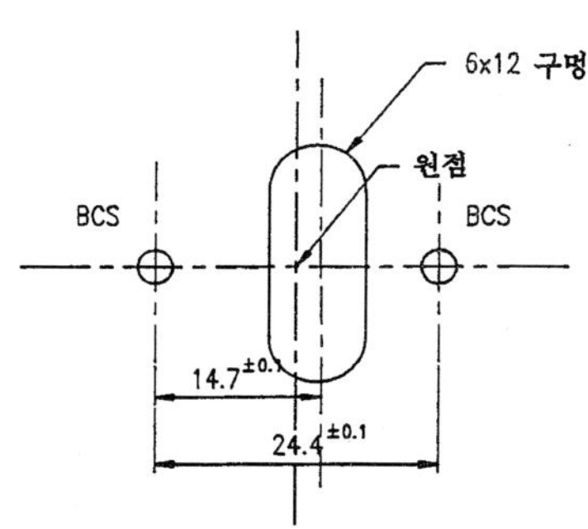

번 호	기 호
5	TF
6	FM
7	FN
8	–
9	TF

⑩

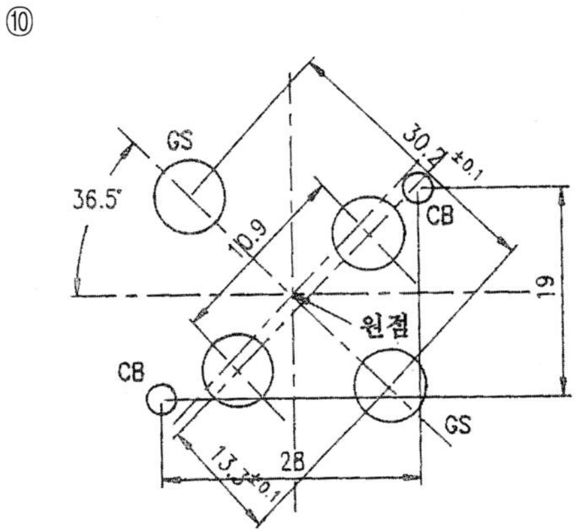

⑪

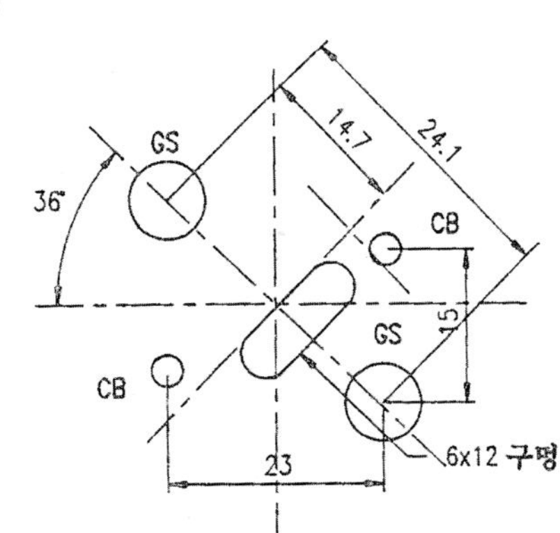

⑫

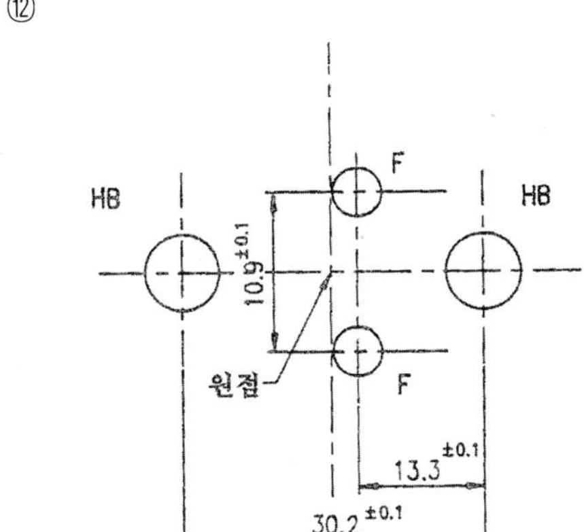

⑬

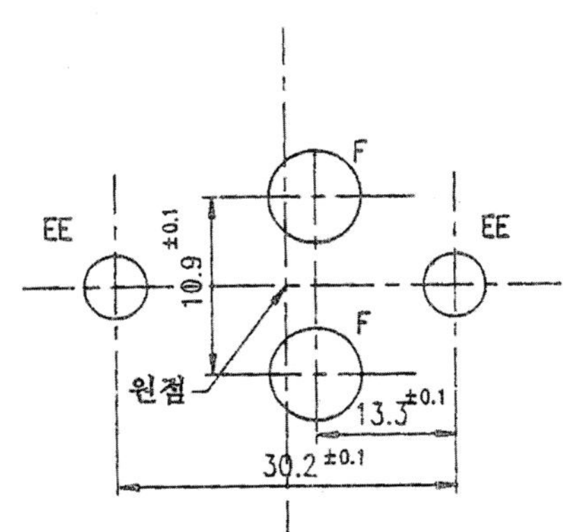

번 호	기 호
11	TA
12	TB
13	TC
14	TD

10) 고정 stripper를 사용한 piercing die

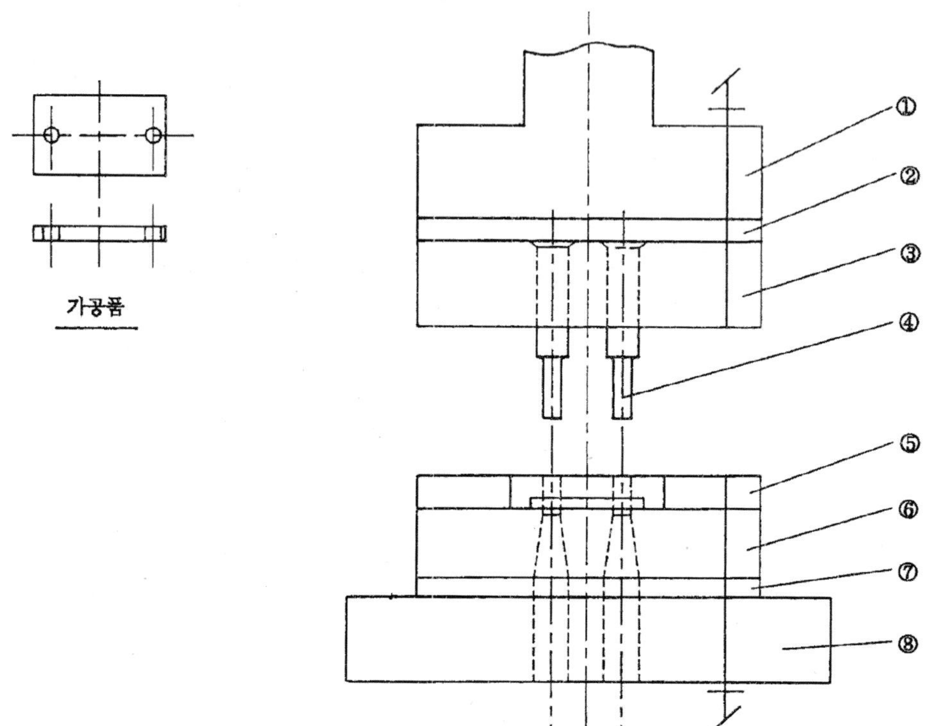

번 호	명 칭	번 호	명 칭
1	상홀다	5	고정 스트리파
2	펀치 받침판	6	다이
3	펀치 고정판	7	받침판
4	펀치	8	하홀다

11) stripper guide식 piercing die

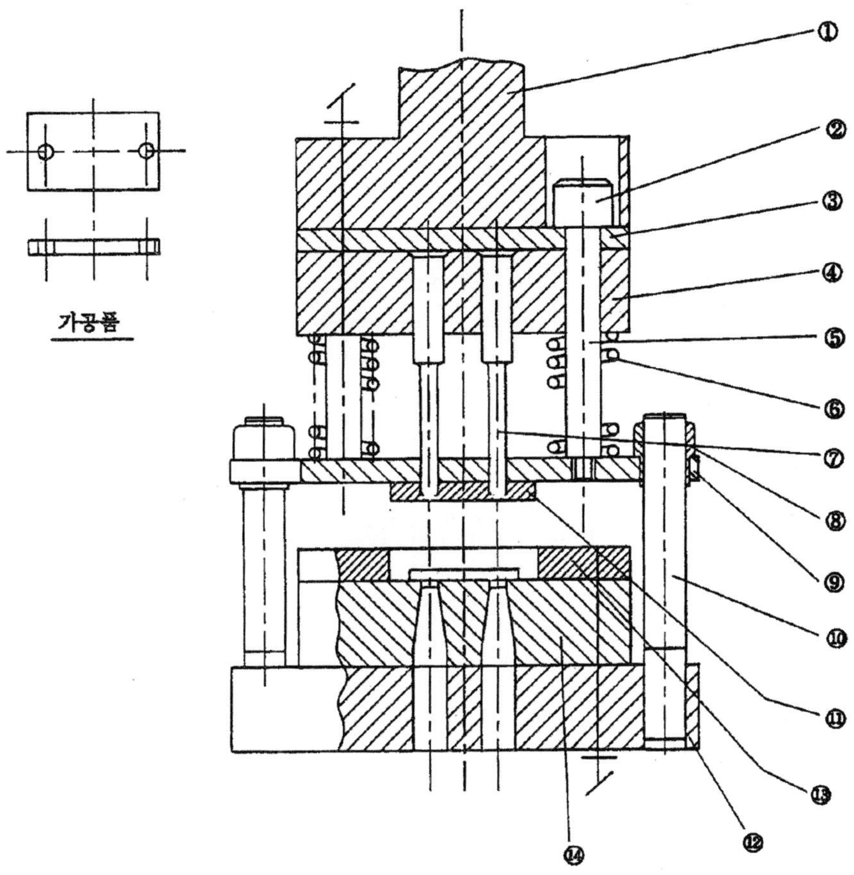

번 호	명 칭	번 호	명 칭
1	상홀다	8	붓 싱
2	스트리파 볼트	9	스트리파
3	펀치 받침판	10	안 내 핀
4	펀치 고정판	11	압 축 판
5	스트리파 볼트	12	게이지판
6	스프링	13	하 홀 다
7	펀 치	14	다 이

12) compound die

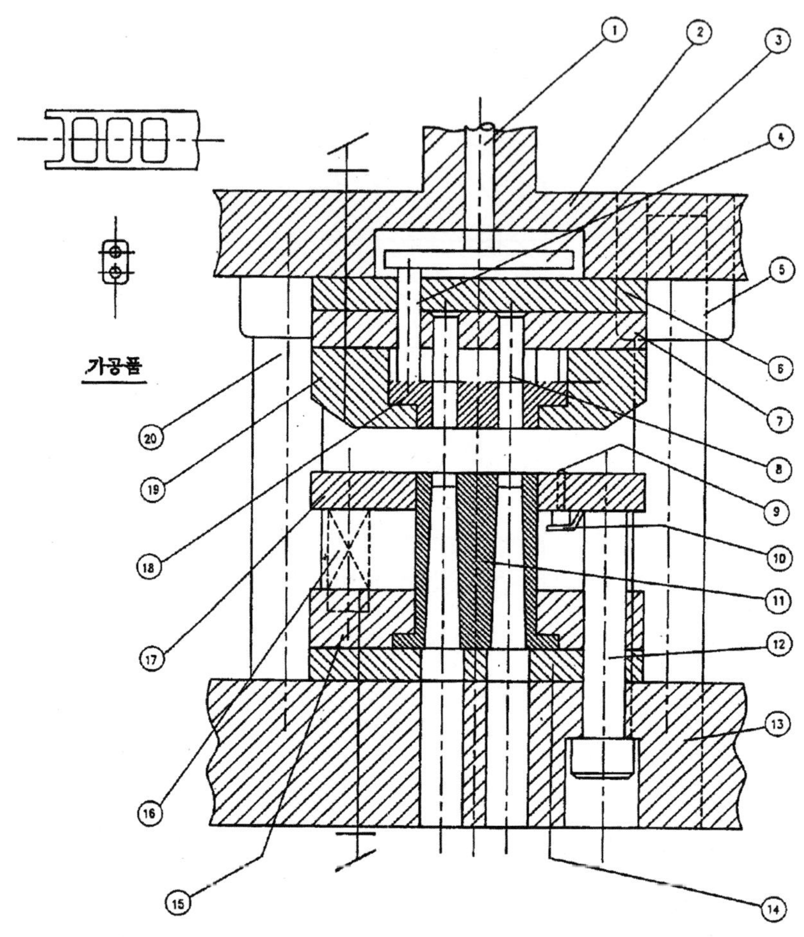

① 녹크아우트 봉	⑥ 펀치 받침판	⑪ 블랭킹펀치와 피어싱다이	⑯ 스프링
② 상홀다	⑦ 펀치 고정판	⑫ 스트리프 볼트	⑰ 스트리프
③ 연결판	⑧ 펀 치	⑬ 하홀다	⑱ 내밀핀
④ 연결봉	⑨ 게이지핀	⑭ 받침판	⑲ 블랭킹다이
⑤ 붓 싱	⑩ 판스프링	⑮ 고정판	⑳ 안내핀

13) pilot핀

(1) 재료, 처리

pilot핀의 재료는 SK3으로 하고 항상 열처리하여 사용하며, 그 경도는 HRc 58 이상으로 한다.

(2) pilot핀의 일반적인 종류

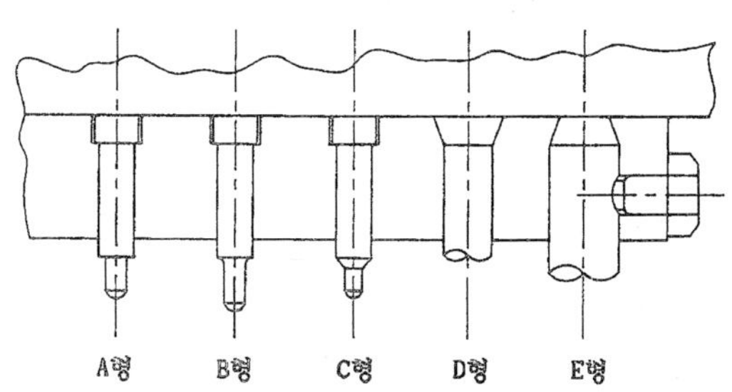

A형: stephead shankless형

B형: stephead shank형

C형: stephead piramid형

D형: bevel head형

E형: headless whistlenotched형

(3) pilot의 지름과 길이

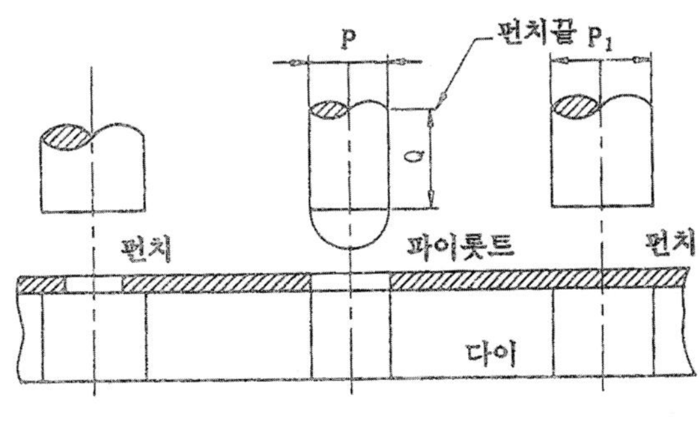

왼쪽 그림을 참조하면 pilot의 크기는 다음과 같이 정해진다.

(1) 보통작업

$P = P_1 - 0.058 \sim 0.1016$

(2) 정밀작업

$P = P_1 - 0.0254 \sim 0.0508$

(3) 고정밀작업

$P = P_1 - 0.0127 \sim 0.01778$

(4) 길 이

① P의 길이 + 가공재료 두께 T 또는 1.6㎜+파이롯트 코 높이
② spring stripper를 사용했을 때에는 아래 그림과 같이 되며

S = 0.1270~0.397㎜

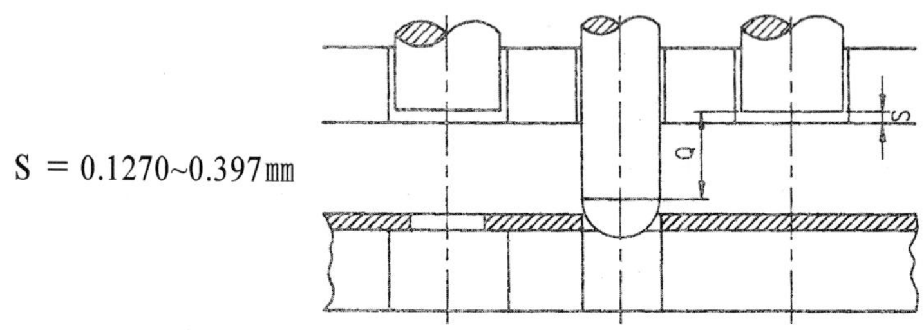

(5) 다이블록에서의 파이롯트 구멍

D = P+2c

(6) 다이블록의 파이롯트 구멍의 rounding

아래 그림과 같이 R = 0.127㎜ 혹은 가공재료 T의 10%로 한다.

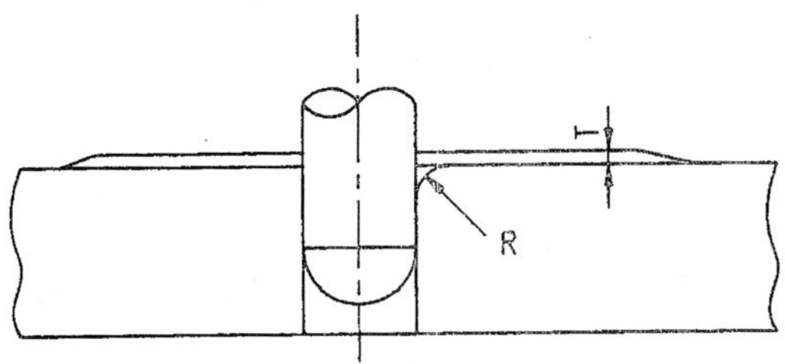

(7) 파이롯트 노즈의 형상과 치수

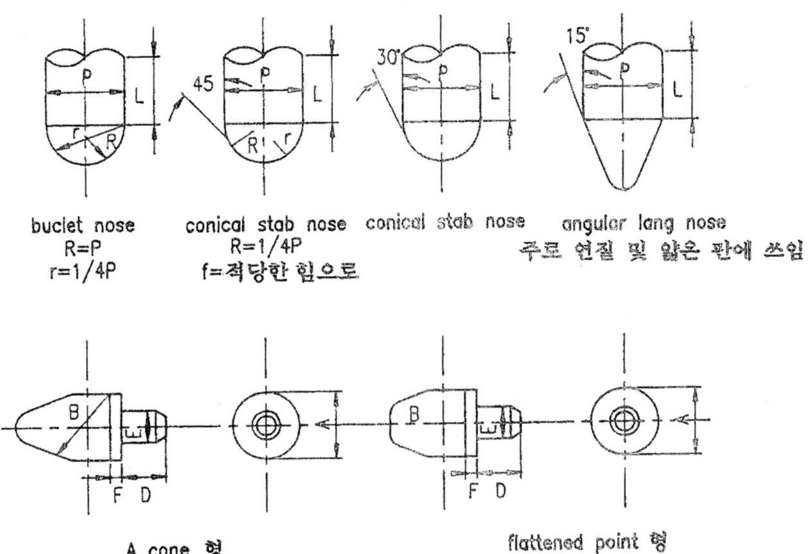

A cone 형					flattened point 형				
A	B	C	D	E	A	B	C	D	E
3.2	3.2	0.8	6.4	2.4	19.0	19.0	11.2	15.4	9.5
4.8	4.8	1.2	6.4	3.2	22.2	22.2	13.5	19.0	11.2
6.4	6.4	1.6	11.2	4.8	25.4	25.4	15.9	19.0	12.7
8.0	8.0	2.0	11.2	5.6	31.8	31.8	19.0	25.4	15.9
9.5	9.5	2.4	12.7	6.4	35.0	35.0	22.2	25.4	17.5
11.2	11.2	3.2	12.7	8.0	38.0	38.0	24.0	31.8	19.0
12.7	12.7	4.0	12.7	8.0					
16.0	16.0	4.8	16.0	9.5					

(8) 파이롯트의 D_0^{φ}, 카운타 보어의 D_0^{φ}

편치 밑면에서 카운타 보어까지의 거리

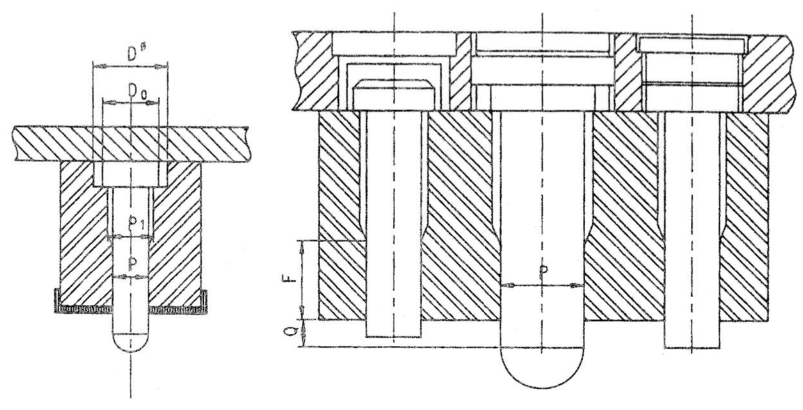

밴딩 펀치에 끼운 파이롯트　　　블랭킹 펀치에 끼운 파이롯트

1 P<6.4㎜ P = P + 0.13~0.254㎜

P = 6.4~19㎜ P = P + 0.4㎜

P = 19~25㎜ P = P + 0.8㎜

2 끼움길이(fitted length)

P < 6.4㎜ F = 2P~5P

P = 6.4~13㎜ F = 2P~3P

P = 13~25㎜ F = 1.5P~2P

3 E = Q + 1.6㎜(최소)

(9) 펀치에 삽입하는 파이롯트의 종류와 삽입 방법

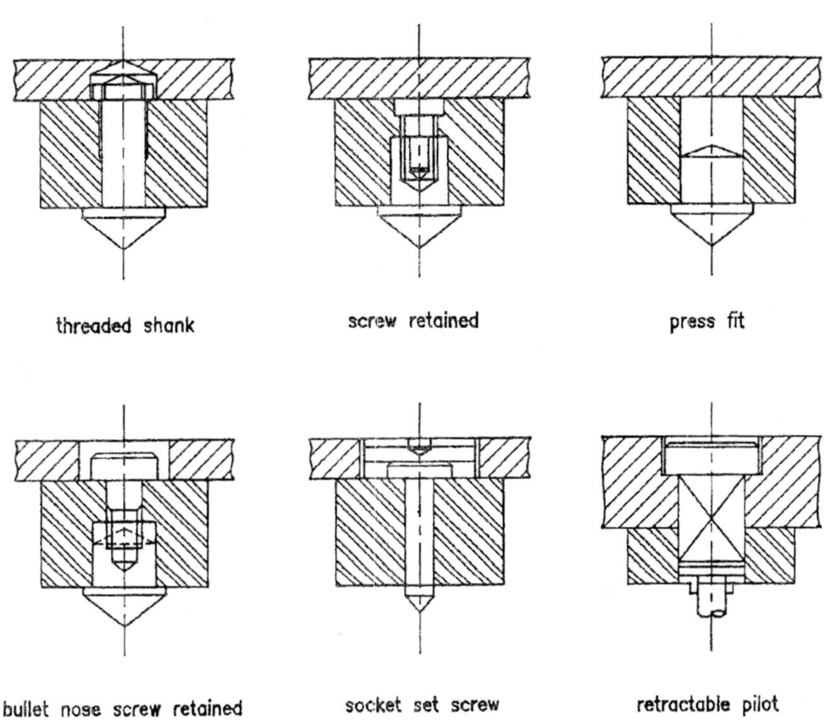

press fit: 저속다이에 사용하며 A cone형의 C는 약 6.35A, flattened형의 C는 약 12.7A이다.

threaded shank: 고속다이에 사용. thread 길이와 카운터보어는 충분히 줄 것.

screw retained: 19φ를 초과하는 것에 사용된다.

socket set screw: 6.35φ 이하에 사용한다.

14) flange 부품설계

(1) flange 폭과 여유

① flange가 교차하는 경우의 bending의 여유

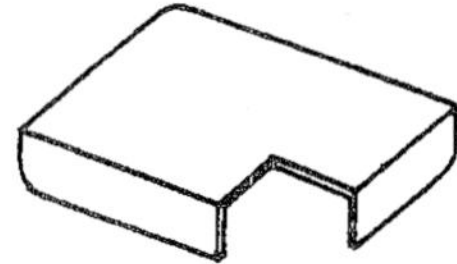

② cover곡선 flange에 이용되는 forming 여유, notch, flange 폭이 곡률반경 R 및 재료특성에 따른 한계를 벗어날 경우.

③ 곡률에 강화 flange를 성형할 경우는 계산된 최대 stratch flange를 사용한다.

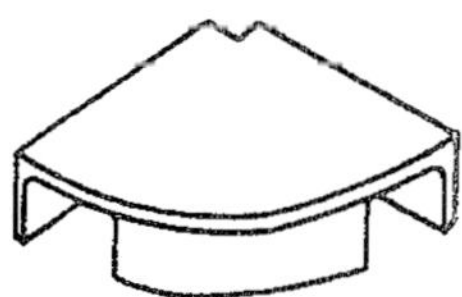

④ 곡률에 강화 flange를 성형할 경우에는 최대규격 flange 폭을 사용한다.

⑤ flange 폭이 큰 경우는 flange 폭을 부분적으로 축소한다.

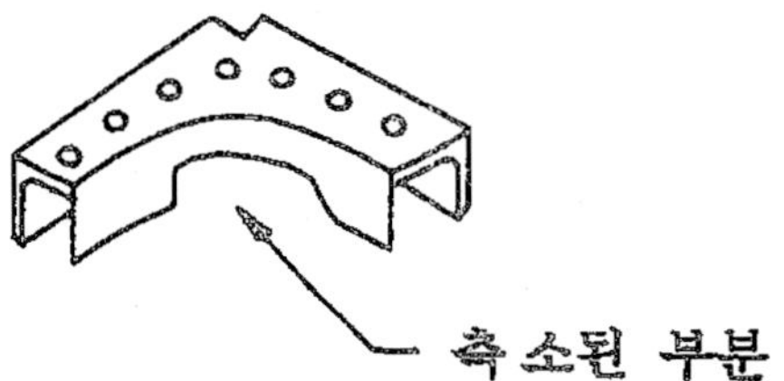

(2) flange의 종류

① stratch flange

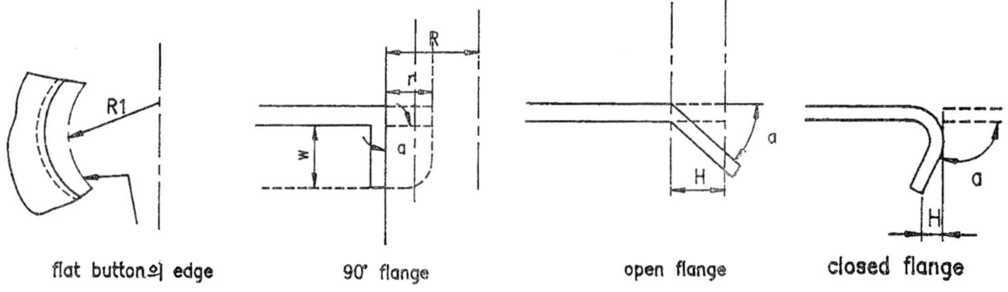

② 슈린크 flange

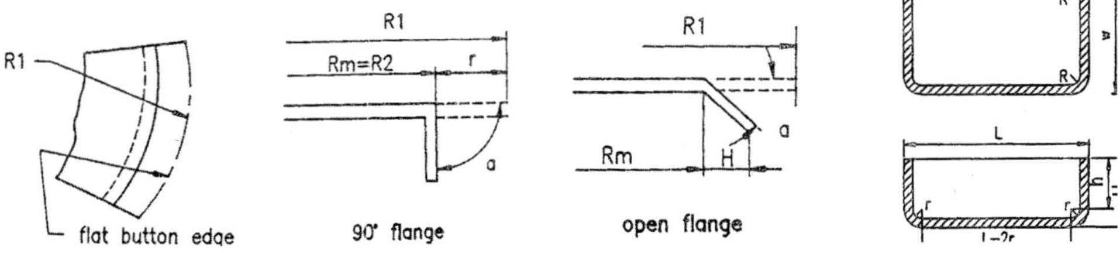

③ **특수 flange**

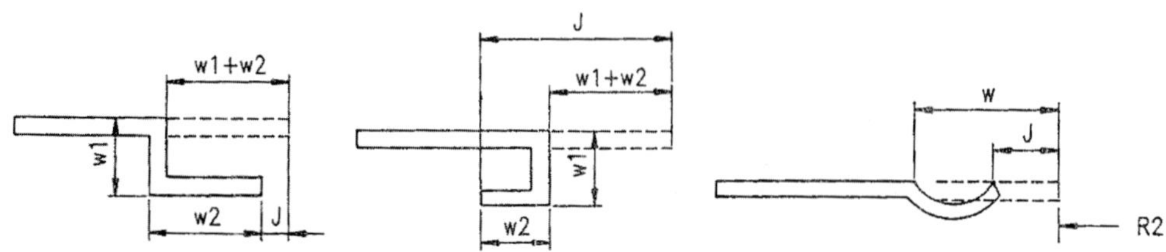

(2) 냉간 압연 탄소강 stripper의 각 탬프 번호에 대한 변형의 종류

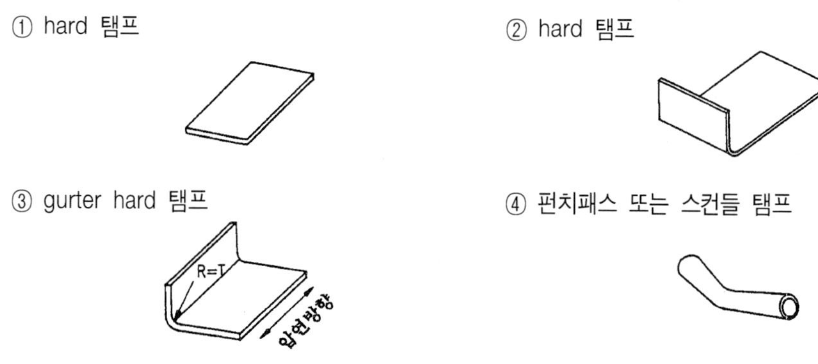

(3) stamp 가동된 flange 임의설계의 각론

① 모서리 살붙임을 용이하게 하기 위해 최대 flange를 금속 두께의 2배로 한다.

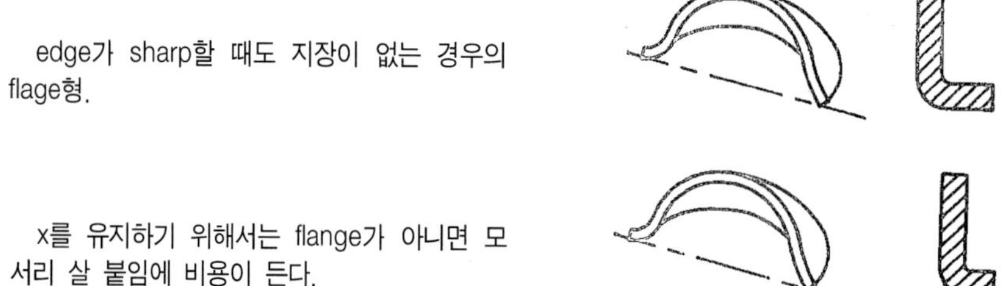

② flage는 금속 면에 tape를 주지 않을 것.

③ rounding은 뾰족하고 날카로운 부분에만 준다.

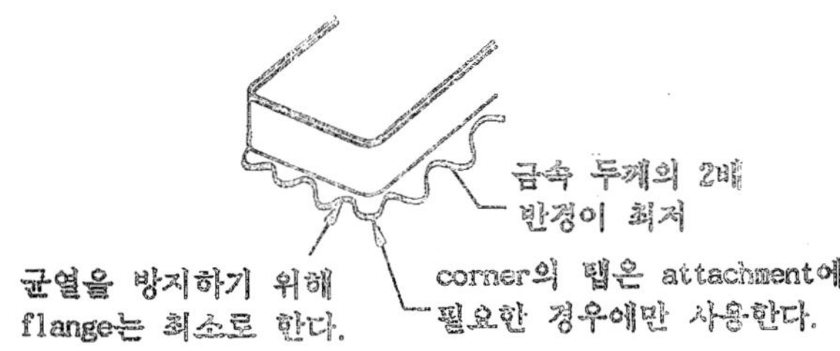

④ 금속 두께의 2배 또는 최저 3㎜

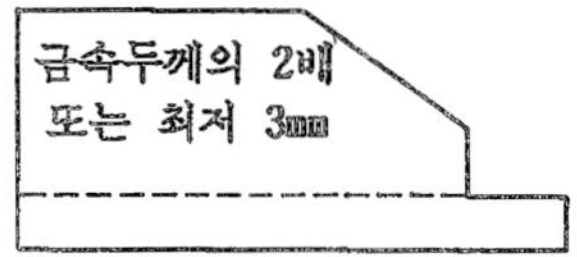

⑤ 최대 flange 높이가 필요한 경우에 이용되는 원형 구멍의 여유.

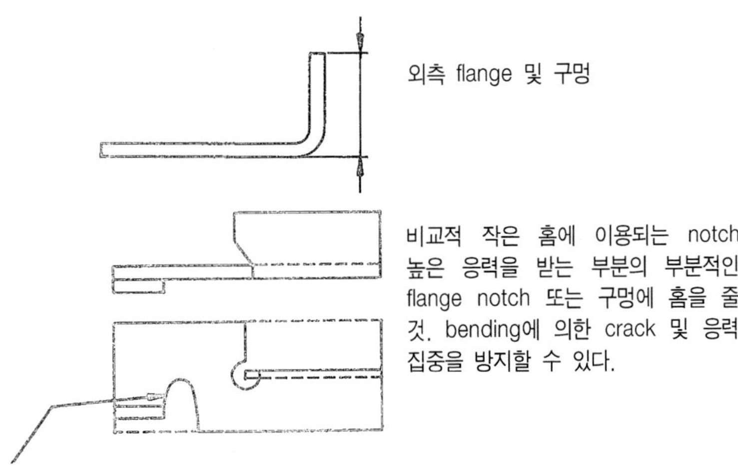

⑥

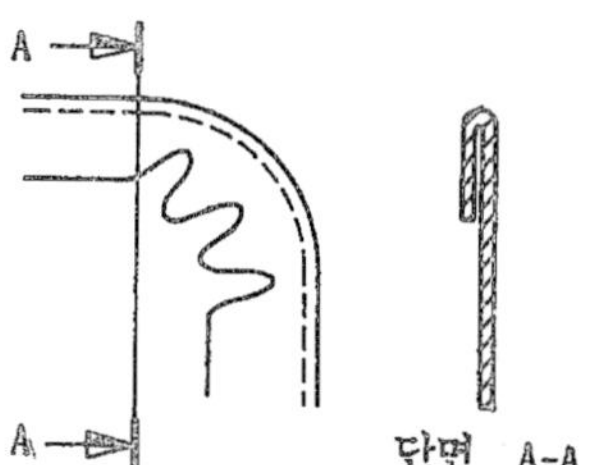

행가공된 edge는 corner에 notch를 넣을 것.

⑦ 내측 flange

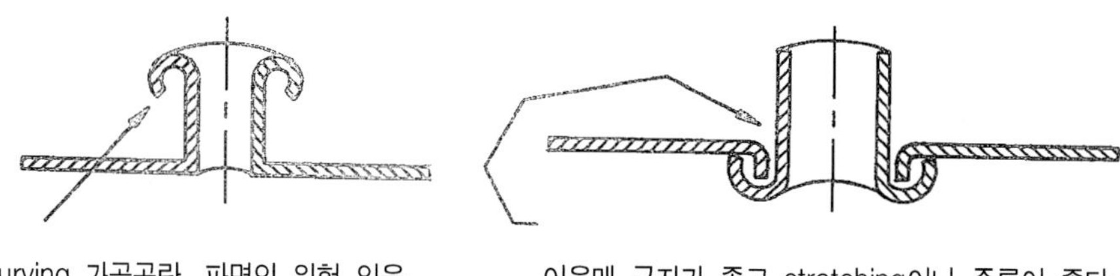

curving 가공곤란, 파면의 위험 있음.

이음매 구자가 좋고 stratching이나 주름이 좋다.

(4) flanging die

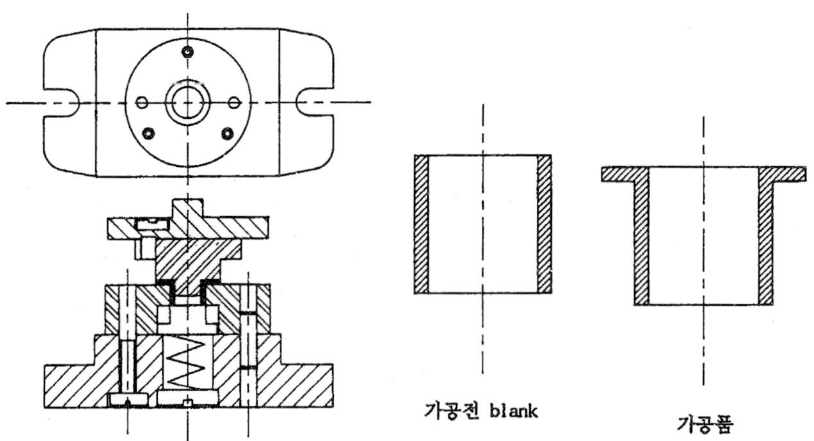

(5) burring die

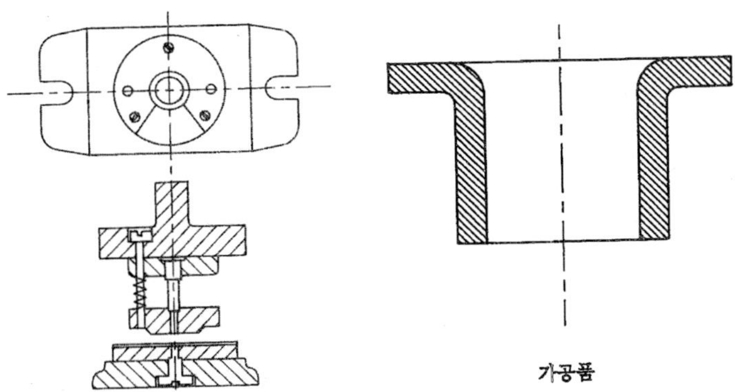

(6) 간이 punch

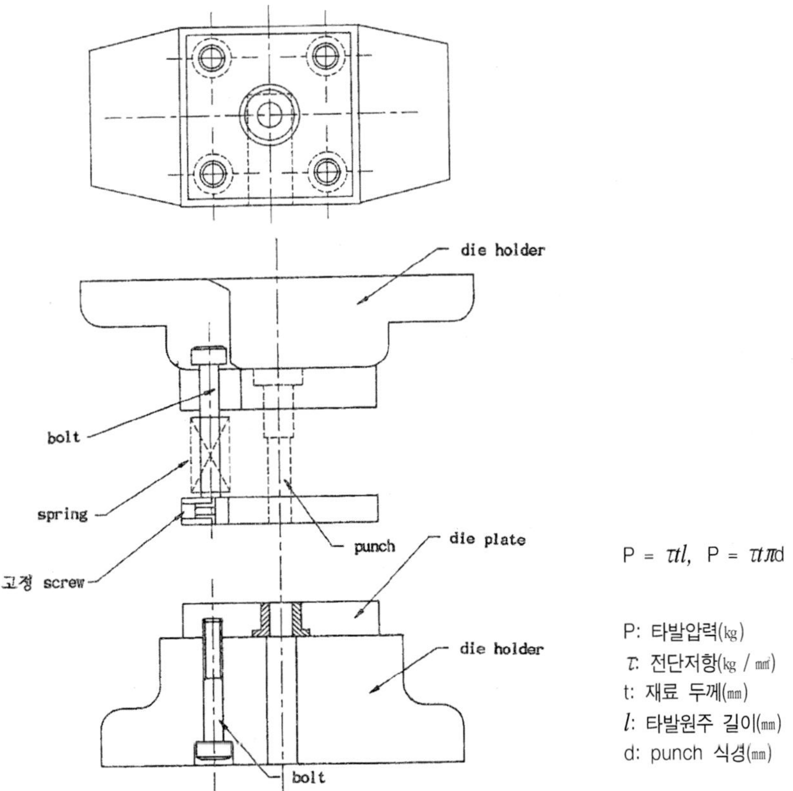

$P = \tau t l$, $P = \tau t \pi d$

P: 타발압력(㎏)
τ: 전단저항(㎏ / ㎟)
t: 재료 두께(㎜)
l: 타발원주 길이(㎜)
d: punch 식경(㎜)

15) 각종 재료의 전단 저항 및 인장강도

재 료	전단저항(kg / ㎟)		인장강도(kg / ㎟)	
	연	강	연	강
납	2~3	–	2.5~4	–
주 석	3~4	–	4~5	–
알루미늄	7~11	13~18	8~12	17~22
듀랄루민	22	38	26	48
아 연	12	20	15	25
동	18~22	25~30	22~28	30~40
황 동	22~30	35~40	28~35	40~60
청 동	32~40	40~60	40~50	50~70
양 은	28~36	45~60	35~45	55~70
철 판	32	40	–	45
drawing 철판	30~35	–	32~38	–
강 판	45~50	55~60	–	60~70
강 0.1%C “	25	32	32	40
강 0.2 “	32	40	40	50
강 0.3 “	36	48	45	60
강 0.4 “	45	56	56	72
강 0.6 “	56	72	72	90
강 0.8 “	72	90	90	110
강 1.0 “	80	105	100	130
규소강판	45	56	55	65
stainless강판	52	56	65~70	–
Ni	25	–	44~50	57~63

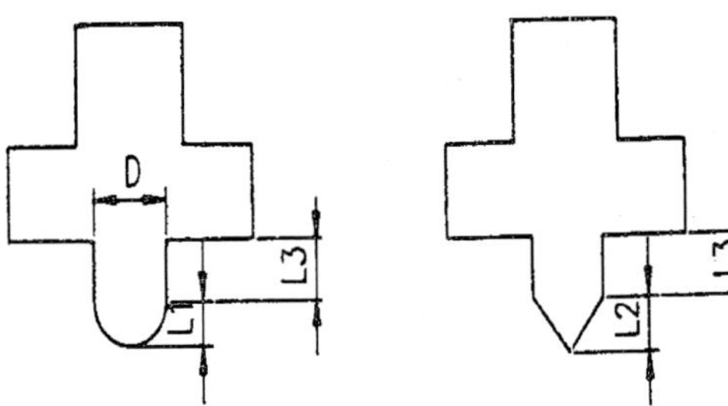

D: pilot 직경
L3: 판 두께
L1
L2: 다음 그림 참조

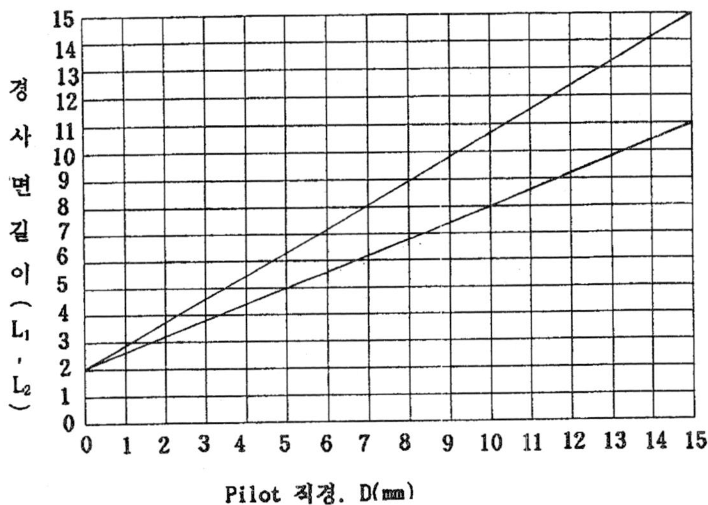

17) 재료이용률의 변화

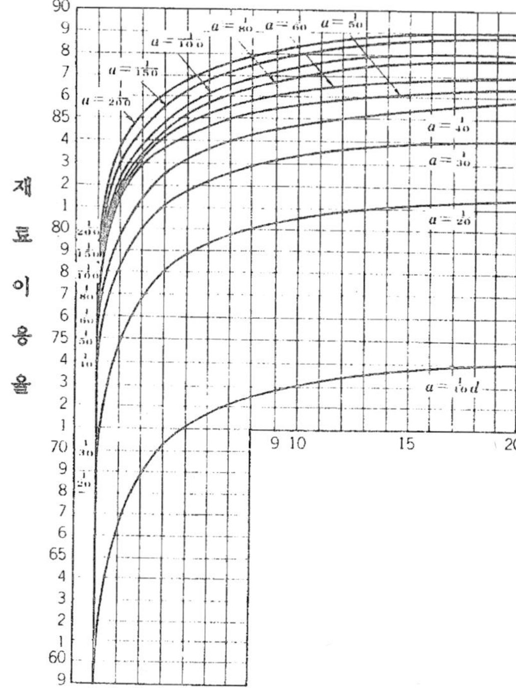

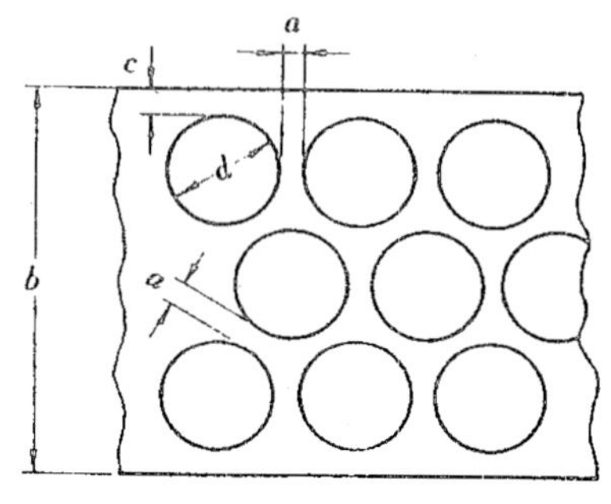

예:
(1) a = 1 / 10d 1열일 때: 약 60%
(2) a = 1 / 10d 2열일 때: 약67%
(3) a = 1 / 200d 1열일 때: 약78%
(4) a = 1 / 200d 2열일 때: 약83%

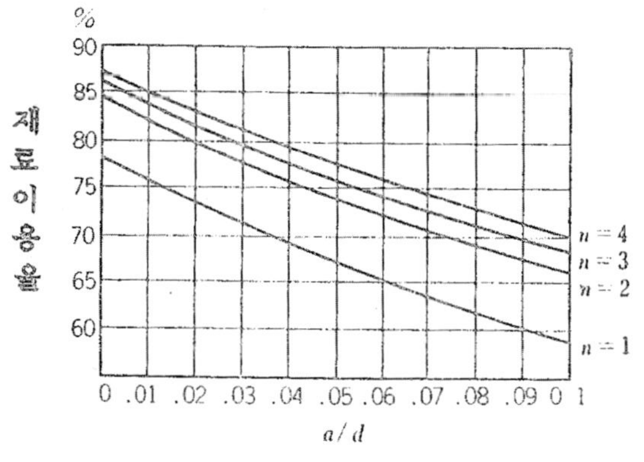

$$E = \frac{n\eta}{4\left(1\frac{a}{d}\right)\left\{1+\frac{2a}{d}+\frac{\sqrt{3}}{2}(n-1)\frac{a}{b}\right\}}$$

E: 재료이용률
a = c
η = 열

18) tapping hole과 punch와의 관계

(1) stainiess 이외의 경우

직경 및 punch	tapping hole		공구한계		punch
2.6φ×0.45	2.15	+0.08 −0.0	2.20	+0.01 −0.02	2.20
3φ×0.6	2.40	+0.08 −0.0	2.45	+0.01 −0.02	2.45
3.5φ×0.6	2.90	+0.08 −0.0	2.95	+0.01 −0.02	2.95
4φ×0.75	3.25	+0.08 −0.0	3.30	+0.01 −0.08	3.30
4.5φ×0.75	3.75	+0.08 −0.0	3.80	+0.01 −0.08	3.80
5φ×0.9	4.05	+0.12 −0.0	4.12	+0.03 −0.02	4.13
5.5φ×0.9	4.55	+0.12 −0.0	4.62	+0.03 −0.02	4.63
6φ×1.0	4.95	+0.13 −0.0	5.03	+0.03 −0.02	5.04
7φ×1.0	5.95	+0.13 −0.0	6.03	+0.03 −0.02	6.04
8φ×1.25	6.70	+0.14 −0.0	6.78	+0.03 −0.02	6.79

(2) stainless의 경우

직경 및 punch	tapping hole		공구한계		punch
2.6φ×0.45	2.20	+0.08 −0.0	2.25	+0.01 −0.02	2.25
3φ×0.6	2.45	+0.08 −0.0	2.50	+0.01 −0.02	2.50
3.5φ×0.6	2.95	+0.08 −0.0	3.00	+0.01 −0.02	3.09
4φ×0.75	3.30	+0.08 −0.0	3.35	+0.01 −0.08	3.85

(표계속)

직경 및 punch	tapping hole	공구한계	punch
4.5φ×0.75	3.80 +0.08 −0.0	3.85 +0.01 −0.08	3.85
5φ×0.9	4.15 +0.12 −0.0	4.22 +0.03 −0.02	4.23
5.5φ×0.9	4.05 +0.12 −0.0	4.72 +0.03 −0.02	4.73
6φ×1.0	5.05 +0.13 −0.0	5.13 +0.03 −0.02	5.14
7φ×1.0	6.05 +0.13 −0.0	6.13 +0.03 −0.02	6.14
8φ×1.25	6.80 +0.14 −0.0	6.88 +0.03 −0.02	6.89

19) punch의 길이

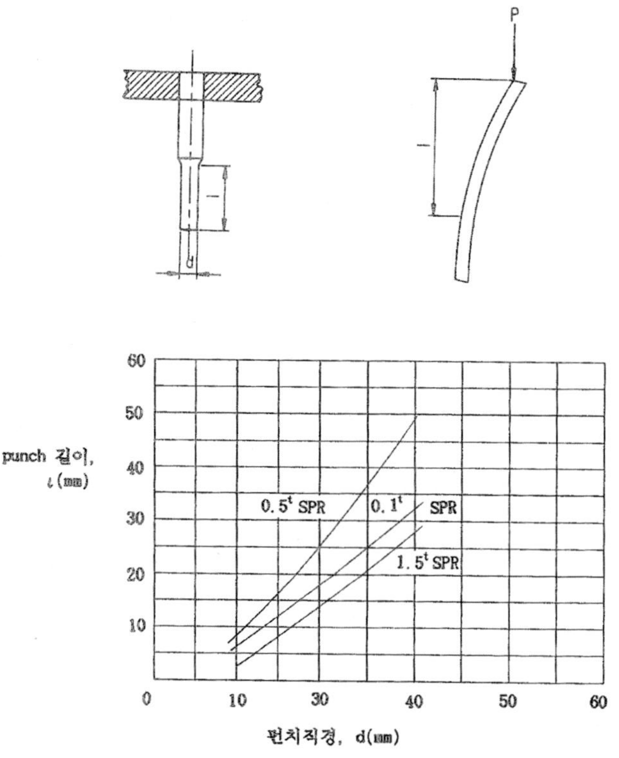

20) die plate의 치수

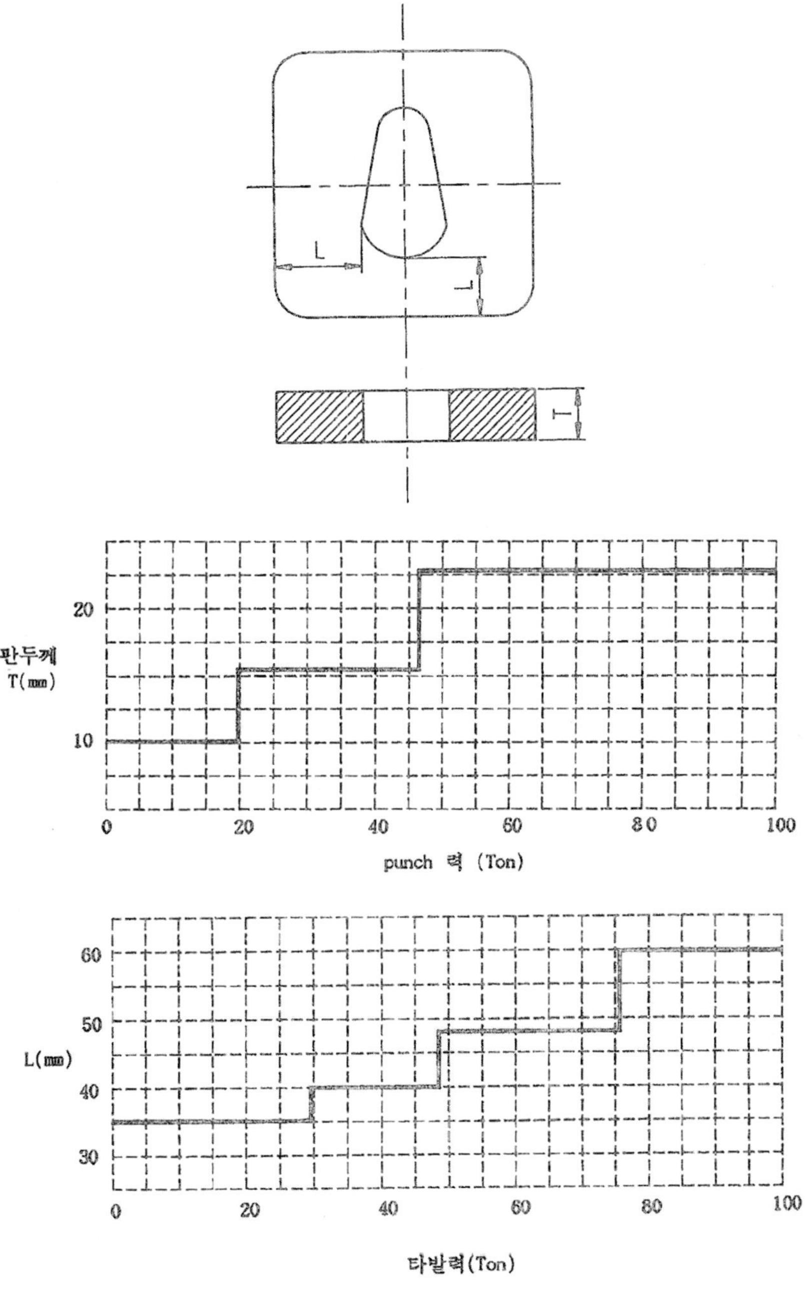

12) punch의 형상

(1)

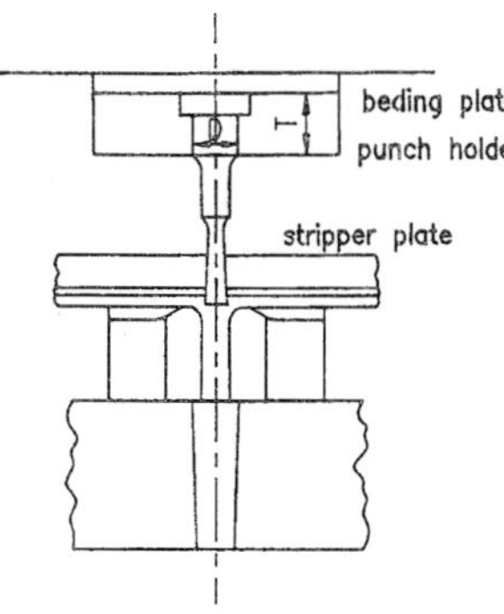

puch 직경: 4^{φ}~12^{φ}

두께 $T = D \times 1\frac{1}{2}$

(2)

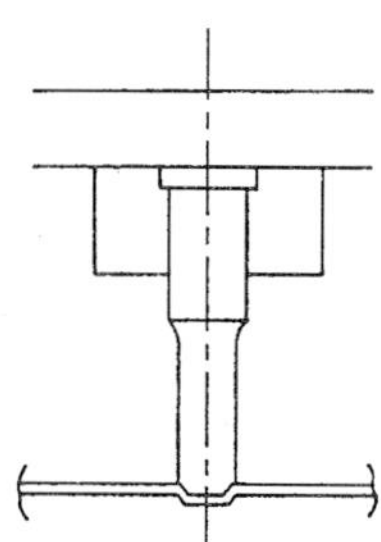

punch 직경: 12^{φ}~30^{φ}

(3)

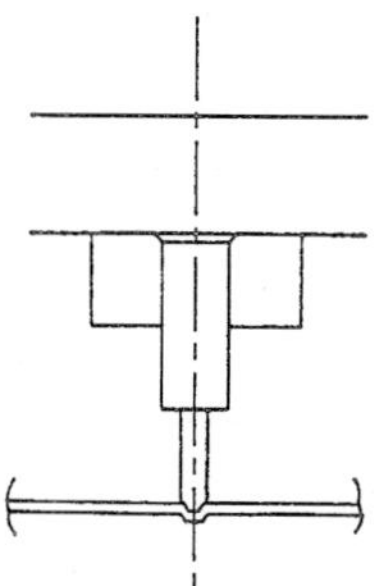

원형 이외의 가공에 이용되며
소량 생산에 주로 사용된다.

(4)

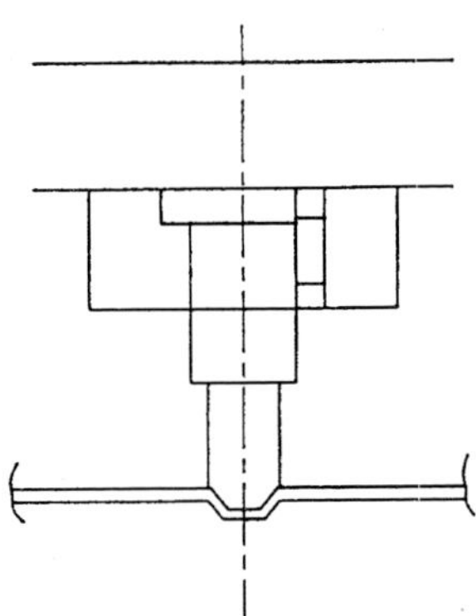

(5)

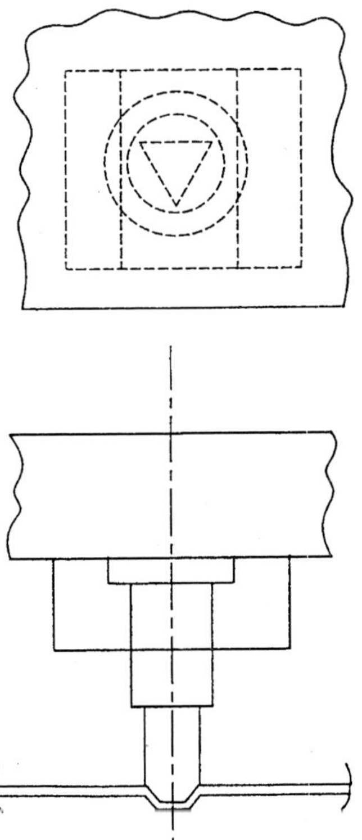

대량 생산의 경우에 사용된다.

(6)

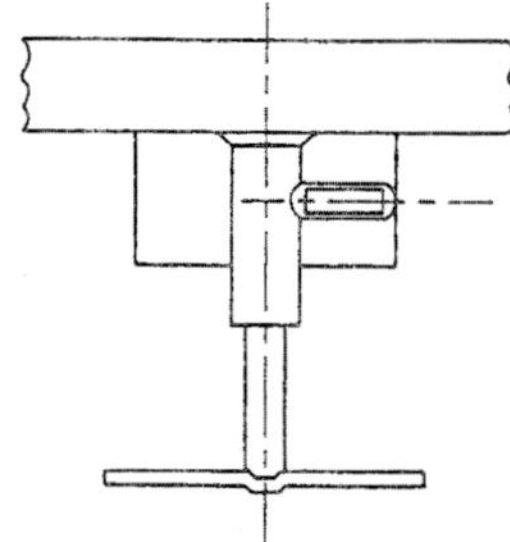

정밀도를 요하는 구조에 사용된다.

(7)

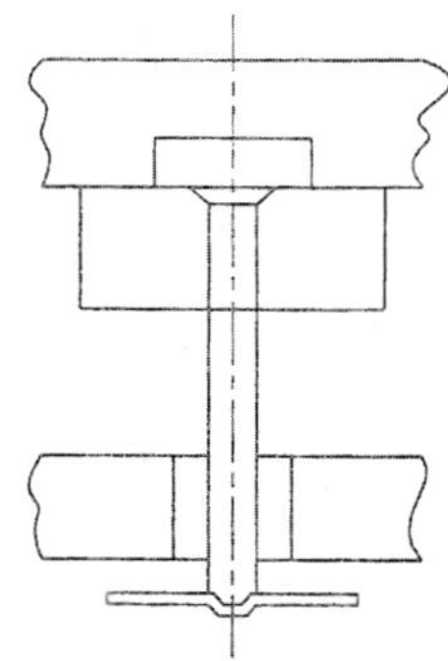

punch의 직경이 작은 경우와 판 두께가 얇은 경우에 사용한다.

(8)

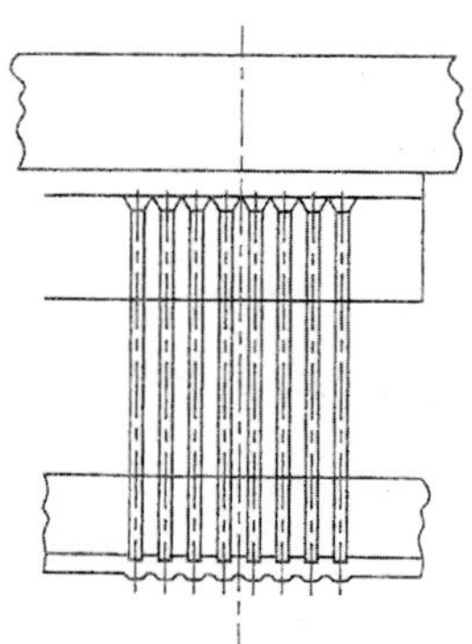

punch의 직경이 작고 연속 생산에 사용된다.

(9)

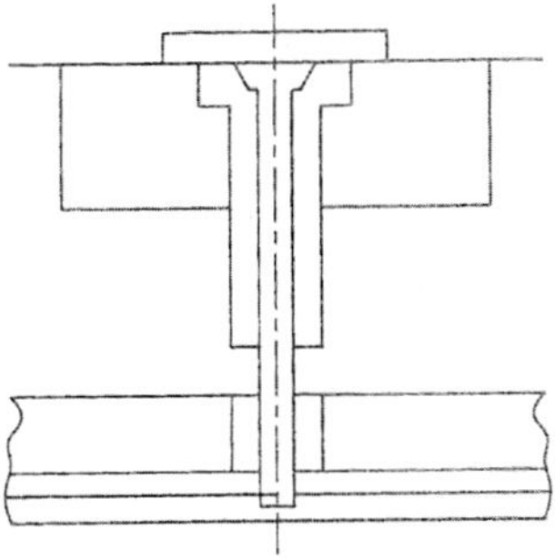

punch의 직경이 작고 고품질을 요하는 경우 에 사용한다.

(10)

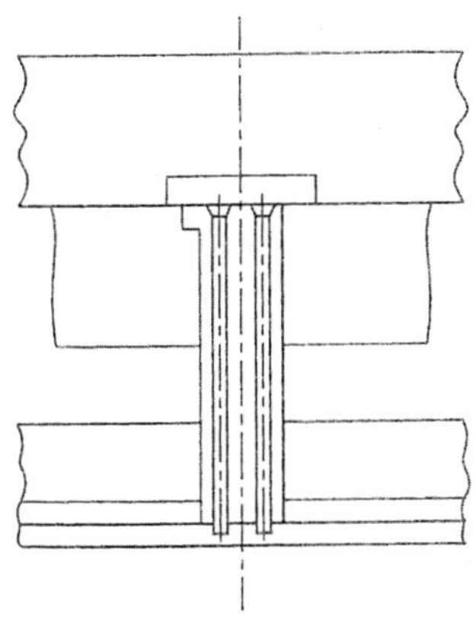

pare로 punching할 때 사용한다.

4. Blanking 부품설계

1) blanking의 설계

(1) punching 및 pressing 제품설계

① 가능한 성형된 부품의 평평한 blank가 직선 edge가 되도록 부품은 설계되어야 한다.

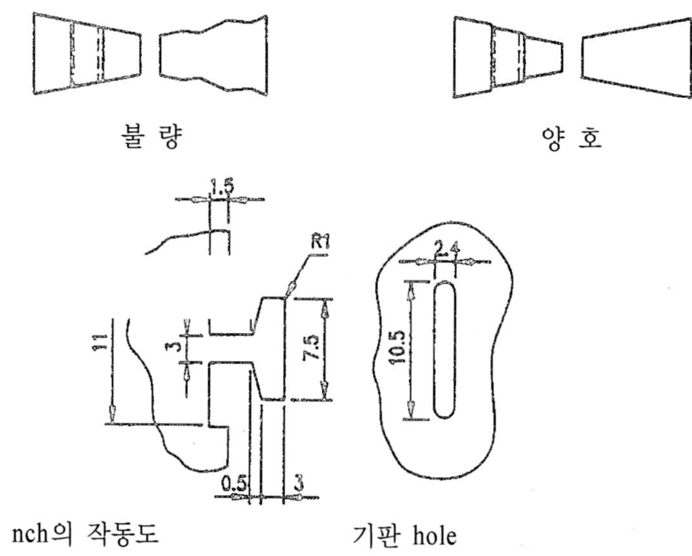

② **구멍 뚫음용 punch의 작동도**

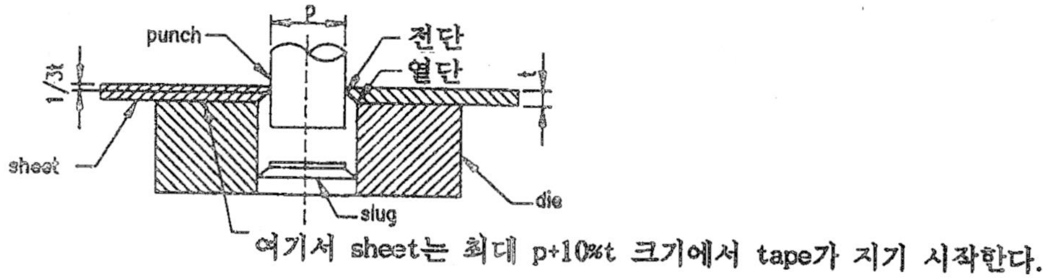

③ stamp 가공품에서 만들어지는 hole의 기본적인 형태

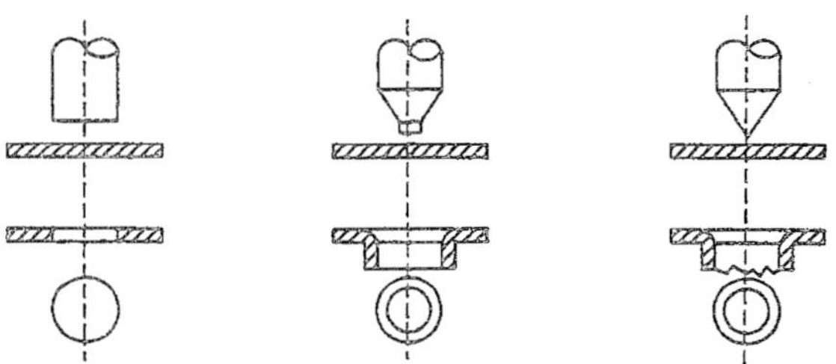

④ hole 위치와 hole 경

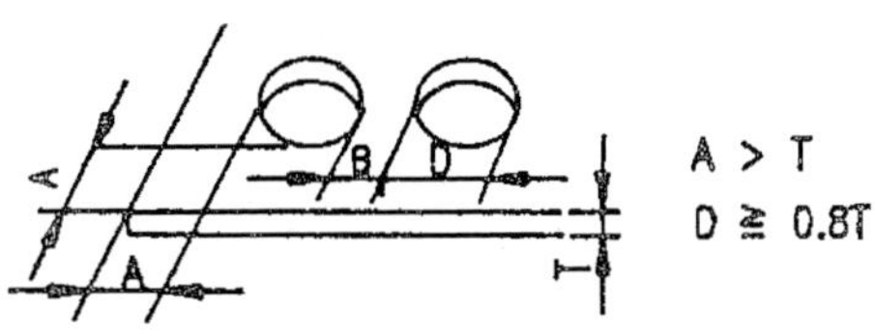

T	Amin
0.5 이하	1.0
0.5~0.8	1.5
0.8~1.6	3.0
1.6 이상	2T

- B의 폭을 과소로 하면 외측 형상이 변형을 받는다.
- hole 위치 간의 거리를 과소하게 취하면 hole이 변형한다.
- limit piercing의 최소경은 두께의 80% 이상이다.

⑤ punching 및 pressing의 최소 실용치수

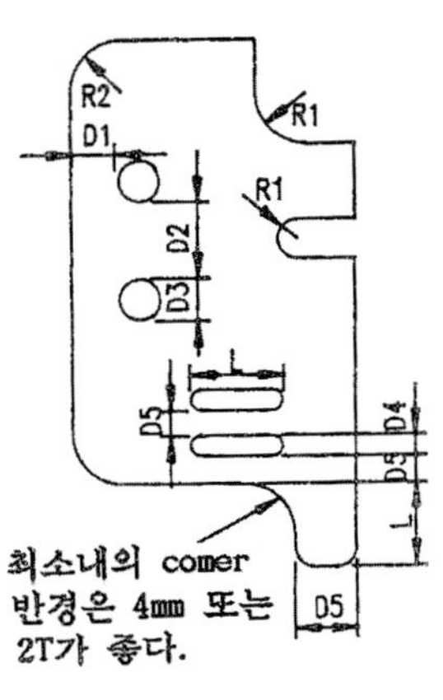

	punch press		
R1	4㎜ 또는 2T		
R2	2Tmin		
D1 or D2	T	비철	철
	1.57까지	3	3
	1.6–1.97	3 또는 1.5T 중 큰 쪽	2T
D3	1.0T 또는 2.49㎜ 단 합금강 등에는 폭 3min		
D4 or D5	T	폭	
	0.8㎜까지	1.5	
	0.84~3.18	2T	
	3.2~9.65	2.5T	

⑥ 강 sheet에 대한 최대 punching 일반 공차

<table>
<tr><th rowspan="2">작은 경</th><th rowspan="2">대응하는 drill의
size표시수치로 함</th><th colspan="5">강 sheet</th></tr>
<tr><th>0.25
−0.042</th><th>0.05
−0.072</th><th>0.078
−0.093</th><th>0.102
−0.156</th><th>0.187
−0.250</th></tr>
<tr><td>0.125−0.141</td><td>1/8−9/64</td><td>+0.002</td><td rowspan="4">↑
+0.006
−0.001
↓</td><td rowspan="4">↑
+0.008
−0.002
↓</td><td rowspan="6">↑
+0.011
−0.003
↓</td><td></td></tr>
<tr><td>0.144−0.228</td><td>27−1</td><td>+0.003</td><td></td></tr>
<tr><td>0.234−0.413</td><td>15/64−Z</td><td>+0.004</td><td rowspan="4">↑
+0.021
−0.003
↓</td></tr>
<tr><td>0.422−0.688</td><td>27/64−17−16</td><td>+0.006</td></tr>
<tr><td>0.703−0.984</td><td>45/64−63/64</td><td>+0.009</td><td>+0.009</td><td></td></tr>
<tr><td>1.000 이상</td><td>1 이상</td><td>+0.010</td><td>+0.010</td><td>+0.010</td></tr>
</table>

⑦ 나사 또는 bolt 구멍의 중심으로부터 가장 가까운 부품 edge까지의 적정거리

적 요	나사 또는 bolt가 체결하는 재료	
	al 합금, 8630, 내부식강	mg합금, diecast 재료
bolt 및 접시나사 이외의 나사	1.7 dia in+0.03 in	2.0 dia in+0.03 in
접시나사	2.0 dia in+0.03 in	2.4 dia in+0.03 in

주) 0.03in의 제작 공차를 허용한다.

⑧ tapping을 위한 압출된 hole

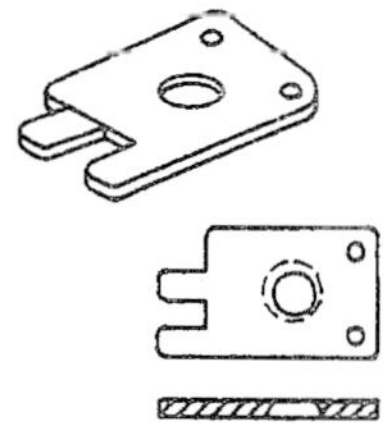

ⓐ tapping은 나사 2산

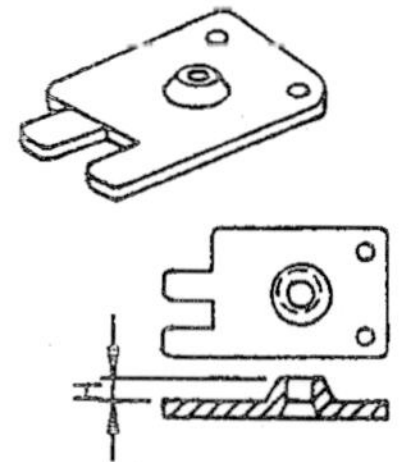

ⓑ tapping은 나사
4산

⑨ **punching hole 위치와 직각 bending의 관계**

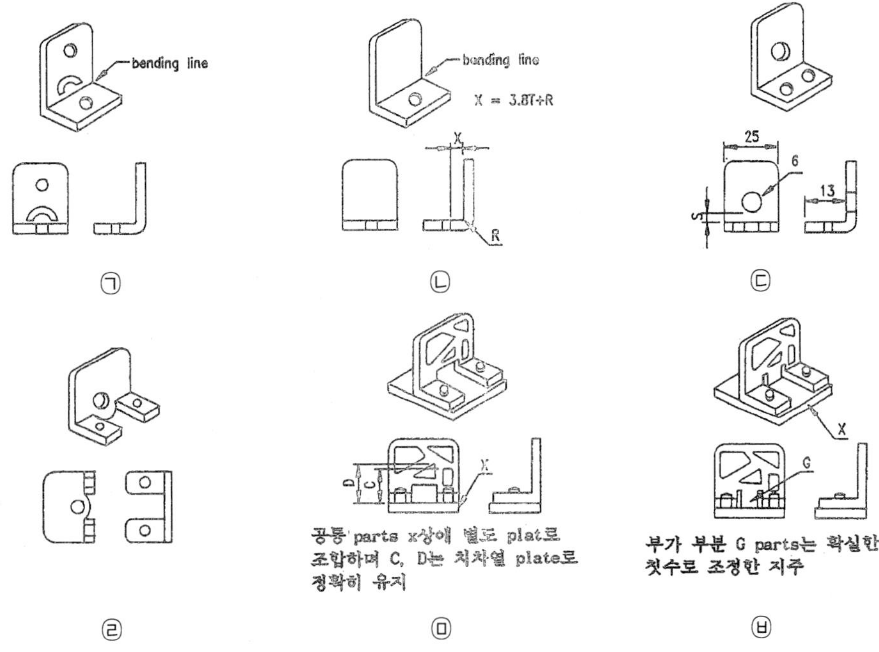

①. ㉠은 piercing 후 bending을 행할 경우 hole의 끝단으로부터 bend의 R의 중심 선향의 거리 S는 s≧T두께 1.5까지, S≧2T 두께 1.5 이하
②. ㉣는 절곡선에 근접하고 비교적 큰 차를 필요로 하는 경우 bending에 의해 일어나는 hole의 변형을 방지할 수 있다.
③. ㉡는 절곡선에 근접하고 ㉢의 기준을 적용할 수 없는 경우는 hole을 근접하고 뚫는다. hole의 끝단에서 hole의 끝단까지 거리는 두께를 넘을 것.

2) PVC sheet부 steel 가공

(1) punching

① punch와 die의 모서리 R＝판 두께의 2.0~2.5배
② 금형은 cr판 금형
③ 윤활유는 유제가 좋다.
④ punch die 허용차 = (1.2－1.5)×a

단a = 강판 두께 + (0.4－0.6)×pvc 표면 두께

주) pvc 표면은 40~60%의 압축성을 가지고 있다.

(2) shearing

①

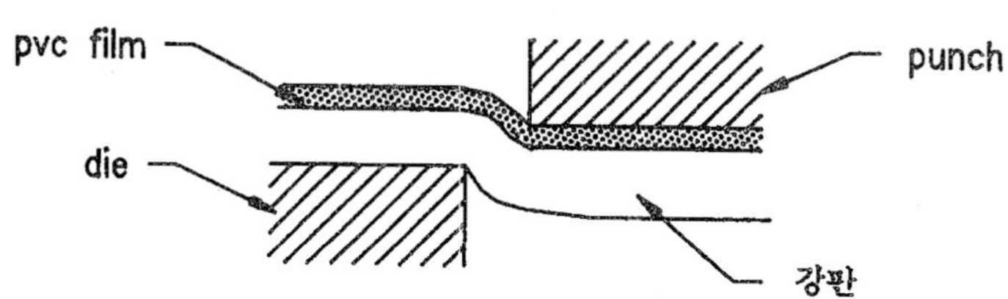

(3) blanking

①

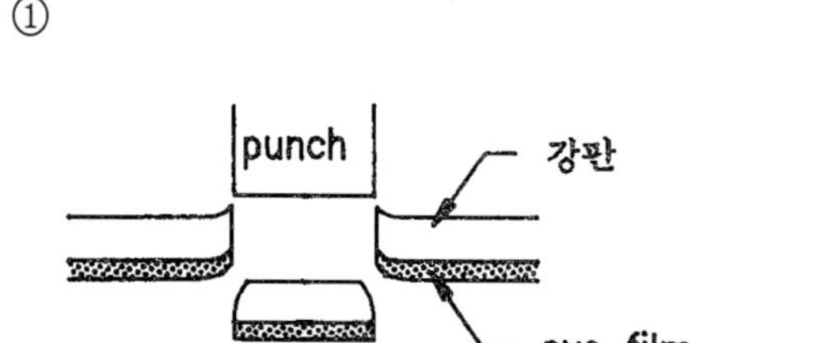

②

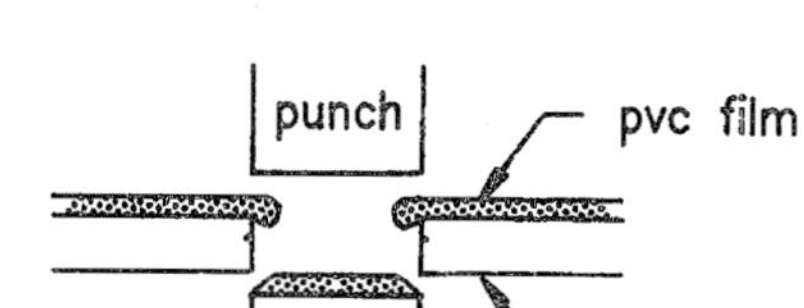

(4) bending

① bending 금형의 모서리 R은 판 두께의 최소한 1~2배

② cr 판 금형

③ poly urethane die 사용(spring back 문제 해결, 정밀한 제품, punch가 날카로워도 무관함)

(5) drawing

① 허용차 = (1.2 − 1.5)×a

단 a = 강판 두께 + (0.4 − 0.6) × pvc표면 두께

② 압연할 때: 강판보다 20~30% 높은 압력을 가함.

(6) jointing

① 기계식 jointing법 − 접어서 잇는 법, riveting법

② 돌기 용접 − 한점 용접, 2점 동시 용접

③ spot 용접 − 가열법, 기계식

④ 고주파 용접

⑤ 접착제에 의한 용접 − pvc + pvc면 = vinyl, nitrile rubber

pvc + 강판 면 = nitrile rubber

강판+pvc부 강판 면 = epoxy

pvc + 다른 plastic 면 = vinyl, acryle, nitrile rubber

3) 일반 전단가공의 최소 잔폭 치수기준

(1) 잔　폭

press형을 사용한 일반적인 전단작업에 의한 소재의 최소 잔폭의 치수이다.

① 일반적인 전단은 shaving, fine blanking 등의 특수한 전단가공 이외의 것을 말한다.

② 여기서 말하는 최소 잔폭은 설계상의 기능으로 하여 조건에 넣어 다시 극소 잔폭을 얻는다.

(2) 이송 잔폭과 여분 잔폭

잔폭에는 아래 그림에 보이는 2종류가 있다.

① 이송 잔폭(a)은 소재를 떠낼 때 이송 방향으로 생기는 잔폭으로 이송 피치(p)를 결정할 때 기준 치수가 된다.

② 여분 잔폭(b)은 소재를 떠낼 때 소재의 방향으로 생기는 잔폭

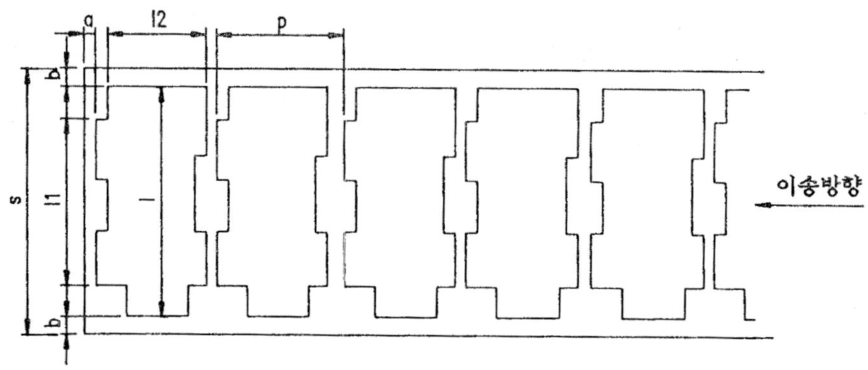

(3) 이송 잔폭의 실용 예

① 이송 잔폭 a를 구하는 경우는 11을, 여분 잔폭 b를 구하는 경우는 12를 각각 대상 치수를 결정한다.

② 제품 형상에 의한 진폭

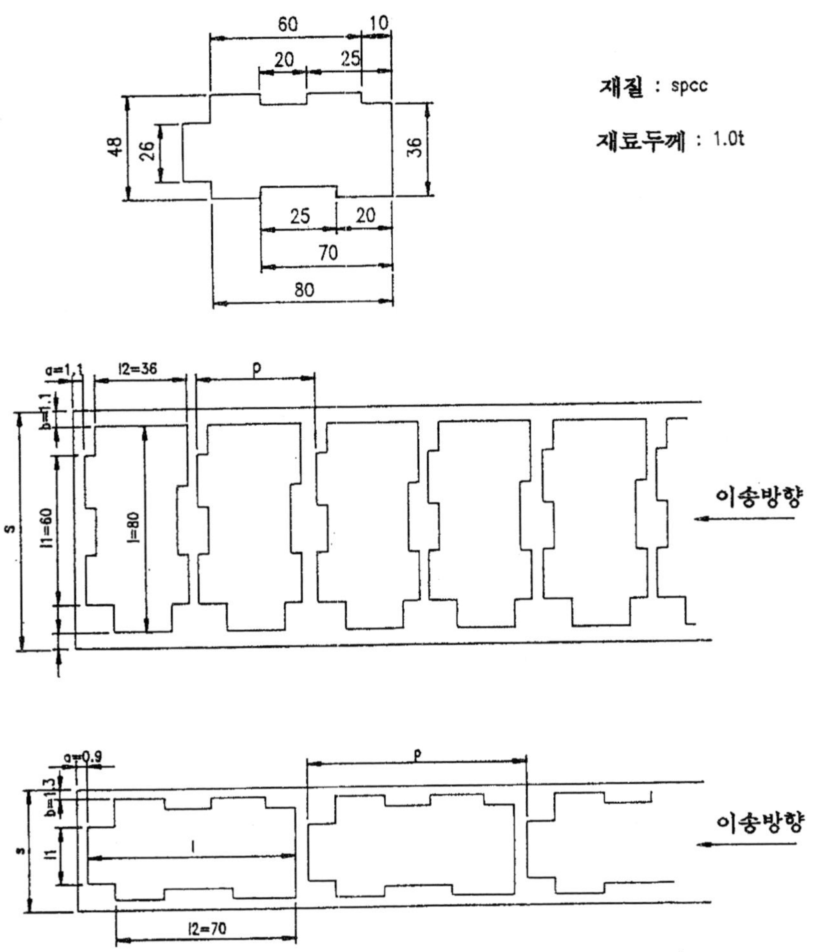
60
10
20
25
48
26
36
25
20
70
80
재질 : spcc
재료두께 : 1.0t
a=1.1
l2=36
p
b=1.1
s
l1=60
l=80
이송방향
a=0.9
p
b=1.3
s
l1
l
l2=70
이송방향

(4) 각종 재료에 있어서 판 두께에 대한 잔폭 치수(a / b)

판두께(t) \ 재료 l1, l2	일반 금속			규소 강판			페놀수지, 마이카		
	l1, l2〈50	50≦l1, l2〈100	100 l1, l2	l1, l2〈50	50≦l1, l2〈100	100 l1, l2	l1, l2〈50	50≦l1, l2〈100	100 l1, l2
0.1	0.6/0.7	0.8/1.0	1.0/1.2	1.0/1.2	1.2/1.4	1.4/1.7	1.0/1.5	1.2/1.8	1.4/2.1
0.2									
0.3									
0.4				1.1/1.3	1.3/1.6	1.5/1.9			
0.5				1.2/1.4	1.4/1.8	1.6/2.0			
0.6	0.7/0.8	0.9/1.0	1.1/1.3	1.3/1.6	1.5/1.8	1.7/2.0	1.1/1.6	1.3/2.0	1.5/2.1
0.7	0.7/0.9	0.9/1.0	1.1/1.3	1.4/1.7	1.6/1.9	1.8/2.2	1.2/1.7	1.4/2.1	1.6/2.5
0.8	0.8/0.9	1.0/1.2	1.2/1.4	1.5/1.8	1.7/2.0	1.9/2.3	1.2/1.9	1.5/2.3	1.8/2.6
1.0	0.9/1.1	1.1/1.3	1.3/1.6	1.7/2.0	1.9/2.3	2.1/2.5	1.4/2.1	1.7/2.6	2.4/3.0
1.2	1.0/1.2	1.2/1.5	1.4/1.7	1.9/2.3	2.1/2.5	2.3/2.8	1.6/2.8	1.6/2.3	1.9/2.0

재료 l1 / 판두께(t) l2	일반 금속			규소 강판			페놀수지, 마이카		
	11, 12〈50	50≦11, 12〈100	100 11, 12	11, 12〈50	50≦11, 12〈100	100 11, 12	11, 12〈50	50≦11, 12〈100	100 11, 12
1.3	1.1 / 1.3	1.3 / 1.5	1.5 / 1.8	2.0 / 2.4	2.2 / 2.6	2.4 / 2.9	1.6 / 2.4	2.0 / 3.6	2.4 / 3.6
1.4	1.1 / 1.4	1.3 / 1.6	1.5 / 1.8	2.1 / 2.5	2.3 / 2.7	2.5 / 3.0	1.7 / 2.6	2.1 / 3.2	2.5 / 3.8
1.5	1.2 / 1.4	1.4 / 1.7	1.6 / 1.9	2.2 / 2.6	2.4 / 2.9	2.6 / 3.1	1.8 / 2.7	2.2 / 3.3	2.6 / 3.9
1.6	1.3 / 1.5	1.5 / 1.8	1.7 / 2.0	2.3 / 2.8	2.5 / 3.0	2.7 / 3.2	1.9 / 1.8	2.3 / 3.5	2.7 / 4.1
1.7	1.4 / 1.7	1.6 / 1.9	1.8 / 2.1	2.5 / 3.0	2.7 / 3.2	2.9 / 3.5	2.0 / 3.0	2.5 / 3.8	3.0 / 4.5
2.0	1.5 / 1.8	1.7 / 2.0	1.9 / 2.3	2.7 / 3.2	2.9 / 3.5	3.1 / 3.7	2.2 / 3.2	2.7 / 4.1	3.2 / 4.8
2.3	1.7 / 2.0	1.9 / 2.3	2.1 / 2.5	3.0 / 3.6	3.2 / 3.8	3.4 / 4.1	2.4 / 3.6	3.0 / 4.5	3.5 / 5.3
2.4	1.7 / 2.1	1.9 / 2.3	2.1 / 2.6	3.1 / 3.7	3.3 / 4.0	3.5 / 4.2	2.5 / 3.6	3.1 / 4.7	3.6 / 5.4
2.5	1.8 / 2.1	2.0 / 2.4	2.2 / 2.6	3.2 / 3.8	3.4 / 4.1	3.6 / 4.3	2.6 / 3.9	3.2 / 4.8	3.8 / 5.7

판두께(t) \ 재료 l1 / l2	일반 금속			규소 강판			페놀수지, 마이카		
	11, 12〈50	50≦11, 12〈100	100 11, 12	11, 12〈50	50≦11, 12〈100	100 11, 12	11, 12〈50	50≦11, 12〈100	100 11, 12
2.6	1.9 / 2.2	2.1 / 2.5	2.3 / 2.7	3.3 / 4.0	3.5 / 4.2	3.7 / 4.4	2.7 / 4.1	3.3 / 5.0	3.9 / 5.9
3.0	2.1 / 2.5	2.3 / 2.8	2.5 / 3.0	3.7 / 4.4	3.7 / 4.7	4.1 / 4.9	3.0 / 4.5	3.7 / 5.6	4.4 / 5.6
3.2	2.2 / 2.7	2.4 / 2.9	2.6 / 3.1	3.9 / 4.7	4.1 / 1.9	4.3 / 5.2	3.2 / 4.8	3.9 / 5.9	4.6 / 6.9
4.0	2.7 / 3.2	2.9 / 3.5	3.1 / 3.7	4.7 / 5.6	4.9 / 5.9	5.1 / 6.1	3.8 / 5.7	4.7 / 7.1	5.6 / 8.4
4.3	2.9 / 3.5	3.1 / 3.7	3.3 / 4.0	5.0 / 6.0	5.2 / 6.2	5.4 / 6.5	4.0 / 6.0	5.0 / 7.5	6.0 / 9.0
5.0	3.3 / 4.0	3.5 / 4.2	3.7 / 4.4	5.7 / 6.8	6.9 / 7.1	6.1 / 7.3	4.6 / 6.9	5.7 / 8.6	6.8 / 10.2
계산식 (a / b)	0.3+0.6t / 1.2a	0.5+0.6t / 1.2a	0.7+0.6t / 1.2a	0.7+t / 1.2a	0.9+t / 1.2a	1.1+t / 1.2a	0.6+0.8t / 1.5a	0.7+t / 1.5a	0.8+1.2t / 1.5a

(5) 재료 폭의 결정법

① 재료 폭

재료 폭은 다음 식에 의해 결정한다.

w = s + a / 2 w: 재료 폭 s: 재료의 최소치 a: 재료의 공차

② 계산 예

재질: spcc, 판 두께: 1㎜, 제품 폭 L = 40㎜의 경우에 재료 폭 w를 구하라.

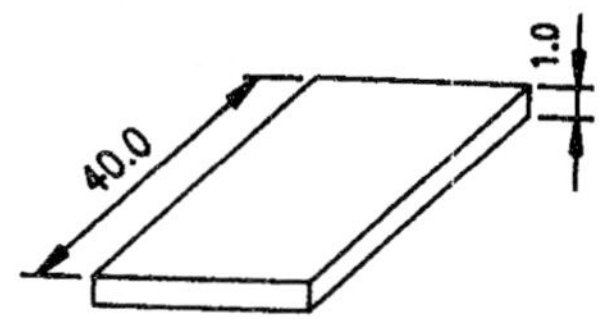

부표에서 s = 40 + 2 × 1.1 = 42.2

위의 치수를 절단기에서 절단할 때의 절단 공차가 0.6이라 하면

w = s + a / 2 = 42.2 + 0.6 / 2 = 42.5±3로 한다.

주) 재료 폭 w에 대하여서는 설계 담당자가 공차를 부기할 것.

4) 사무용 staples

(1) staples용 철침

재료: KSD 3552(철선) 또는 이와 동등 이상의 재료 사용.

표면: 아연 도금

성능: 다리의 불평형, 굴곡, 다리의 구부러짐, 틈새, 접착 불량 등의 사용상 결점이 없을 것.

철침의 끝부분은 양쪽이 칼날같이 가공되어야 함.

(2) staples 형상 및 종류

형 상	치수구분 / 종 류	a	b	c	t	끝 형상
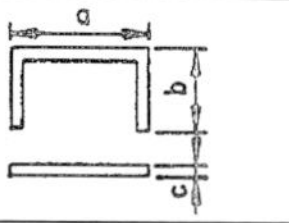 a, b, c 부하 10호:0.6kg이상 33호:1.5kg이상	10호	9.48	4.5	0.5		
	33호	12.7	6.3	0.7		
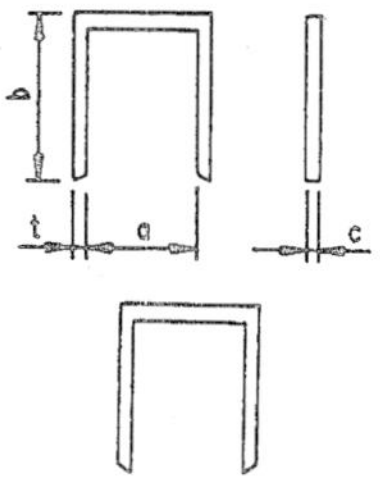 b, t, a, c J-H 형 J-D 형	410J	4	10	1.2	0.6	
	413J	4	13	1.2	0.6	
	416J	4	16	1.2	0.6	
	419J	4	19	1.2	0.6	
	419J−H	4	19	1.2	0.6	
	419J−S	4	19	1.2	0.6	
	1010J	10	10	1.2	0.6	
	1010J−H	10	10	1.2	0.6	
	1012J−S	10	12	1.2	0.6	
	1013J	10	13	1.2	0.6	
	1013J−H	10	13	1.2	0.6	
	1013J−D	10	13	1.2	0.6	
	1016J	10	16	1.2	0.6	
	1016J−H	10	16	1.2	0.6	
	1016J−D	10	16	1.2	0.6	
	1019J	10	19	1.2	0.6	
	1019J−H	10	19	1.2	0.6	
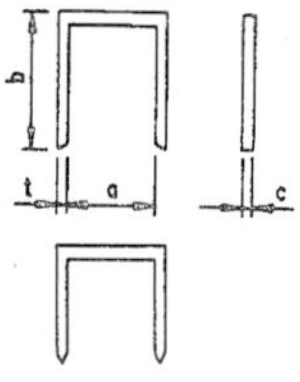 b, t, a, c M, M-H 형	310M	3	10	1.3	0.8	
	313M	3	13	1.3	0.8	
	316M	3	16	1.3	0.8	
	319M	3	19	1.3	0.8	
	319M−H	3	19	1.3	0.8	
	710M	7	10	1.3	0.8	
	713M	7	13	1.3	0.8	
	716m	7	16	1.3	0.8	
	719m	7	19	1.3	0.8	

형 상	치수구분 / 종 류	a	b	c	t	끝 형상
	1002F	10	2	0.7	0.5	
	1003F	10	3	0.7	0.5	
	1003F-M	10	3	0.7	0.5	
	1004F	10	4	0.7	0.5	
	1005F	10	5	0.7	0.5	
	1007F	10	7	0.7	0.5	
	1010F	10	10	0.7	0.5	
	1013F	10	13	0.7	0.5	
	1006J	10	6	0.2	0.6	
	1008J	10	8	1.2	0.6	
	1010J	10	10	1.2	0.6	
	1010J-H	10	10	1.2	0.6	
	406J	4	6	1.2	0.6	
	408J	4	8	1.2	0.6	
	1610T	16	10	1.2	0.6	
	1613T	16	13			
	1616T	16	16			
	1619T	16	19			
	1619T-D	16	19			
	1625T-D	16	25			
	1625T	16	25			

5) bakelite류 가열 balnking과 가열 piercing

신소재 두께가 0.3㎜일 때는 bakelite류 소재는 냉간 blanking작업을 한다. 0.5㎜까지도 잔폭이 충분하면 가능하다.

열간 작업을 할 때 온도 115°~135℃로 유지시켜 주며 작업 중 소재의 열손실을 방지하기 위하여 press를 50°~80℃로 예열시킨다. 이때 주의할 점은 예열로 인해서 0.3%의 수축이 생긴다는 것이며 piercing도 마찬가지로 수축률이 0.3%로 나타나며 이로 인해서 상당 치수 만큼 punch가 크게 설계되어야 한다.

punch와 die block과의 공차는 0.02㎜로 한다.

(1) piercing punch

material thick	공차가 없는 piercing	공차가 있는 piercing	
0.4㎜까지	호칭치수 +0.1	구멍의 최대공차	+0.02㎜
0.5−0.6㎜까지			+0.03㎜
0.8㎜			+0.04㎜
1㎜			+0.05㎜
1.5㎜	호칭치수 +0.15	구멍의 최대공차	+0.07㎜
2㎜			+0.1㎜

piercing dia가 큰 것은 상기 치수에다 수축률 0.3%를 고려하여야 한다. 열간 작업일 때의 전단 응력은 135℃ 때 9kg/㎟이다.

(2) 냉간 piercing

punch와 die black과의 공차는 thickness의 15%로 한다.
punch와 die black과의 치수를 결정할 때 수축량을 고려해야 한다.

소재 두께	piercing일 때 수축률
0.5㎜까지	0.02㎜
0.8~1㎜까지	0.03㎜
1.5㎜	0.05㎜
2㎜	0.06㎜

(3) press기 선정

사용 press 선정 조건은 타발력을 계산하여 사용한다.

P = T ° l ° Ks Ks(전단 저항) = 인장 강도 × 0.8

① max blanking force P = T ° l ° Ks이므로

T = 1.0㎜, l = × 100㎜, Ks = 35kg / ㎟이라면

P = 1.0 × π × 100 × 35 = 10900kg 그러므로 능력은 11ton이나 실제 약 20%의 여유를 준다.

stripper force Ps = 2.5 × T × l = 2.5 × 1.0 × π × 100 = 785kg

6) pvc sheet

(1) pvc sheet의 인쇄

① 인쇄의 종류와 방법

	offset 인쇄	silk 인쇄
잉 크	POP−VIP maker: 내일본 잉크	#8000 series maker: 동양 잉크
용착성	격자 test에 합격	
희석제 (thinner)	원하는 대로 사용할 수 있다.(점도, 건조는 조정한다.) 단 다색 인쇄의 경우 a 37 dryer를 사용 할 필요가 있다.(흡입 통풍 시에는 30~50분 건조가 빨라진다.)	#718용제(표준) #719용제(속건성) maker: 동양 잉크
판의 조도 (mash)		일반적으로 180~250mash를 사용. 명판용의 정도를 만족시키는 경우 300mash 정도의 잘잘한 것이 좋다.
건조시간	상온: 2~4시간(건조 시 70㎜를 쌓아도 가능함)	상온30~60분

② 접착제

car streo, car radio 등의 case(난연 hips, noryl, abs)와의 접착은 일반적으로 양면 tape가 사용된다.

예) maker: 일동 전공 notto 501, 502, 503

3M scotch tape no. 4016

③ 타발의 방법

가. 냉간 시의 깨짐 대책

- 작업실의 온도를 올려준다(30℃가 적당).
- sheet를 따뜻하게 한다(30℃가 적당).

나. 알루미늄용 타발형의 사용 가부

- 일반적으로 알루미늄용 금형의 clearance는 두께의 1 / 10이 사용되고 명판용 금형의 clearance는 판 두께의 3 / 100~5 / 100가 적당하다.
- 현재 사용되고 있는 알루미늄 금형의 clearance가 명판용 clearance 정도로 되어 있을 때는 사용할 수 있다.

④ 기타

가. 선팽창 계수

- 6.0 × 10 − 5 / ℃(ASTMD − 696)로서 온도 10℃의 변화에 1m당
- 0.6㎜ 수축한다.

나. 포화 온도

- 일반적으로 plastic은 저온에서 깨지기 쉬운 성질을 갖고 있는데 어느 정도의 저온에서 깨지기 쉬워지는가 하는 시험이다. 이 시험 방법은 고무, 연질, pvc, pe 등의 재료에 적용된다. 경질 pvc판의 경우는 약 30℃ 이상이 되어야 적당하다.

다. bending 성질

- bending은 굽힘 탄성률에 따라 다르디. 굽힘 턴성률이 높으면 bending하기 어렵고 굽힘 탄성률이 낮으면 bending이 쉽다.
- pvc의 굽힘 탄성률은 $3.5 \times 10^{4kg/㎠}$, 알루미늄의 굽힘 탄성률은 $72 \times 10^{4kg/㎠}$이므로 pvc가 bending하기 쉽고 알루미늄과 pvc를 같이 bending할 때는 판 두께 요인을 고려하여 비교해 보면 pvc는 알루미늄의 2.7배의 판 두께가 필요하다.

7) blanking 금형

(1) blanking die

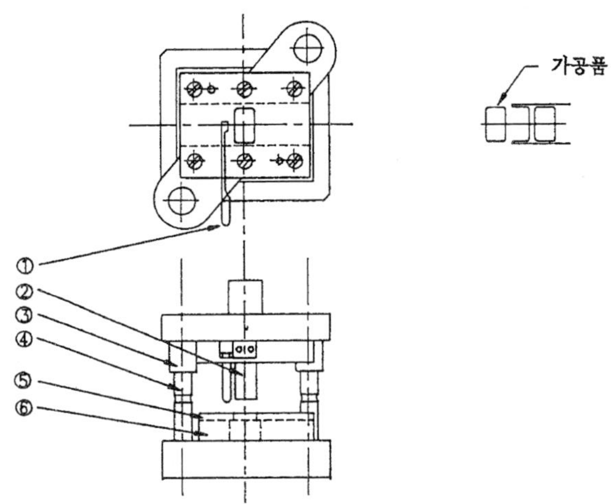

(2) blanking 및 drawing die

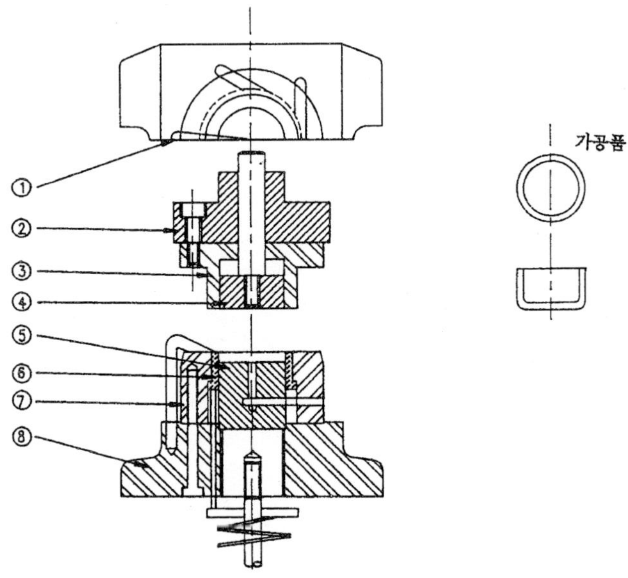

(3) compound die

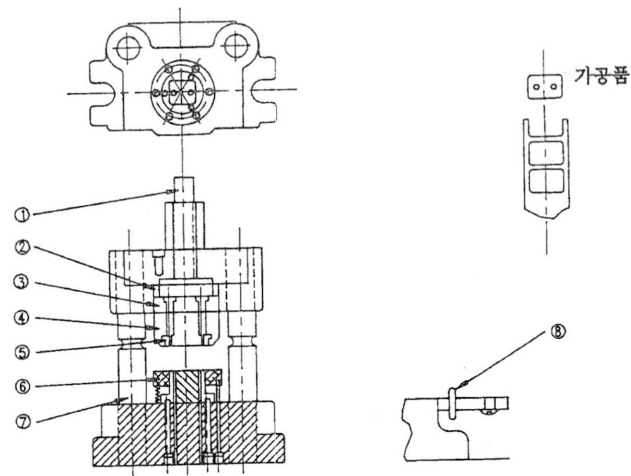

(4) shaving die

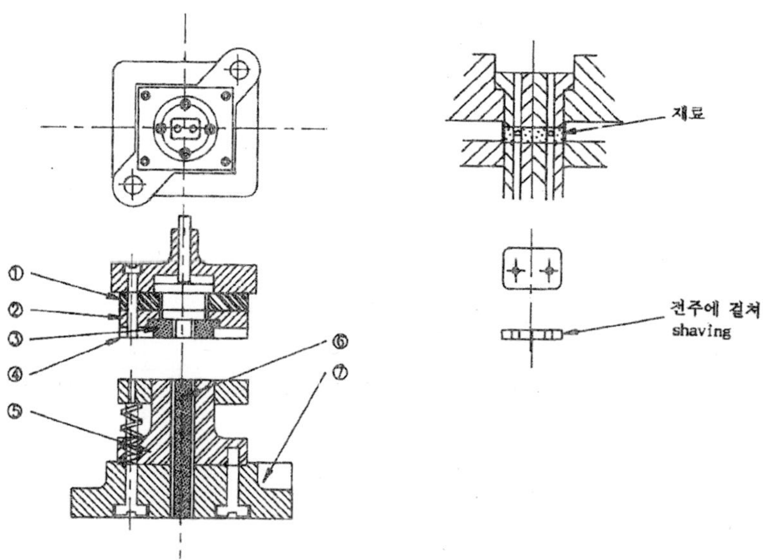

(5) knock-out tandem die

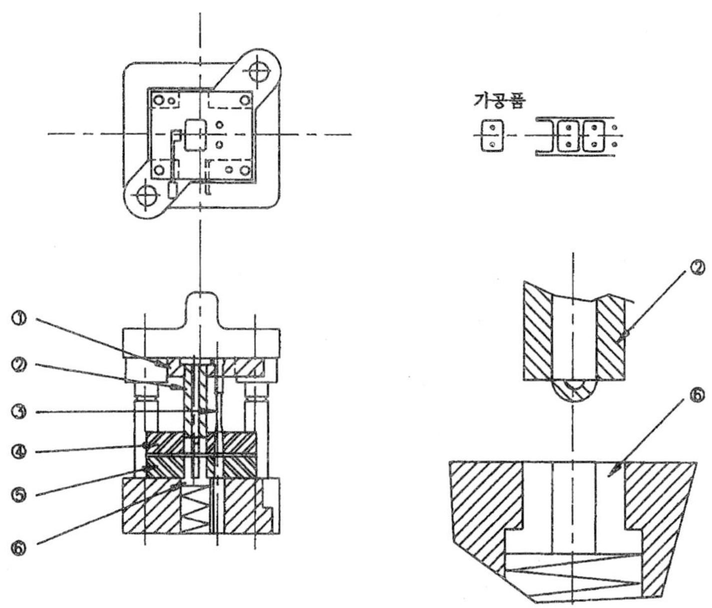

(6) trimming die

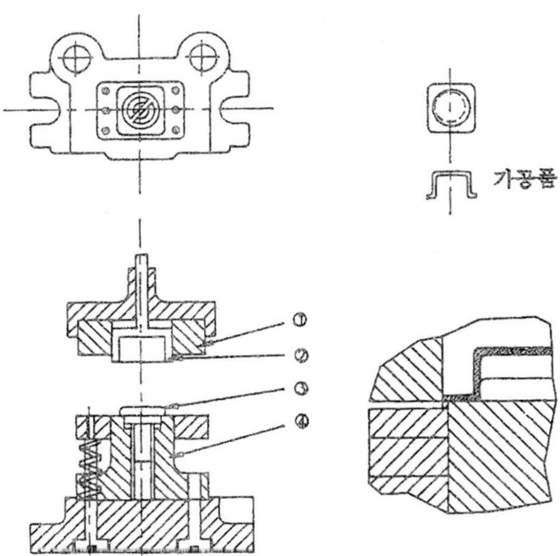

(7) piercing die

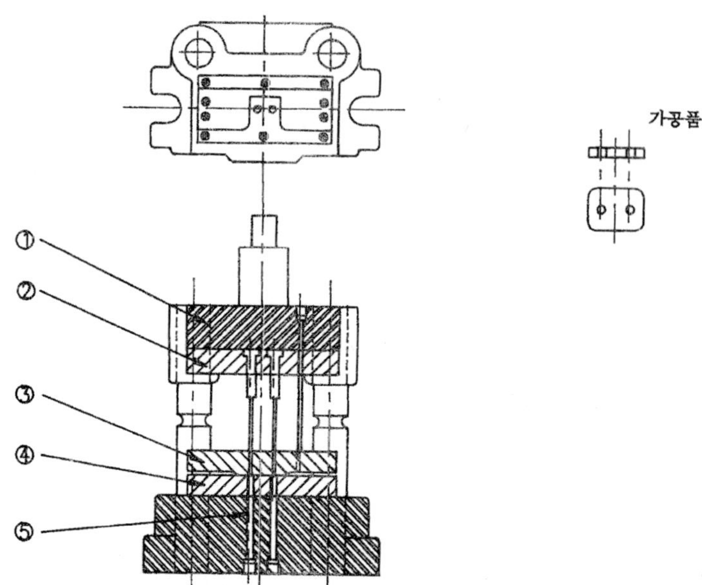

(8) tandem die

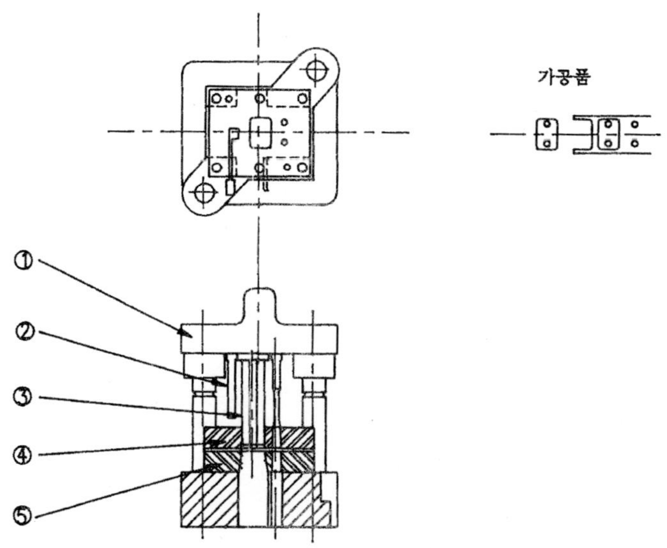

(9) 고정 stripper를 사용한 blanking die

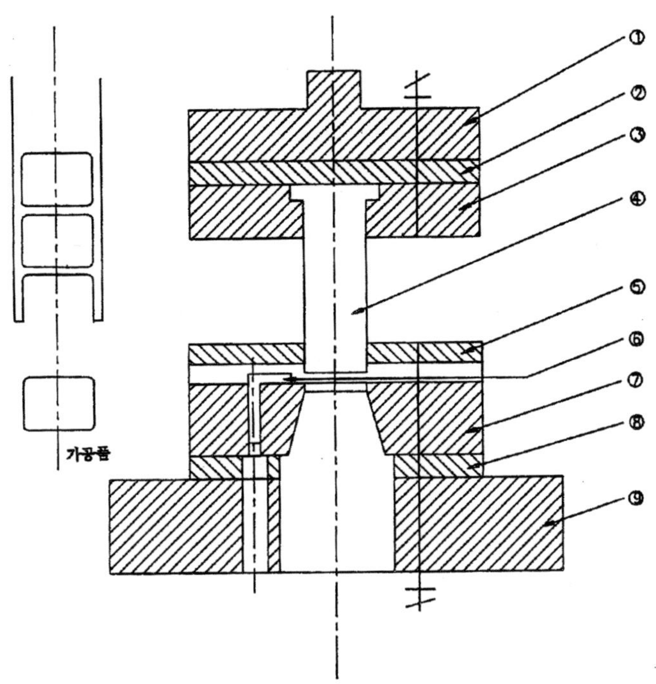

번 호	명 칭	번 호	명 칭
1	상홀더	5	고정 스트리퍼
2	펀치 받침판	6	게이지 핀
3	펀치 고정판	7	다이
4	펀치	8	다이 받침판
		9	하홀더

(10) 가동 stripper를 사용한 blanking die

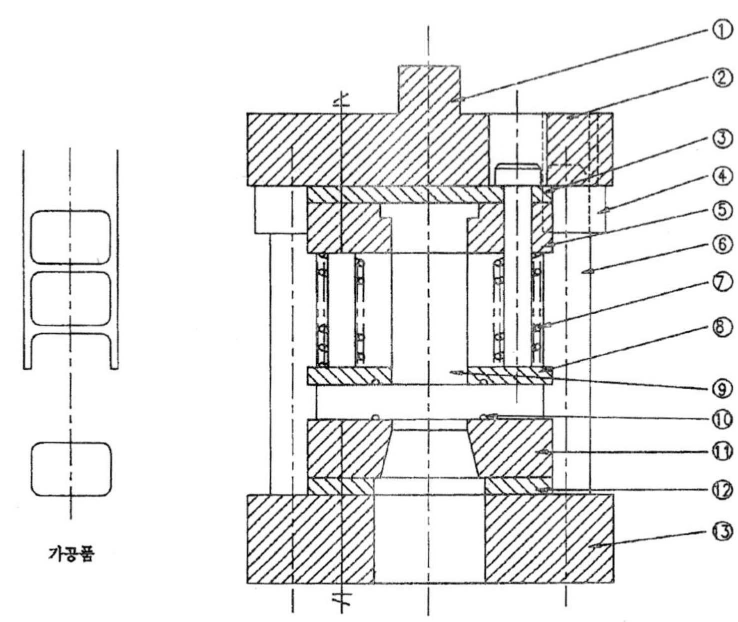

번 호	명칭	번 호	명칭
1	상홀더	7	코일 스프링
2	스트리퍼 볼트	8	가동 스트리프
3	펀치 받침판	9	펀치
4	가이드 붓싱	10	게이지 핀
5	펀치 고정판	11	다이
6	가이드 포스트	12	받침판
		13	하홀더

(11) blanking을 겸한 drawing

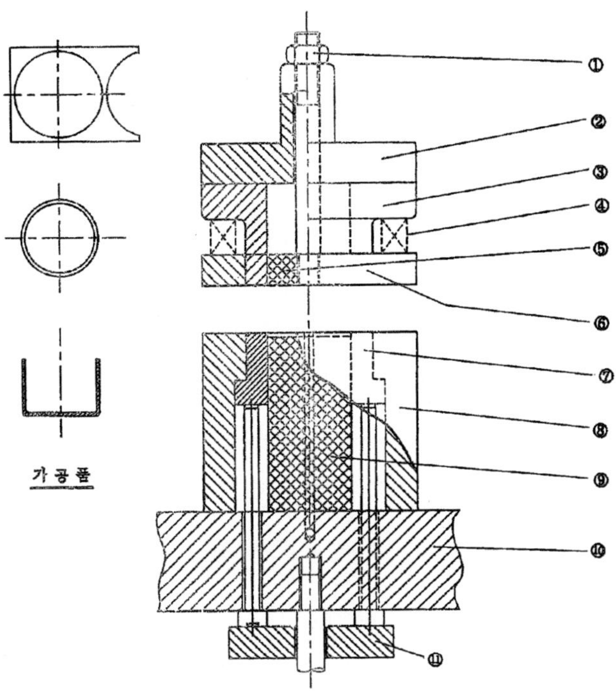

품 번	명칭	품 번	명 칭
1	너트	7	패드
2	상홀다	8	다이(blanking)
3	펀치(blanking)	9	펀치(drawing)
4	스프링	10	하홀다
5	내밀판	11	밀핀
6	스트리파		

(12) progressive die

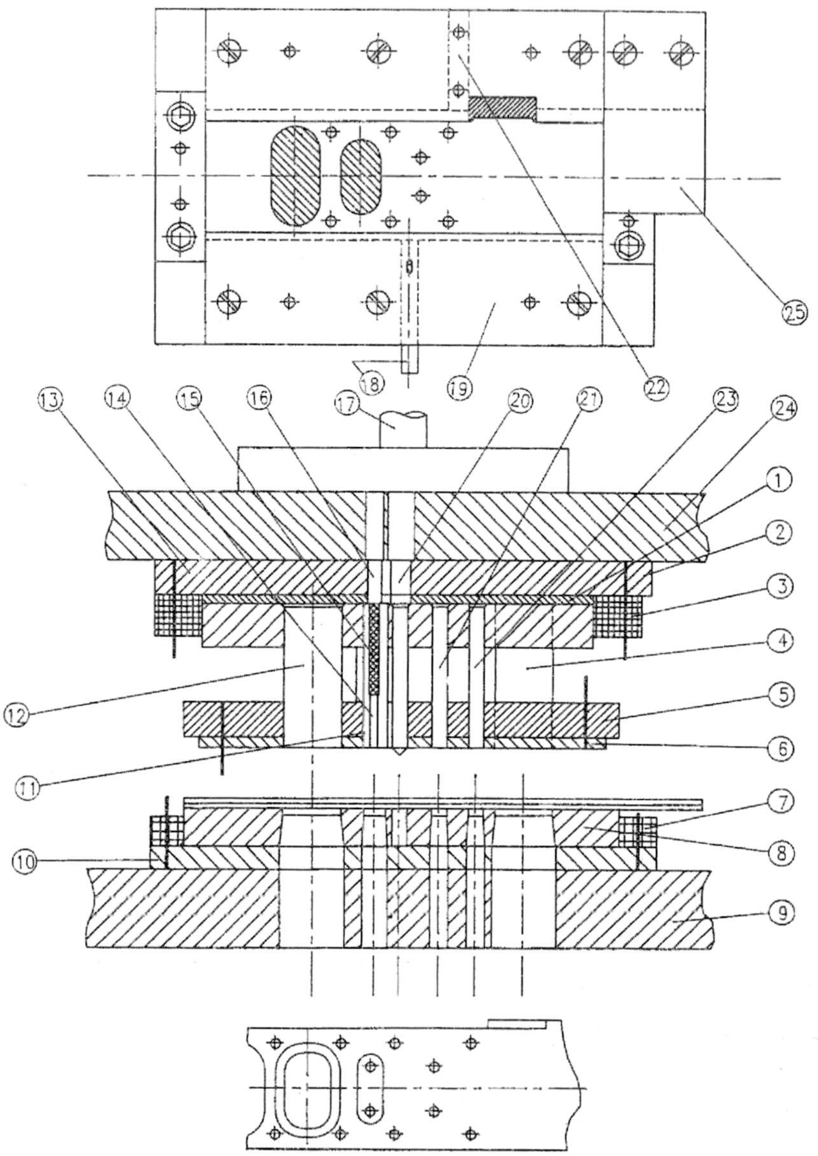

번 호	명 칭	번 호	명 칭
1	받침판	14	밀핀
2	펀치 고정판	15	밀핀스프링
3	고정판	16	쎄 트 스크류
4	싸이드캇타	17	샹크
5	가동스트리파	18	스타팅 스토파
6	압축판	19	소재안내판
7	고정핀	20	트 스크류
8	다이부록	21	파이롯트핀
9	하홀다	22	스톱핀
10	다이부록 고정판	23	피어싱 펀치
11	부랭킹 펀치	24	상홀다
12	부랭킹 펀치	25	소재안내 보조판
13	펀치덮판	-	-

8) blanking

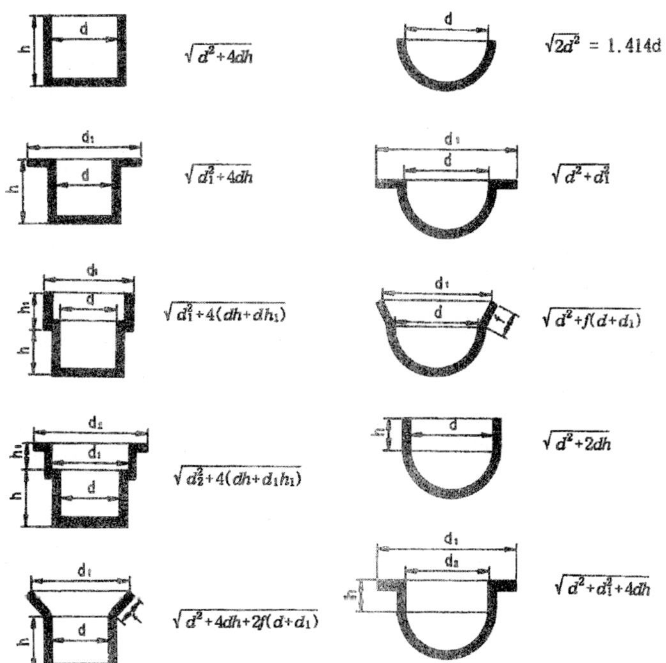

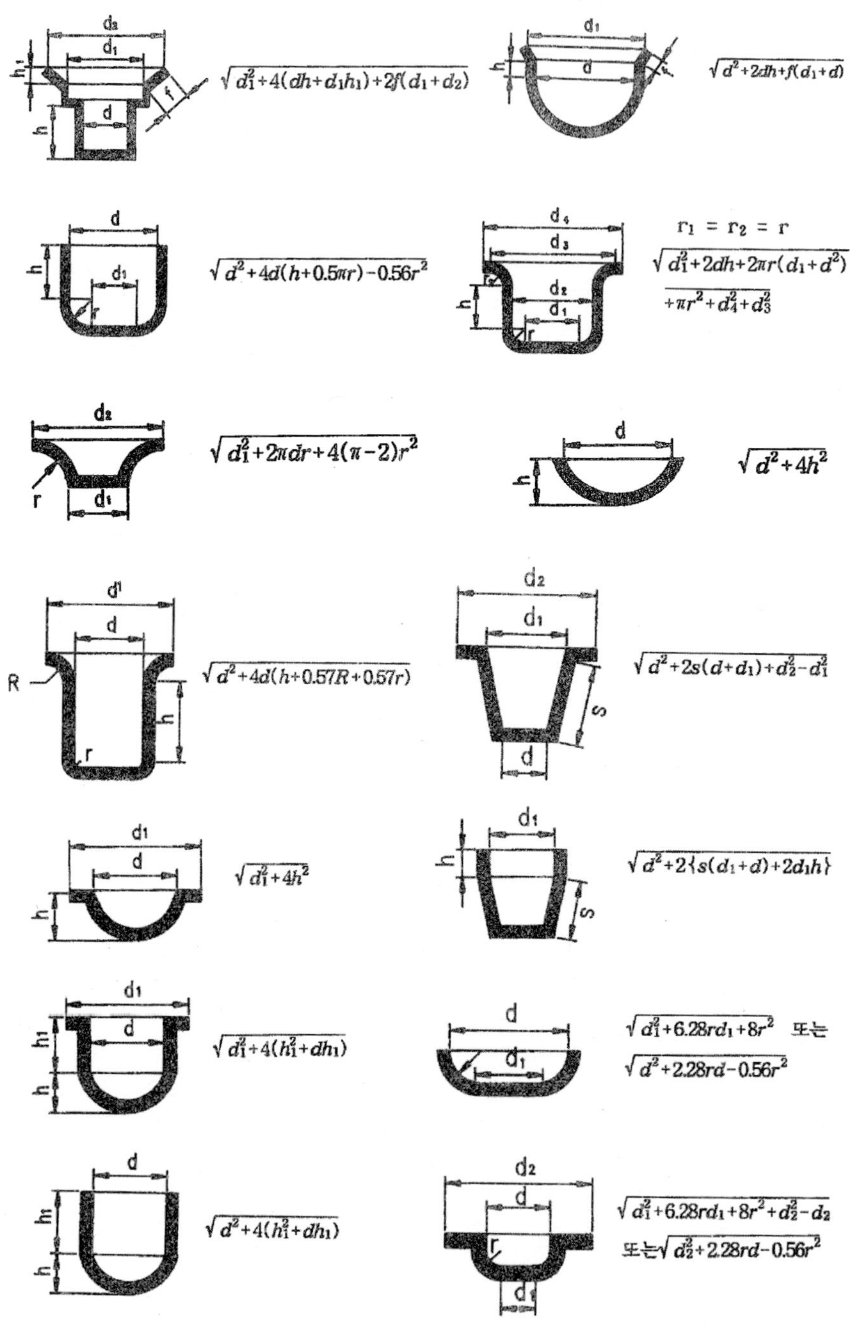
$\sqrt{d_1^2+4(dh+d_1h_1)+2f(d_1+d_2)}$
$\sqrt{d^2+2dh+f(d_1+d)}$
$\sqrt{d^2+4d(h+0.5\pi r)-0.56r^2}$
$r_1 = r_2 = r$
$\sqrt{d_1^2+2dh+2\pi r(d_1+d^2)+\pi r^2+d_4^2+d_3^2}$
$\sqrt{d_1^2+2\pi dr+4(\pi-2)r^2}$
$\sqrt{d^2+4h^2}$
$\sqrt{d^2+4d(h+0.57R+0.57r)}$
$\sqrt{d^2+2s(d+d_1)+d_2^2-d_1^2}$
$\sqrt{d_1^2+4h^2}$
$\sqrt{d^2+2\{s(d_1+d)+2d_1h\}}$
$\sqrt{d_1^2+4(h_1^2+dh_1)}$
$\sqrt{d_1^2+6.28rd_1+8r^2}$ 또는
$\sqrt{d^2+2.28rd-0.56r^2}$
$\sqrt{d^2+4(h_1^2+dh_1)}$
$\sqrt{d_1^2+6.28rd_1+8r^2+d_2^2-d_2}$
또는$\sqrt{d_2^2+2.28rd-0.56r^2}$

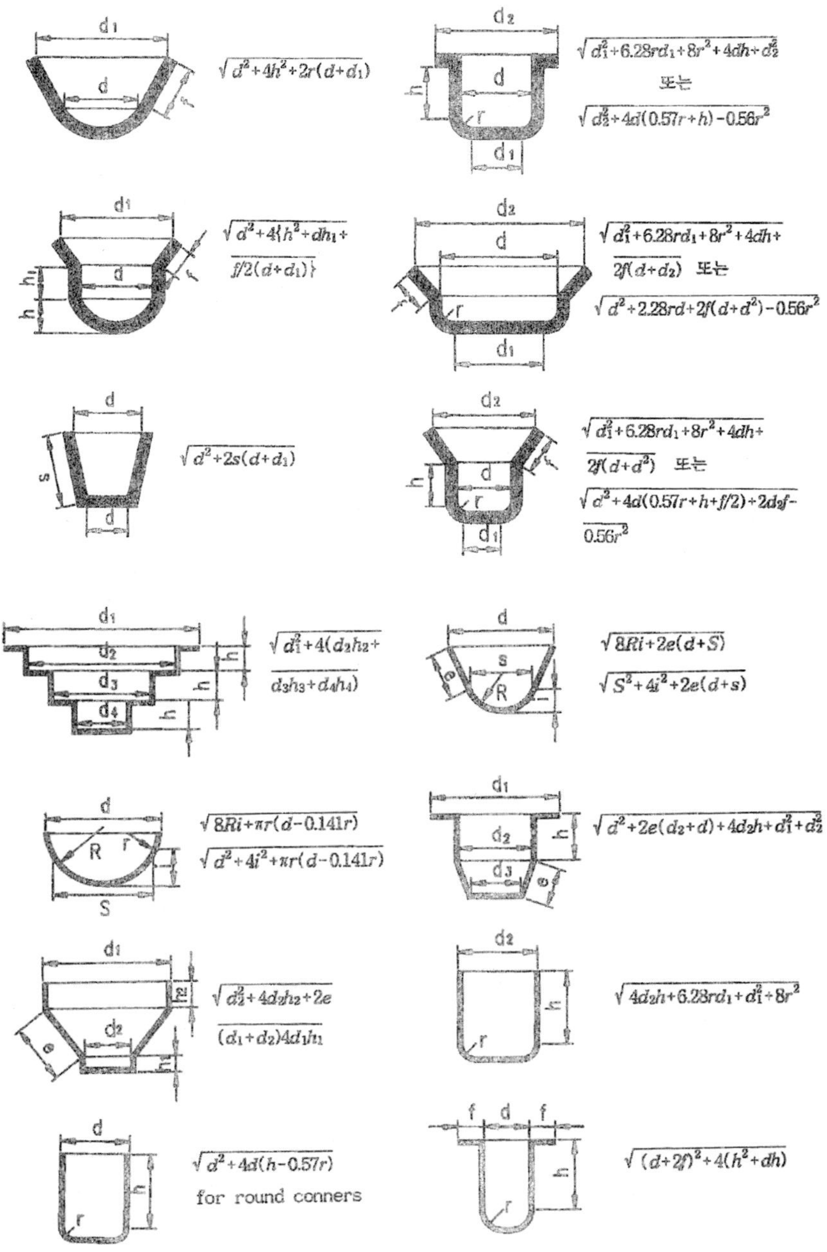

제품의 중량으로써 blanking 직경을 정하는 방법 아래 계산식은 모양이 복잡하고 불규칙한 drawing제품의 무게를 달아 blanking경을 구하는 식으로서 이용가치가 있다.

$$D = 1.31\sqrt{w/\rho t}$$

여기서

D = blanking경 ㎝
ω = trimming

여유를 고려해서 측정치의 제품중량에 5%를 더해 준다.

ρ= 비중
t = 소재의 두께 ㎝

그리고 blank 직경을 구할 때 d가 용기의 내경이냐, 혹은 외경이냐 또는 중립면이냐에 따라서 D의 촌법은 변화할 것이다.
이 점은 설계자가 모든 조건을 고려한 후 취해야 할 것이다.

9) 원, 정사각, 장방형 용기에 있어서 간이 공정수 및 blank 치수

(1) 원통, 정사각형 용기

drawing 높이와 경의 중합	blank 치수 d / D	drawing 치수
높이가 직경의 2 / 3 이하 높이가 r의 6배 이하	직경+높이의 1.5배	1
높이가 경의 3 / 5~1.2	높이의 2배	2
높이가 경의 1.2~2배	직경+높이	3
높이가 경의 2~3배	높이+반경	4
높이가 경의 4~5배	높이	5
높이가 경의 6~7배	높이−직경	6

(2) 장방형 용기

drawing 높이 l_1의 종합	blank 치수		drawing 치수
	L_1	L_2	
높이가 r의 6배 이하	$l_1+1.6h$	$l_2+1.6h$	1
높이가 l_1과 같을 때	$l_1+1.3h$	$l_2+1.3h$	2
높이가 l_1의 1.5배	$l_1+1.3h$	$l_2+1.2h$	3
높이가 l_1의 2배	$l_1+\frac{l_1 l_2}{2}+h$	l_2+h	4
높이가 l_1의 3~4배	$l_1+\frac{l_1 l_2}{2}+h$	l_2+h	5
높이가 l_1의 5~6배	$l_1+\frac{l_1 l_2}{2}+h$	l_2+h	6

(3) drawing 높이와 변각(r)의 비에 관한 drawing 횟수

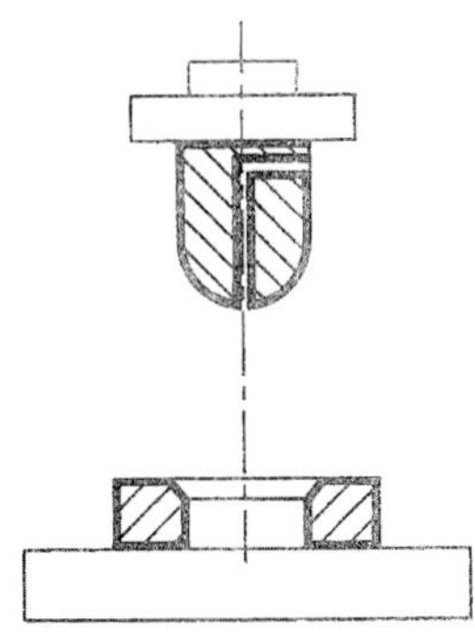

h / r	drawing 횟수
G 이상	1
7~12	2
13~17	3
18~23	4

① 본 표는 각종 원통 용기의 무 stripper drawing에 적용

② 각종 용기는 변각(r)이 drawing 회수에 중요한 관계가 있지만 그 표에서는 r을 무시했으므로 산출한 수치는 대체적으로 구한 것이다.

③ 정사각형, 장방형의 blank 형상은 deep drawing 일 때는 균형에 가깝다.

④ 본 표는 간이속사표로 금형설계자는 그 수치를 가지고 형의 lay out을 하지 않으면 안 된다.

10) 원통형 drawing에 있어서 drawing 공정수와 blanking die의 결정

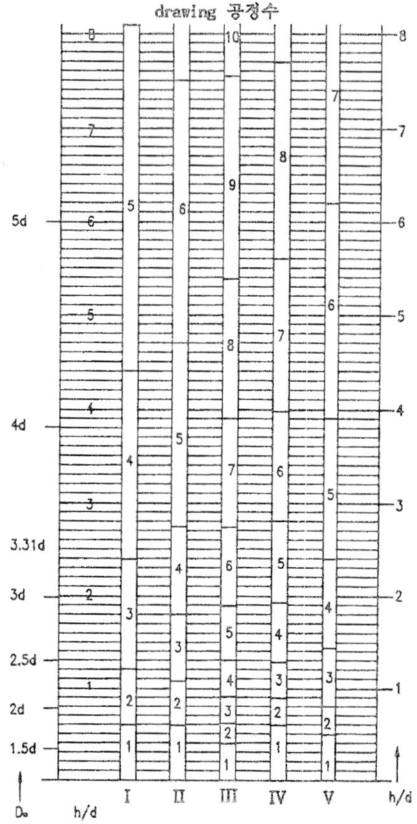

종 류	율	재 료
I	0.75 0.75	신주 및 sb34판(황동)
II	0.55 0.8	알루미늄 신주 또는sb34판
III	0.65 0.85	Zn판
IV	0.55 0.85	동 판
V	0.6 0.8	sb34판

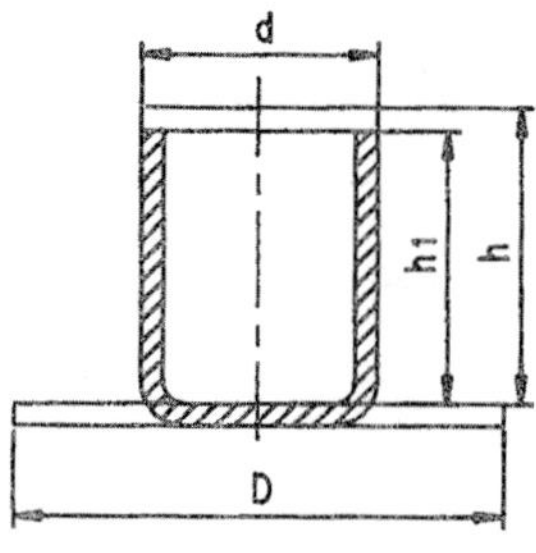

h_1 = 도면치수

예) 원통형으로 알루미늄을 drawing하려고 한다.

주어진 값으로 h = 33㎜ d = 14㎜ trimming 여유 2㎜ h = 35㎜라 하고 D와 drawing 공정수 n을 결정한다.

$h / d = \frac{35}{14} = 2.5$㎜

$D_0 = 3.31d = 3.31 \times 14 = 46.43$ $D_0 = 46.4$

n = 알루미늄 판재로서의 Ⅱ의 4

율로부터 가장 효율적인 관계식을 사용하기 위하여 매 drawing 공정마다 die를 특별히 계산해야 할 경우가 있다.

$$D_0 = \sqrt{d_2 + 4dh}$$

11) 각종 drawing에 요하는 force, 거형 용기 drawing의 blank 설계

(1) drawing force

각종 용기의 drawing force에 대해서는 E.V.Crane의 실용식이 있다.

그 특징은 곡선 부분은 drawing 가공에서 특히 깊은 상형으로 되면 판의 무리를 수반하지만 직선 부분은 bending과 마찰만으로 되기 때문에 대부분의 경우 drawing force는 큰 힘을 필요로 하지 않고 다음의 식으로 풀고 있다.

$$P = \delta Bt(2\pi rC_1 + LC_2)$$

여기서 r＝각종 용기의 호 반경(㎜), L＝직선부분의 전장(㎜), C1＝정수(깊이가 5~6r보다 작을 때)……0.5, (깊이가 5~6r 일 때)……2.0, C2＝정수(무 stripper일 때)……0.2, (drawing이 어려울 때)……1.0.

복잡한 형상의 drawing force를 계산할 때에는 부분적인 원통 drawing과 bending 연속이라고 생각되기 때문에 drawing 한계에 의해 측벽이 부서질 때의 응력이 drawing force와 같다고 생각해서 이것이 재료의 인장강도와 같다고 보면 최대 drawing력은 다음과 같다.

$$P = L\ t\ \delta B$$

여기서 L=제품 횡단면의 전개장(㎜). t=재료의 두께, δB=인장강도, press력 = 재료가공력 + pad력

(2) blank 설계

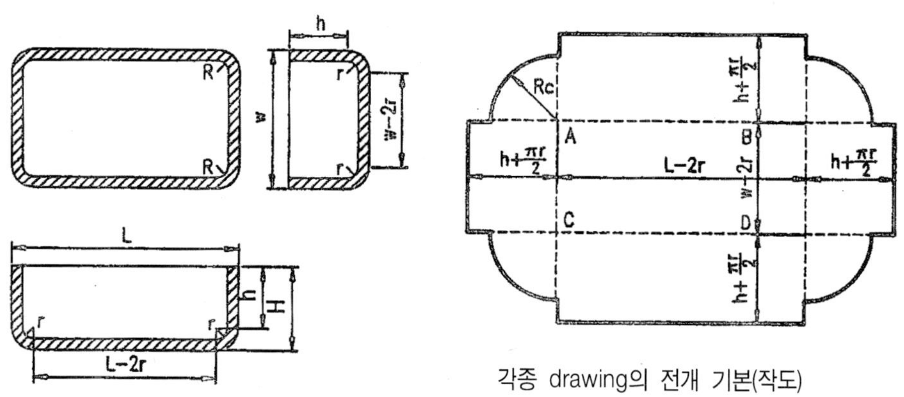

각종 drawing의 전개 기본(작도)

L w h r은 길이, 폭 길이, 일부분의 r의 촌법을 나타낸다고 하면, 밑 부분의 수평부의 길이는 L−2r, 폭은 w−2r로 하여 점 A, B, C, D로 된다.

다음의 밑 부분 r부의 길이는 $\frac{2\pi}{4} = \frac{\pi r}{2} = 1.57r$로 되고 다이를 가한 치수 $(h + \frac{\pi r}{2})$만큼 A, B, C, D에서 연장해서 결정, 이 blank 형상은 이론적으로 상의 전개가 따르는 것으로 된다.

최후로 상자의 4개의 R부분의 표면적을 구하면 전개는 완성한다.

이 부분의 표면적과 같은 1/4 원의 Rc는 다음 식으로 나타난다.

$$R_c = \sqrt{2Rh + R + 1.41Rr}$$

여기서 R＝곡률반경(radius), h＝측면의 평행부의 높이, r＝밑 부분의 곡률반경

A, B, C, D를 중심으로 해서 Rc의 반경에서 1/4 원을 그리면 위 그림의 우측에 보이는 것처럼 된다.

그러나 이 형은 용기를 drawing하는 데 중요한 면적을 지니고 있지만 1/4Rc 원이 측벽에 bending blank에 만나는 장소에 단이 나오고 있기 때문에 drawing하면 이 부분이 내려지기도 하고 겹쳐지기도 하여 부적합하다. 그래서 면적을 밋밋한 선으로 잇는 모양으로 하고 측벽의 bending가공 부분에서 smooth하게 재료 이동이 가능한 모양으로 수정한다.

(그림 a)는 blank가 직선으로 되는 경우를 표시한다.

이 그림에서는 우선 a, b와 c, d를 이등분한 점을 우선 e, f라고 한다.

다음에 1/4 원 A, b, c에서 c, f를 지나는 직선 g, h, i, j를 빼낸다. 이 경우 Rc의 기에 의해서 형상이 변한다. 지금 Rc＝0.54(h＋1.57r)의 때는 ghij선이 겹쳐서 직선으로 되고 Rc>0.54(h＋1.57r)의 때는 접선은 1/2A, b, c원을 교차해서 凹형으로 되고 Rc<(h＋1.57r)의 때는 접선은 1/4A, b, c 원에서 형으로 교차하는 것처럼 3종류가 생긴다.

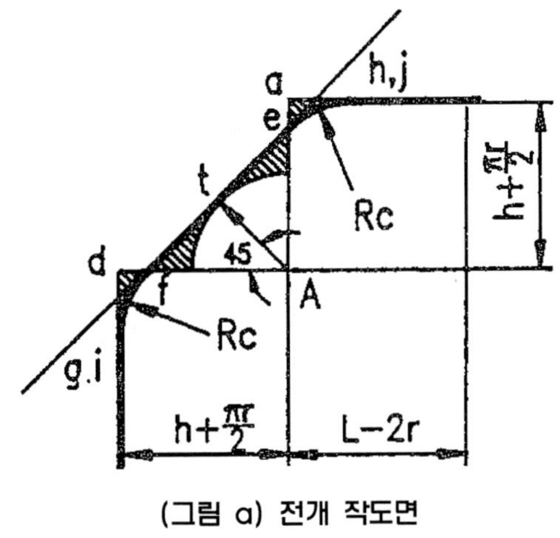

(그림 a) 전개 작도면

(hgij 선이 직선일 때 Rc＝0.54(h＋1.57r)

다음에 g h i j 접선과 bending 부분 외형선에 Rc에 반경으로 접하는 원호를 그리고 이것으로 작도는 완성되지만 凹의 경우는 A보다 45 선상에 g h i j에 반경 Rc로써 접하는 중심 z를 구해서 원호를 그린다. (그림 c)와 같이 작도를 하면 사선 부분은 서로 같게 되기 때문에 면적은 전항의 기준과 같게, 외형선은 밋밋한 곡선으로 연결함으로써 이용상 차이는 없을 정도로 정확하게 blank 치수의 원도를 그릴 수 있다.

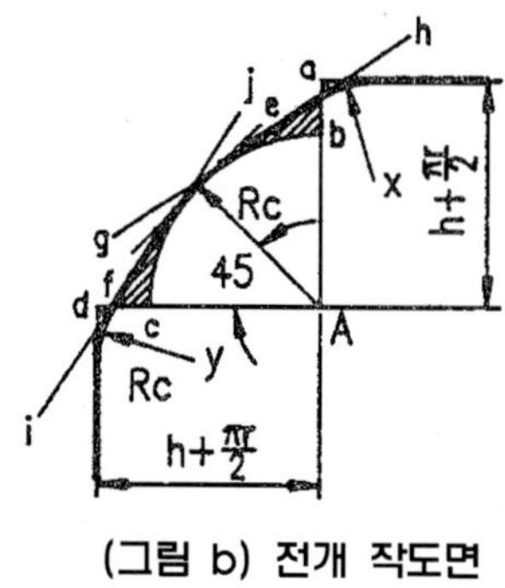

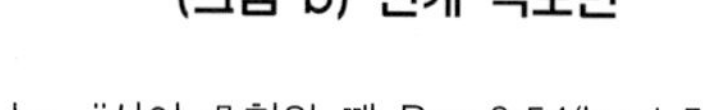
(그림 b) 전개 작도면

hg, ij선이 凸형일 때 Rc>0.54(h+1.57r)

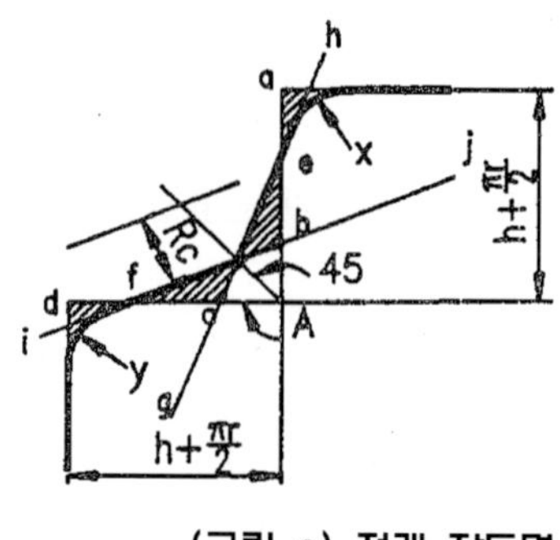

(그림 c) 전개 작도면

hg, ij선이 凹형일 때 Rc<0.54(h+1.57)

실제 작업을 할 때에는 재질에 의한 늘어남의 변화, 윤활유의 종류, pad 압력의 강약, bead의 상황, 형의 친숙도 등 기타의 원인이 복잡하게 조합되어 있기 때문에 시작할 때 작업 조건의 범위를 결정해서 blank 치수를 결정해야 한다. 그러나 trimming 작업을 할 때는, 이것을 예상하면 이용상 blank 치수를 설계 시에 결정하는 것이 가능하다.

12) drawing율

(1) 초기 drawing율

저자 및 서명	drawing율	
프레스의 이론과 현장작업	60%(아연판에서는 75%)	
기계공학 편람	55~60%	
P, Design H, B	50~54%	
Die Design & Die M. P	55%	일반 경우
	40%	
	60~65%	
Press H, B		

(2) 재료의 종류 및 판 두께를 고려한 것.

프레스의 이론과 현장작업	판 두께	drawing율
동 및 철	—	56%
황동 및 은	t≦2	50%
	t〉2	52%
Al	—	55~60%
아연	—	70~75%

주) 판 두께가 작은 것이 drawing율이 크다.

(3) 재료종류별 drawing율

재료	프레스	최신프레스	정밀공작물	기술과 설계	Die & D.M.P	프레스기초와 현장작업	공업재료 편람
drawing용 강	60~65	—	60~65	60~65	—	—	—
deep drawing 용 강	55~60	55~60	55~60	55~60	—	45~54	—
강철	55~60	—	55~60	—	55~60	—	45
스테인리스 스틸	60~65	—	50~55	—	—	—	—
주석도금판	58~65	—	58~65	58~65	—	—	—
동	55~60	53~60	55~60	57~60	55~60	40~45	45
아연	65~70	65~70	65~70	—	—	63~68	60
연질 Al	—	53~60	53~60	53~60	55~60	55~60	67
듀랄루민	—	55~60	55~60	—	—	—	—
황동	50~55	55~55	55~55	50~55	55~60	40~48	44

5. Notching 부품설계

1) solt

(1) notching, 구멍 뚫기

notch에서는 크게 나누어 2 group으로 분류한다.

① 제품설계의 일부에서 틈, 위치결정, 취부를 위한 notch
② 부품의 forming을 용이하게 하기 위한 flang에 부가된 notch
높은 응력을 받는 부품의 notch는 결코 그 정점이 v형으로 되도록 지정해서는 안 되며 이것은 균열이 되는 출발점이 되기 때문이다.

(2) notch의 기본적 고려사항

고응력을 받는 부품에는 최대반경을 금속 두께의 2배로 한다.

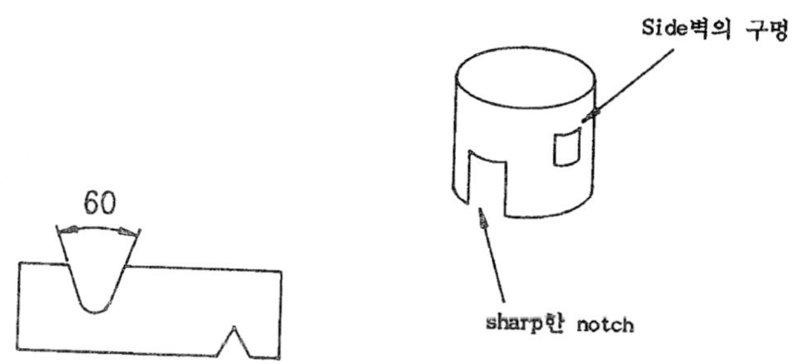

sharp 한 정각은 저응력 부품에 이용된다.

(3) 직각 bending에 대한 relief notch

①

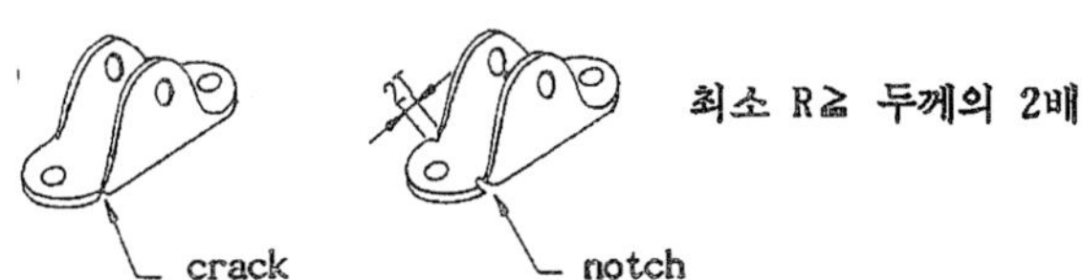

bending이 외측 blank의 profile에 평행할 때 bending에 의해 crack이 일어난다. 이것을 방지하기 위하여 notch blanking을 넣는다.

②

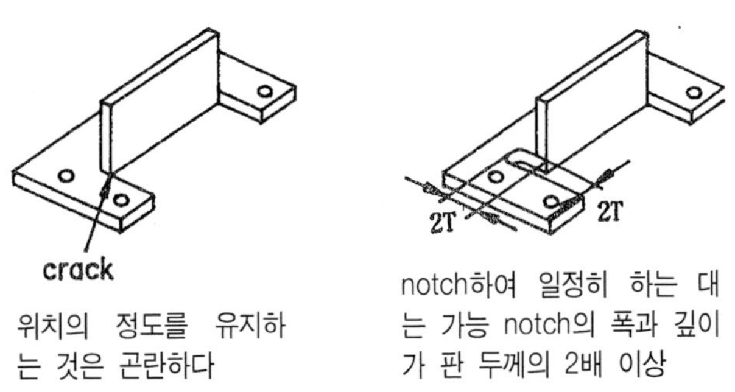

③ **경사 bending의 경우** ④ **trimming 공정 때 남겨둔 flange의 최소 폭은** s≧2t

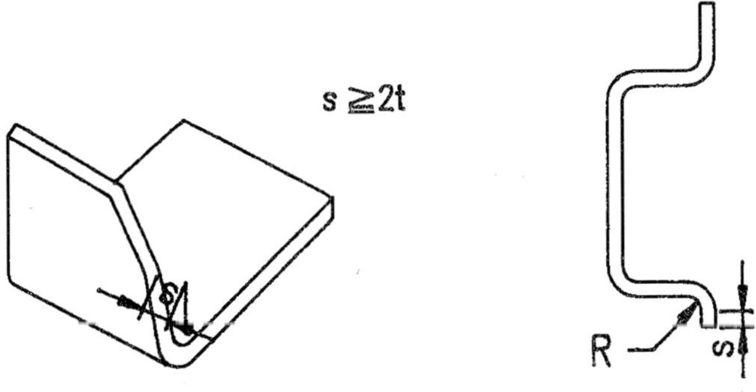

⑤ 직각 bending에 대한 notch 예

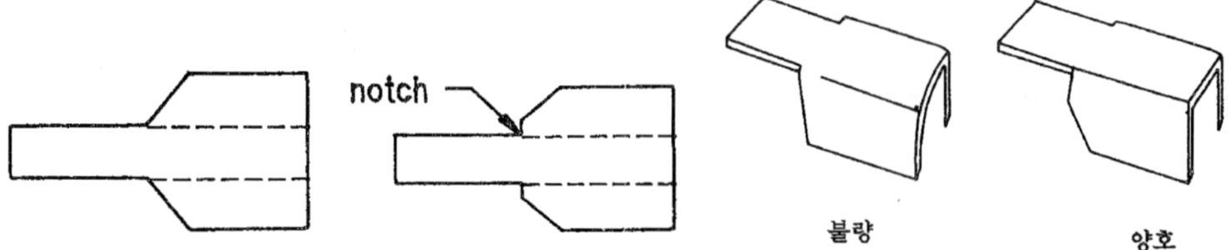

⑥ shearing 시 edge 형성

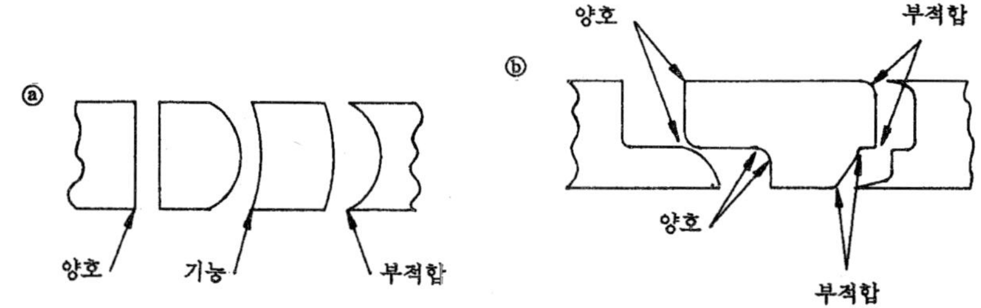

(4) punching & blanking

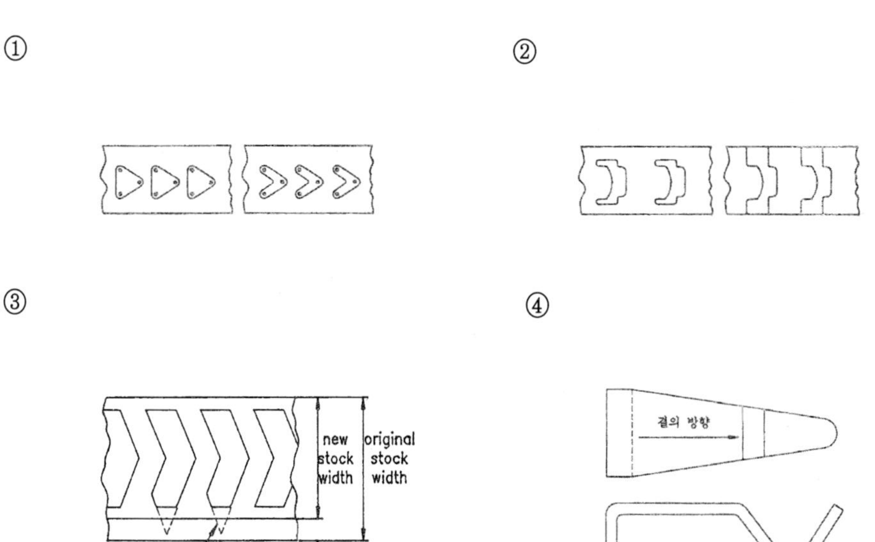

2) 경제적 Press 부품설계 지침

(1) notch

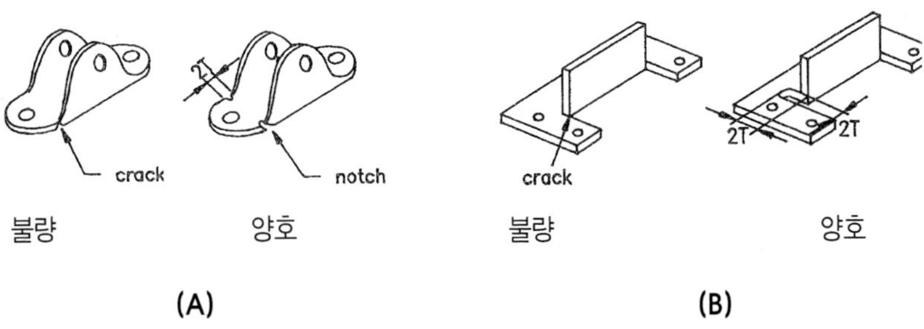

(A) (B)

bending의 외측이 blank의 profile에 평행할 때 bending에 의해 crack이 나타난다. 이것을 방지하기 위해 notch를 blanking 시에 넣는다.

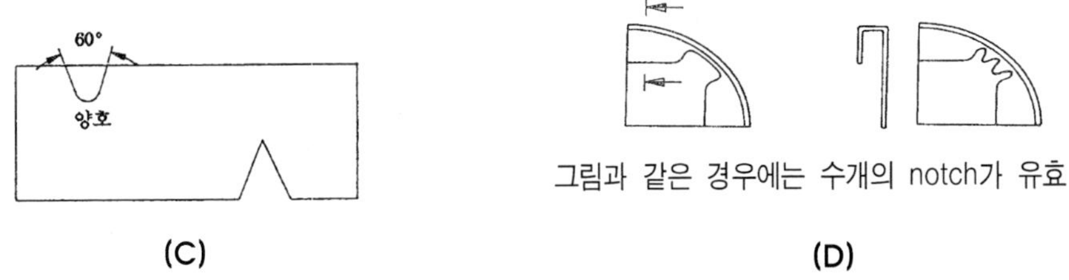

그림과 같은 경우에는 수개의 notch가 유효

(C) (D)

notch의 모퉁이 R은 될 수 있는 한 큰 것이 바람직하다. 최소 R은 판 두께의 2배, 각도=60°

(2) 보강 rib

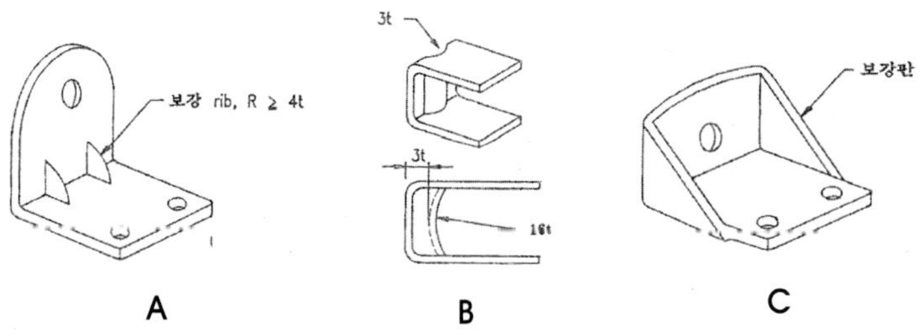

A B C

① bending부에 수개의 rib를 붙이는 것에 의해 전체의 강도를 100~200% 향상시킬 수 있다.

② U bending의 경우에는 설계 가능하면 rib를 접속한다.

③ 특수 drawing & bending에 의해 보강판을 성형, 강화한다.

3) notch가 충격치에 미치는 영향

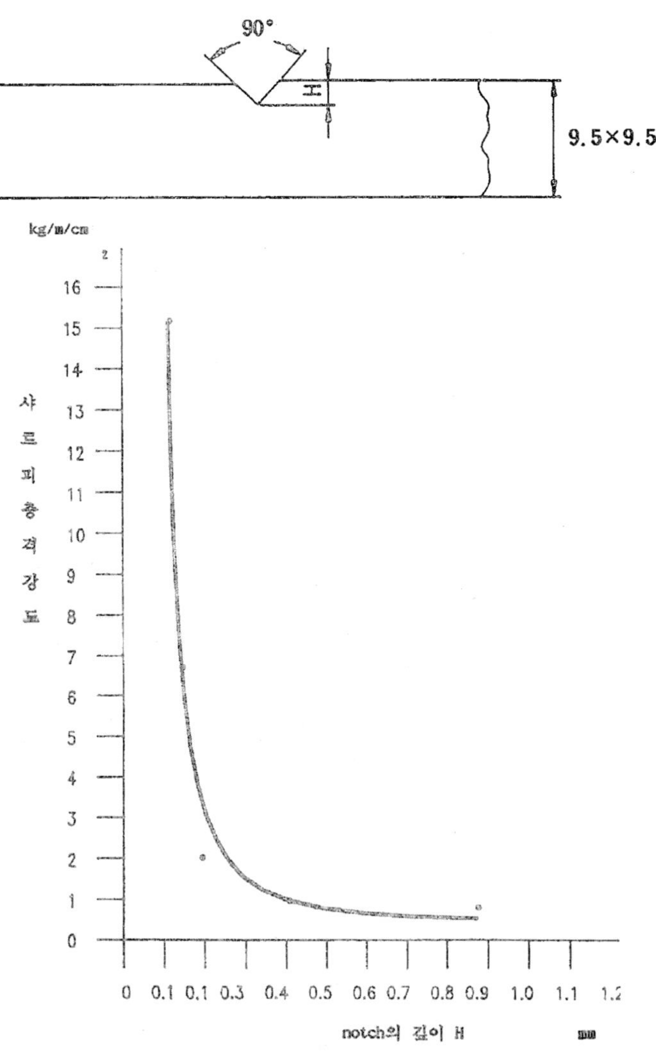

4) notching 금형

(1) cutting die

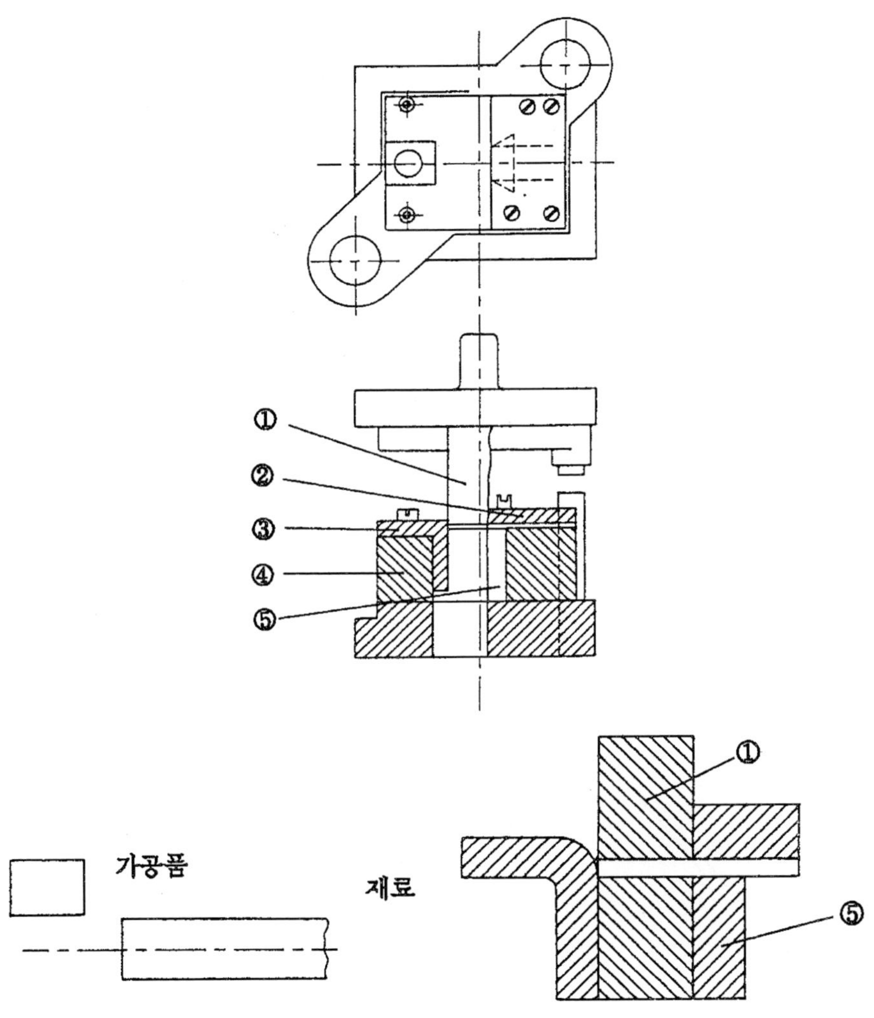

(2) notching die

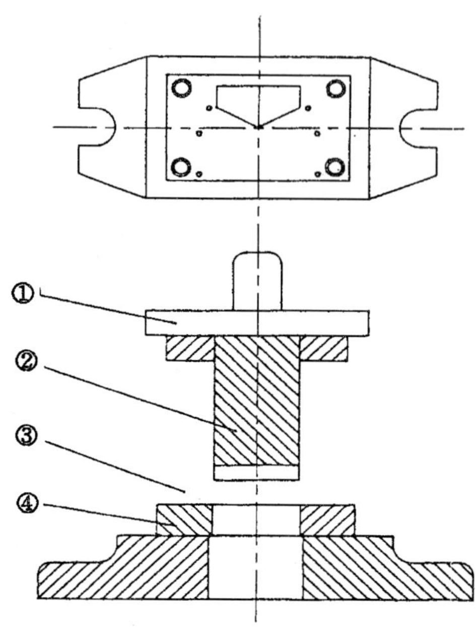

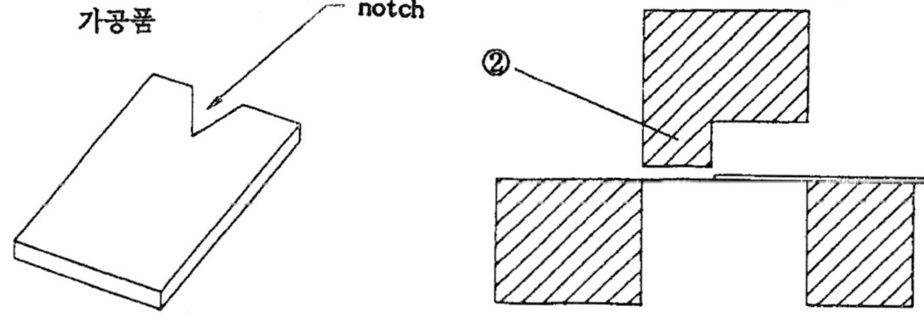

5) notch 폭과 깊이가 충격치에 미치는 영향

(1) notch 폭의 영향

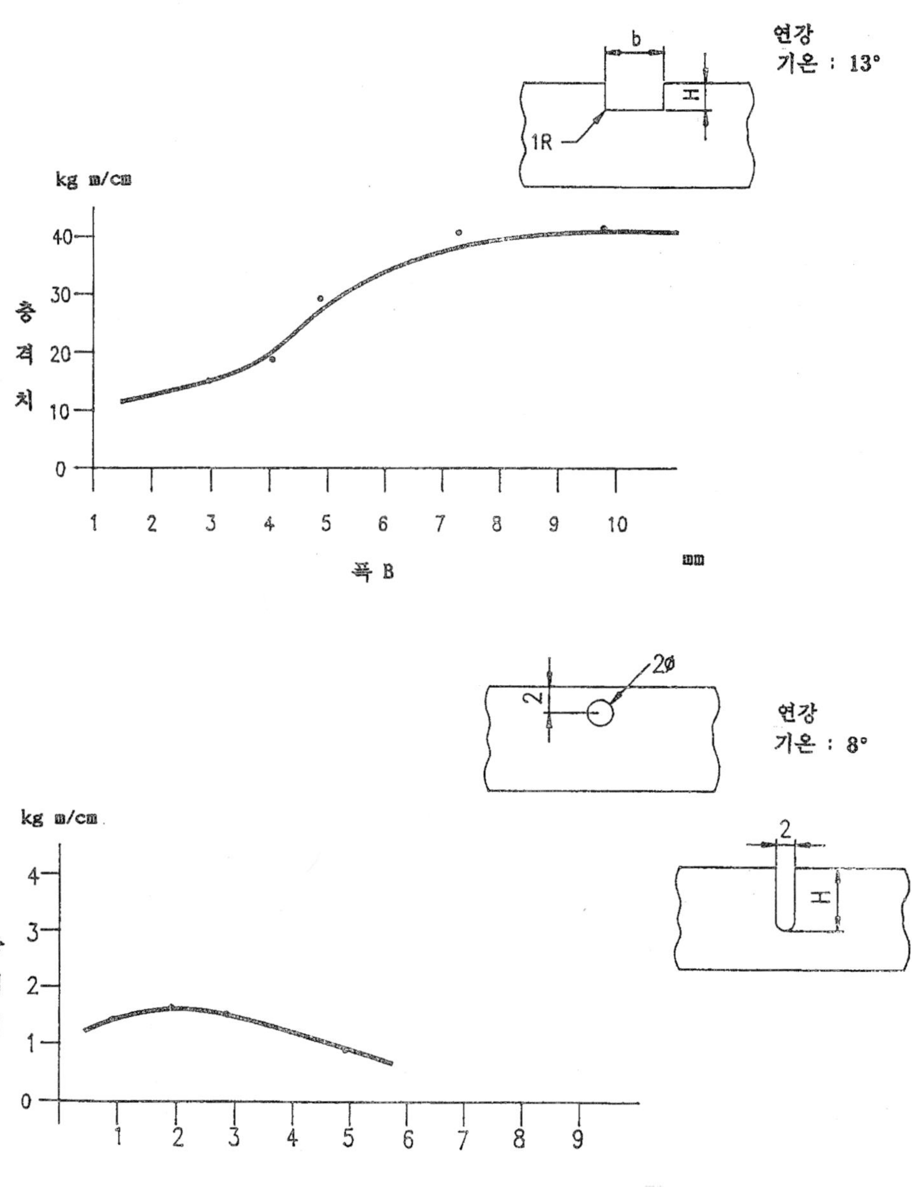

6. Beading 부품설계

1) bending 전개 길이 계산법

(1) 중립면 기준법

bending 반경이 판 두께의 5배 또는 5배 이상이 되면 bending된 곳의 판 두께는 변화가 없다. 즉, 늘어남이 거의 없다. 다시 말해서 bending 가공이 종료된 때의 중립면은 판 두께의 중심선상에 있다고 생각되는 경우의 계산법이다.

이 경우의 계산식은 그림 32에 있어서 다음과 같이 된다.

$$L = a + x + b \qquad (1)$$

위 식에서 a 및 b는 전혀 변화가 없고 직선이기 때문에 간단히 계산된다. 남은 원호부의 전개길이 x가 문제인데 이 x는 일반수학으로 간단히 구해진다. 다시 말해서 중립면을 완전한 원으로 가정할 때 그 원의 전주 길이는 다음과 같다.

$$\text{전주 길이} = 2\pi(R + t/2)$$

이 전주 길이에 상당하는 각도는 360도이므로 구하려는 x에 대한 각도를 α라 하면 다음 식이 성립한다.

$$X = \frac{a^{\circ}}{360} \cdot -2\pi(R + t/2) \qquad (2)$$

$$\therefore L = a + \frac{a^{\circ}}{360^{\circ}} \circ 2\pi(R + t/2) + b \qquad (3)$$

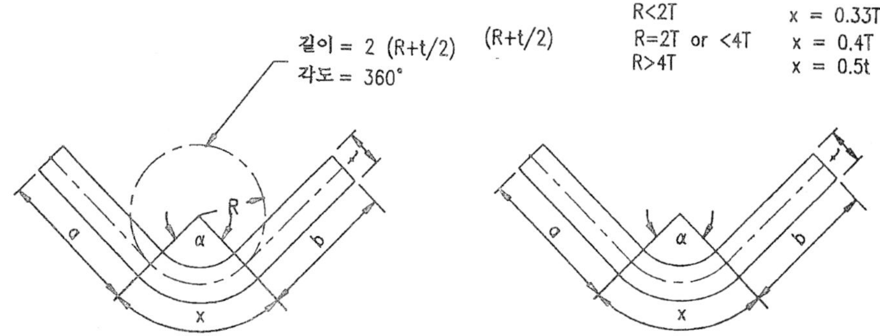

(2) 계산법 직변 부분과 굽힘 부분으로 구분하여 중립면 길이의 합으로 구하는 법.

$$L = a + b + \frac{2\pi a \cdot}{360}(R + \lambda t)$$

굽힘 형식	R/t	λ
V굽힘	0.5 이하	0.2
	0.5~1.5	0.3
	1.5~3.0	0.33
	3~5	0.4
	5 이상	0.5
U굽힘	0.5 이하	0.25~0.3
	0.5~1.5	0.33
	1.5~5.0	0.4
	5 이상	0.5

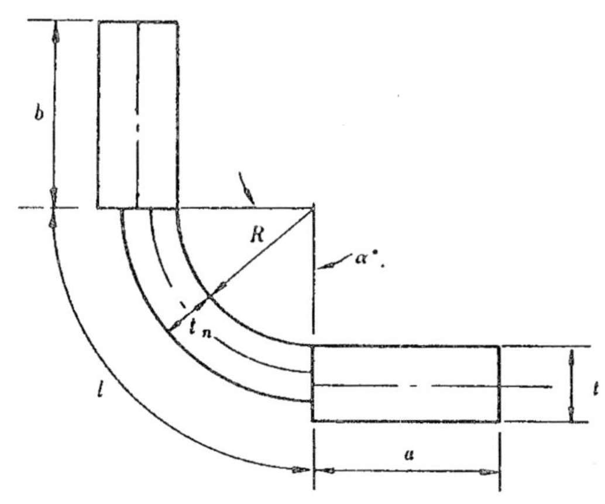

R/t	0.1	0.25	0.5	1.0	2.0	3.0	4.0
λ	0.32	0.35	0.38	0.42	0.455	0.47	0.475

2) 일반각을 갖는 bending의 전개 길이

(1) 다음의 t의 계산 값들은 신축이 없어진다고 생각되는 소재 중심선에서 구해진 값들이며 90도로 bending할 때와 비슷한 조건하에서 구해진 값들이다.

(2) 전개 길이 L = a + b + π(r + x. t) α / 180

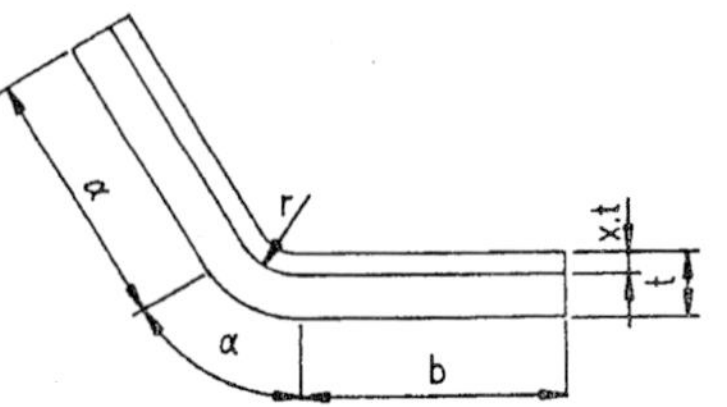

6-2-1 연강 및 황동 판재의 x의 값

(단위 ㎜)

표1		0.5 판 두께 t													
		0.2	0.3	0.4	0.8	1	1.2	1.5	1.8	2	2.5	3	4	5	6
bending radius (r)		x의 값													
	0.2	0.12	0.16	0.24	0.29	0.30	0.31	0.32	0.33	0.33	0.34	0.35	0.36	0.36	0.33
	0.3	0.13	0.17	0.25	0.29	0.30	0.31	0.32	0.33	0.33	0.34	0.35	0.36	0.36	0.34
	0.4	0.13	0.18	0.26	0.30	0.31	0.31	0.32	0.33	0.33	0.35	0.36	0.37	0.36	0.34
	0.5	0.14	0.18	0.26	0.30	0.31	0.32	0.33	0.33	0.34	0.35	0.36	0.37	0.37	0.35
	0.6	0.15	0.18	0.26	0.31	0.32	0.32	0.33	0.34	0.34	0.35	0.36	0.37	0.37	0.35
	0.8	0.16	0.19	0.27	0.31	0.32	0.33	0.33	0.34	0.35	0.36	0.37	0.38	0.38	0.36
	1	0.16	0.20	0.27	0.31	0.32	0.33	0.34	0.34	0.36	0.36	0.38	0.39	0.39	0.37
	1.2	0.17	0.21	0.27	0.31	0.32	0.33	0.34	0.35	0.36	0.37	0.38	0.40	0.39	0.38
	1.6	0.18	0.22	0.28	0.32	0.33	0.34	0.35	0.36	0.37	0.38	0.39	0.41	0.41	0.39
	2	0.19	0.23	0.28	0.32	0.34	0.35	0.36	0.37	0.38	0.39	0.40	0.42	0.42	0.40
	2.5	0.20	0.24	0.28	0.33	0.34	0.36	0.36	0.37	0.38	0.40	0.41	0.43	0.43	0.42
	3		0.24	0.28	0.34	0.35	0.36	0.37	0.38	0.39	0.41	0.42	0.44	0.44	0.43
	4	0.21	0.25	0.29	0.35	0.36	0.37	0.39	0.40	0.41	0.43	0.44	0.46	0.46	0.45
	5	0.22	0.26	0.30	0.36	0.37	0.38	0.40	0.42	0.43	0.45	0.46	0.48	0.48	0.47

6-2-2 경강 판재의 x의 값

(단위㎜)

표2		판 두께 t							
		0.5	0.6	0.8	1	1.2	1.6	2	2.5
	0.2	0.37	0.37	–	–	–	–	–	–
	0.4	0.40	0.41	0.41	0.41	–	–	–	–
	0.5	0.40	0.44	0.44	0.43	0.43	0.43	–	–
	0.5	0.44	0.45	0.45	0.45	0.45	0.43	0.42	–
	0.8	0.45	0.45	0.48	0.47	0.46	0.43	0.41	–
bending radius(r)	1	0.42	0.45	0.48	0.48	0.48	0.47	0.45	0.44
	1.2	0.39	0.44	0.47	0.48	0.49	0.48	0.45	0.44
	1.6	0.36	0.39	0.47	0.47	0.48	0.48	0.46	0.40
	2	0.30	0.30	0.40	0.44	0.45	0.45	0.44	0.43
	2.5	0.23	0.29	0.36	0.38	0.42	0.40	0.41	0.41
	3	0.17	0.20	0.28	0.32	0.34	0.36	0.37	0.38

옆 그림과 같은 제품의 전개장을 구하라(재료는 연강 판재) 표1에서 판재 두께 3㎜와의 교차점에서 x=0.4㎜을 찾는다.

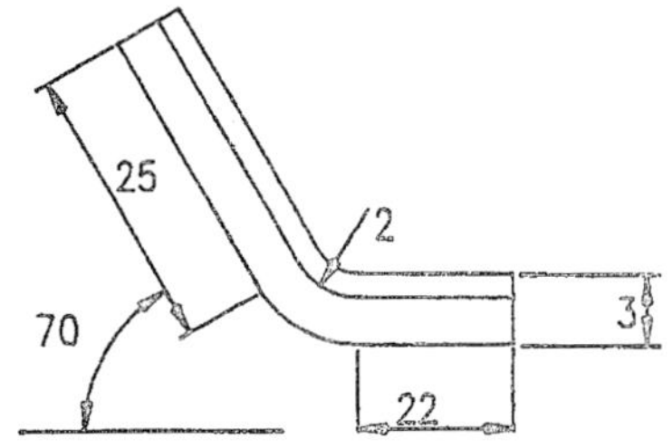

$$L = a + b + \pi(x + x,\ t)\alpha / 180 = 25 + 22 + \pi(2 + 0.4 \times 3) \times 70 / 180 = 22 + 25 + 3.91 = 50.91\text{㎜}$$

3) bending의 전개 길이 계산

(1) 각종 bending의 x값

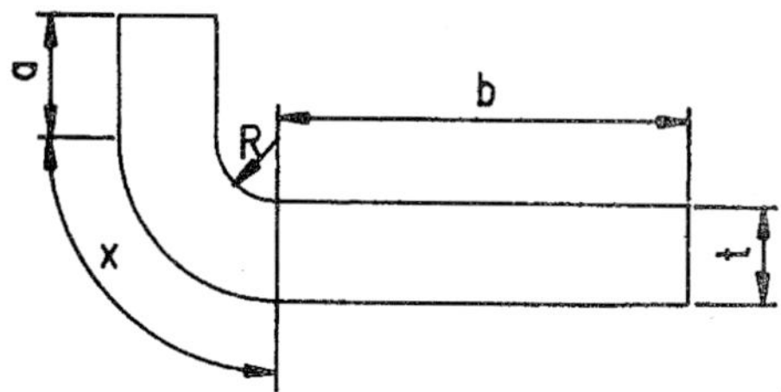

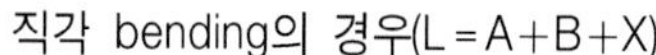
직각 bending의 경우(L=A+B+X)

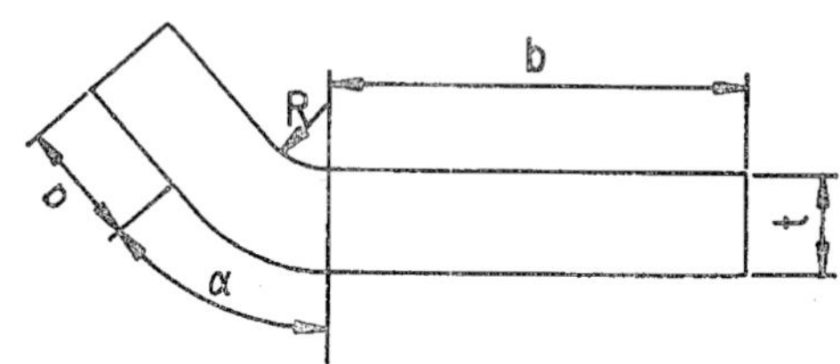

임의 각도 bending(L=A+B+X$^{\alpha}$/90)1

X — 0.5t−1.0t=0.3
X — 1.0t−3.0t=0.4
X — 3.0t− =0.5

R t	0	0.1	0.2	0.3	0.4	0.5	1.0	1.5	2.0	3.0	3.5	4.0	4.5	5.0	5.5	6.0	6.5
0.2	0.10	0.27	0.42	0.58	0.74	0.91	1.70	2.51	3.30	4.87	5.65	6.44	7.22	8.01	8.79	9.56	10.36
0.4	0.19	0.38	0.53	0.69	0.85	1.01	1.82	2.61	3.39	5.02	5.81	6.59	7.38	8.16	8.95	9.73	10.52
0.5	0.24	0.42	0.59	0.75	0.90	1.06	1.85	2.67	3.45	5.10	5.89	6.67	7.46	8.24	9.03	9.81	10.60
0.8	0.39	0.58	0.75	0.91	1.01	1.23	2.01	2.80	3.64	5.21	5.60	6.78	7.69	8.48	9.26	10.05	10.82
1.0	0.49	0.68	0.84	1.02	1.18	1.34	2.12	2.91	3.69	5.34	6.12	6.91	7.77	8.56	9.42	10.21	10.93
1.2	0.58	0.79	0.94	1.13	1.29	1.44	2.23	3.01	3.80	5.46	6.25	7.03	7.82	8.60	9.48	10.77	11.15
1.4	0.68	0.89	1.05	1.24	1.40	1.55	2.34	3.12	3.91	5.59	6.32	7.15	7.94	8.73	9.15	10.36	11.19
1.6	0.78	0.99	1.15	1.31	1.51	1.66	2.45	3.23	4.02	5.61	6.50	7.29	8.02	8.86	9.64	10.43	11.36
2.0	0.97	1.20	1.36	1.52	1.68	1.88	2.67	3.45	4.24	5.81	6.59	7.38	8.32	8.95	9.89	10.68	11.46
2.3	1.12	1.36	1.52	1.68	1.83	1.99	2.83	3.62	4.40	5.92	6.76	7.54	8.33	9.70	10.08	10.88	11.65
2.5	1.22	1.47	1.62	1.78	1.94	2.09	2.94	3.73	4.51	6.08	6.87	7.65	8.44	9.22	10.21	10.89	11.78
2.6	1.27	1.52	1.68	1.83	1.99	2.15	3.00	3.78	4.57	6.14	6.92	7.76	8.49	9.28	10.27	11.05	11.83
3.0	1.46	1.73	1.88	2.04	2.20	2.36	3.22	4.00	4.79	6.36	7.04	7.93	8.71	9.50	10.28	11.07	11.86
3.2	1.56	1.83	1.99	2.15	2.30	2.46	3.33	4.11	4.90	6.47	7.25	8.04	8.82	9.61	10.39	11.18	11.96
3.5	1.70	1.99	2.15	2.30	2.46	2.62	3.50	4.28	5.06	6.63	7.42	8.20	8.79	9.77	10.56	11.34	12.13

(표계속)

R t	0	0.1	0.2	0.3	0.4	0.5	1.0	1.5	2.0	3.0	3.5	4.0	4.5	5.0	5.5	6.0	6.5
4.0	1.95	2.25	2.46	2.56	2.72	2.88	3.77	4.55	5.34	6.91	7.69	8.48	9.26	10.05	10.83	11.62	12.40
4.5	2.19	2.51	2.67	2.83	2.98	3.14	3.93	4.83	5.61	7.18	7.97	8.75	9.54	10.32	11.11	11.89	12.68
5.0	2.43	2.77	2.93	3.09	3.25	3.40	4.19	5.10	5.89	7.46	8.24	9.03	9.81	10.60	11.38	12.17	12.95
6.0	2.92	3.30	3.45	3.61	3.77	3.93	4.71	5.65	6.44	8.01	8.79	9.58	10.36	11.15	11.93	12.75	13.52
8.0	3.89	4.34	4.50	4.66	4.82	4.97	5.76	6.54	7.54	9.11	9.87	10.68	11.46	12.25	13.03	13.82	14.66
9.0	4.38	4.87	5.02	5.18	5.34	5.50	6.28	7.07	8.09	9.66	10.44	11.23	12.05	12.82	13.58	14.37	15.15
10.0	4.89	5.39	5.55	5.70	5.86	6.02	6.80	7.59	8.64	10.21	10.99	11.78	12.56	13.35	14.13	14.32	15.76

4) L-bending의 전개 길이 계산

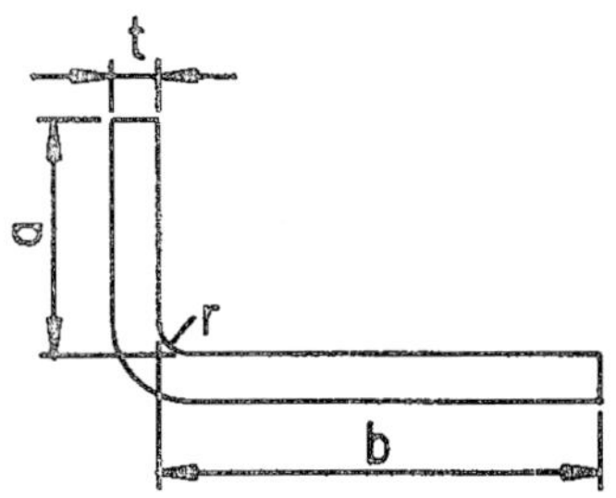

(1) 연강판 및 황동판의 bending 여유

다음 값들은 bending 시험을 통하여 확인된 값들이다.
전개 길이 L=(a+b)+bending 여유

두께에 의한 radius		+값←	→−값			판 두께 t									
		0.2	0.3	0.5	0.8	1	1.2	1.5	1.8	2	2.5	3	4	5	6
bending radius(r)	0.2	0.05	0.01	0.10	0.27	0.39	0.50	0.61	0.84	0.94	1.23	1.55	2.17	2.72	3.06
	0.3	0.09	0.05	0.07	0.23	0.35	0.46	0.63	0.80	0.81	1.22	1.53	2.16	2.71	3.05
	0.4	0.13	0.09	0.03	0.20	0.31	0.42	0.60	0.71	0.88	1.20	1.50	2.14	2.20	3.04
	0.5	0.17	0.13	0.01	0.16	0.27	0.39	0.56	0.74	0.85	1.17	1.48	2.11	2.68	3.04
	0.8	0.21	0.17	0.05	0.13	0.24	0.35	0.53	0.70	0.82	1.12	1.44	2.07	2.66	3.04
	0.6	0.29	0.25	0.13	0.05	0.16	0.27	0.44	0.62	0.76	1.07	1.38	2.04	2.64	3.09
	1	0.38	0.34	0.22	0.44	0.08	0.19	0.36	0.55	0.62	0.98	1.32	2.02	2.61	3.01
	1.2	0.46	0.42	0.30	0.12	0.01	0.11	0.29	0.48	0.62	0.94	1.27	1.98	2.55	2.99
	1.6	0.63	0.58	0.47	0.28	0.17	0.05	0.14	0.34	0.47	0.80	1.16	1.58	2.48	2.96
	2	0.81	0.75	0.64	0.46	0.34	0.22	0.03	0.19	0.32	0.60	1.02	1.78	2.41	2.90
	2.5	1.02	1.18	1.07	0.66	0.54	0.42	0.23	0.01	0.12	0.50	0.88	1.62	2.30	2.83
	3	1.23	1.18	1.49	0.87	0.35	0.61	0.42	0.21	0.07	0.30	0.69	1.48	2.16	2.05
	4	1.65	1.60	1.49	0.28	1.36	1.02	0.80	0.59	0.44	0.04	0.35	1.17	1.90	2.51
	5	2.08	2.63	1.91	1.70	1.57	1.44	1.21	0.97	0.80	0.39	0.00	0.87	1.62	2.28

소재 두께가 1㎜ 이상이고 bending radius가 5㎜ 이상인 것은 따로 정하는 부표 2의 A를 참조

(2) 경강 판재의 bending 여유

① 굵은 선을 기준으로 좌측은 −값, 우측은 +값을 표시한다.

뚜께의 의한 radius		판 두께 t							
		0.5	0.6	0.8	1	1.2	1.5	2	2.5
bending radius (r)	0.2	0.20	0.26	−	−	−	−	−	−
	0.4	0.14	0.22	0.35	0.47	−	−	−	−
	0.5	0.12	0.19	0.33	0.46	0.59	0.78	−	−
	0.6	0.08	0.16	0.31	0.85	0.57	0.26	1.06	−
	0.8	0.01	0.08	0.26	0.40	0.53	1.03	1.03	1.32
	1	0.01	0.01	0.17	0.32	0.47	0.68	0.98	1.29
	1.2	0.21	0.10	0.08	0.24	0.41	0.81	0.91	1.23
	1.6	0.42	0.32	0.13	0.05	0.22	0.44	0.75	1.04
	2	0.63	0.53	0.36	0.17	0.02	0.19	0.50	0.82
	2.5	0.90	0.81	0.63	0.48	0.30	0.14	0.01	0.52
	3	1.16	1.08	0.44	0.79	0.15	0.44	0.12	0.20

다음 그림과 같은 연강판의 전개 길이를 구하라.

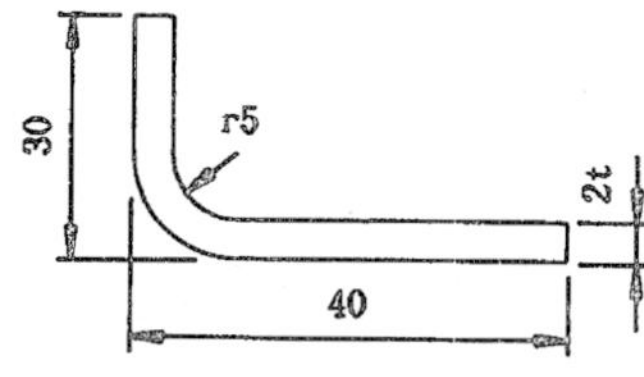

전개 길이=(28+38)−0.8=65.2

5) u−bending 전개 길이 계산

(1) 연강 및 황동판의 bending 여유 (α)

① 계단식 굵은 선을 기준으로 좌측은 −, 우측은 + 값을 표시한다.

② 전개 길이=(a+b+c)+bending 여유 (α)×2

표1		판 두께 t													
		0.2	0.3	0.5	0.8	1	1.2	1.5	1.8	2	2.5	3	4	5	6
bending radius (r)	0.2	0.06	0.03	0.05	0.18	0.28	0.37	0.63	0.68	0.29	1.07	1.31	1.92	2.32	2.72
	0.3	0.09	0.06	0.01	0.15	0.25	0.34	0.51	0.66	0.78	1.05	1.35	1.90	2.32	2.72
	0.4	0.13	0.10	0.01	0.13	0.22	0.32	0.49	0.65	0.79	1.04	1.32	1.88	2.32	2.72
	0.5	0.17	0.13	0.04	0.10	0.17	0.31	0.47	0.63	0.74	1.02	1.30	1.86	2.31	2.71
	0.6	0.20	0.16	0.08	0.07	0.17	0.27	0.45	0.62	0.31	1.00	1.37	1.84	2.31	2.70
	0.8	0.27	0.23	0.14	0.01	0.11	0.22	0.39	0.56	0.66	0.95	1.23	1.29	2.28	2.68
	1	0.34	0.30	0.20	0.05	0.05	0.16	0.32	0.50	0.65	0.90	1.17	1.24	2.25	2.66
	1.2	0.42	0.27	0.26	0.12	0.02	0.10	0.26	0.44	0.55	0.84	1.14	1.68	2.22	2.63
	1.4	0.58	0.53	0.41	0.26	0.15	0.04	0.12	0.30	0.41	0.72	1.01	1.53	2.14	2.56
	2	0.73	0.67	0.55	0.38	0.28	0.18	0.01	0.16	0.27	0.60	0.89	1.46	2.04	2.49
	2.5	0.94	0.87	0.74	0.57	0.46	0.36	0.18	0.02	0.09	0.42	0.72	1.31	1.91	2.32
	3	1.14	1.07	0.94	0.75	0.35	0.54	0.37	0.21	0.10	0.24	0.65	1.15	1.77	2.20
	4	1.53	1.49	1.42	1.15	1.04	0.93	0.35	0.57	0.46	0.15	0.16	0.76	1.42	2.86
	5	1.99	1.91	1.84	1.53	1.42	1.32	1.16	1.00	0.86	0.57	0.36	0.41	0.98	1.51

소재 두께가 6㎜ 이상이며 bending radius가 5㎜ 이상인 것은 따로 정하는 부표2에서 구한다.

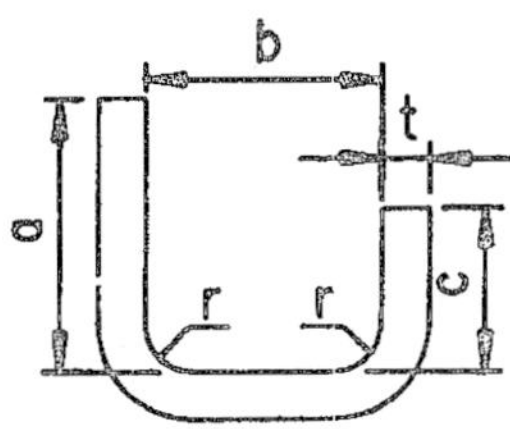

(2) 경강판재의 bending 여유(α)

표2		판 두께 t							
		0.5	0.6	0.8	1	1.2	1.5	2	2.5
	0.2	0.24	0.28	0.36	–	–	–	–	–
	0.4	0.21	0.25	0.34	0.45	0.55	–	–	–
	0.5	0.18	0.23	0.32	0.42	0.52	0.63	0.83	1.03
	0.6	0.13	0.20	0.29	0.39	0.48	0.62	0.81	1.02
	0.8	0.05	0.12	0.22	0.35	0.41	0.52	0.71	0.98
	1	0.04	0.04	0.13	0.23	0.33	0.47	0.71	0.94
	1.2	0.2	0.05	0.05	0.15	0.25	0.40	0.65	0.89
	1.6	0.30	0.23	0.13	0.22	0.09	0.24	0.50	0.79
	2	0.48	0.02	0.31	0.20	0.09	0.06	0.30	0.61
	2.3	0.71	0.66	0.56	0.45	0.34	0.19	0.04	0.31
	3	0.98	0.92	0.62	0.73	0.46	0.46	0.23	0.0

표3		k값
판 두께	≦0.8	0.1
	〉0.8	0.15

k: 연신을 고려하였을 때 제외해야 할 값(b형 bending die를 사용할 때)

(3) 연산을 고려할 때

① 소재는 bending 구역 내에서 bending되는 순간 연신된다. 연산은 표 3과 같다. 이 연산 길이는 설계자가 특별히 고려해야 되며 연산 길이는 사용할 그 형에 크게 좌우 된다.

bending금형 a형 사용 시: $L=a+b+c+2\alpha$(α: bending 여유)

b형 사용 시: $L=a+b+c+2\alpha-2k$(k: 연산 길이)

(4) 전개 길이 계산식

$L=(l_1+l_2+\cdots\cdots l_n)-\{(n-1)C\}$

$n-1$……굽힘 개소의 수

C……신전 고정 개소

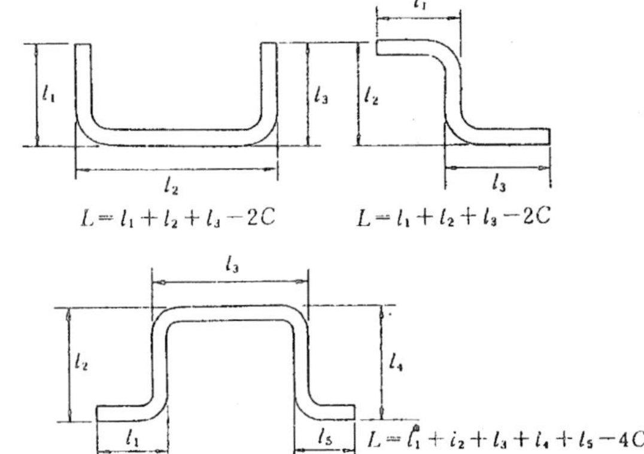

판 두께	1.0	1.2	1.6	2.0	2.3	3.2
C	1.5	1.8	2.5	3.0	3.5	5.0

6) 특수 u-bending의 전개 길이 계산

(1) 연강 및 황동판재

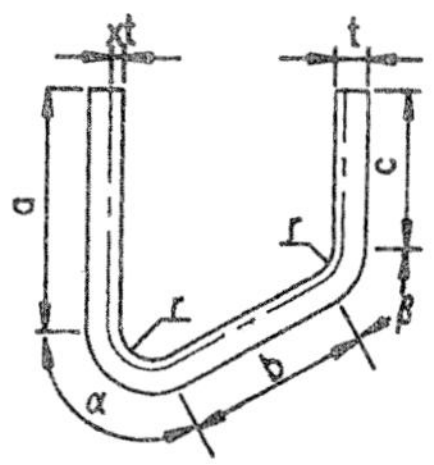

① 다음 x의 값은 신축성이 없다고 생각되는 소재 중심부에서 구해진 값들이나 일반 u-bending 때와 비슷한 조건하에서 취해진 값들이다.

② 전개길이 $L=a+b+c\dfrac{n(r+xt)(\alpha+\beta)}{180}$

표1		판 두께 t													
		0.2	0.3	0.5	0.8	1	1.2	1.5	1.8	2	2.5	3	4	5	6
		x의 값													
bending radius r	0.2	0.09	0.12	0.17	0.21	0.23	0.24	0.26	0.27	0.28	0.29	0.31	0.32	0.31	0.30
	0.3	0.12	0.14	0.18	0.22	0.24	0.25	0.27	0.28	0.29	0.30	0.31	0.32	0.31	0.30
	0.4	0.13	0.16	0.20	0.24	0.25	0.26	0.28	0.29	0.30	0.31	0.32	0.33	0.32	0.31
	0.5	0.15	0.18	0.22	0.25	0.26	0.28	0.29	0.30	0.35	0.31	0.32	0.33	0.32	0.31
	0.6	0.18	0.20	0.23	0.29	0.27	0.28	0.30	0.31	0.31	0.32	0.33	0.34	0.33	0.31
	0.8	0.23	0.24	0.26	0.28	0.29	0.30	0.31	0.32	0.32	0.33	0.33	0.34	0.33	0.32
	1	0.26	0.27	0.29	0.30	0.30	0.31	0.32	0.33	0.33	0.34	0.34	0.35	0.34	0.33

표1		판 두께 t													
		0.2	0.3	0.5	0.8	1	1.2	1.5	1.8	2	2.5	3	4	5	6
		x의 값													
bending radius r	1.2	0.30	0.31	0.32	0.32	0.32	0.33	0.33	0.34	0.34	0.34	0.35	0.35	0.35	0.33
	1.6	0.36	0.36	0.36	0.35	0.35	0.34	0.34	0.35	0.35	0.36	0.36	0.36	0.36	0.34
	2	0.41	0.41	0.40	0.38	0.37	0.36	0.36	0.36	0.36	0.37	0.37	0.37	0.37	0.35
	2.5	0.45	0.45	0.43	0.41	0.39	0.38	0.38	0.37	0.37	0.38	0.38	0.38	0.38	0.36
	3	0.47	0.47	0.45	0.43	0.41	0.40	0.39	0.38	0.38	0.39	0.39	0.39	0.39	0.37
	4	0.49	0.47	0.48	0.46	0.44	0.42	0.40	0.40	0.40	0.40	0.40	0.40	0.40	0.38
	5	0.50	0.50	0.49	0.40	0.46	0.44	0.42	0.41	0.41	0.40	0.40	0.41	0.50	0.39

(2) 경강 판재의 x의 값

표2		판 두께 t							
		0.5	0.6	0.8	1	1.2	1.5	2	2.5
bending radius r	0.2	0.42	0.39	0.36	—	—	—	—	—
	0.4	0.49	0.45	0.39	0.38	—	—	—	—
	0.5	0.52	0.48	0.43	0.41	0.39	0.36	0.34	0.32
	0.6	0.54	0.49	0.14	0.42	0.39	0.37	0.34	0.33
	0.8	0.54	0.49	045	0.42	0.40	0.37	0.35	0.34
	1	0.55	0.50	0.45	0.42	0.40	0.38	0.35	0.35
	1.2	0.52	0.49	0.45	0.42	0.40	0.39	0.37	0.36
	1.6	0.51	0.49	0.45	0.43	0.41	0.40	0.38	0.37
	2	0.49	0.47	0.44	0.42	0.41	0.37	0.37	0.38
	2.5	0.47	0.45	0.41	0.41	0.39	0.38	0.36	0.36
	3	0.40	0.39	0.38	0.36	0.36	0.35	0.34	0.37

옆 그림과 같은 연강판재의 전개 길이를 구하라.

소재 두께 3㎜, bending radius 5 그러므로 α=0.40이다.

L=17+17+π(5+0.4×3)160 / 180=51.3㎜

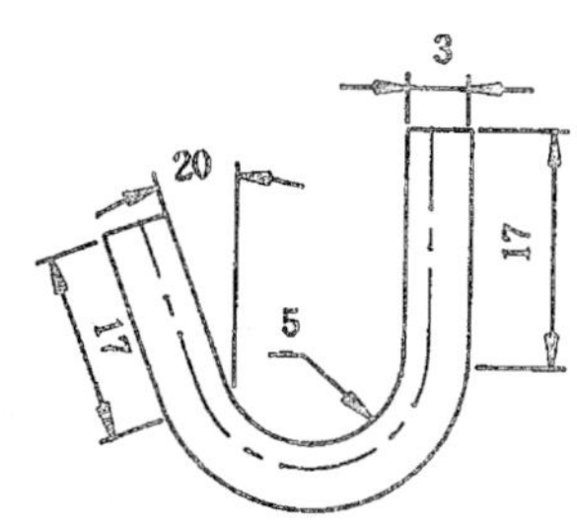

7) 겹친 bending 전개 길이 계산법

다음 표의 값은 일반 연강 판재, 황동 판재 기타 유사한 제품에 적용한다.

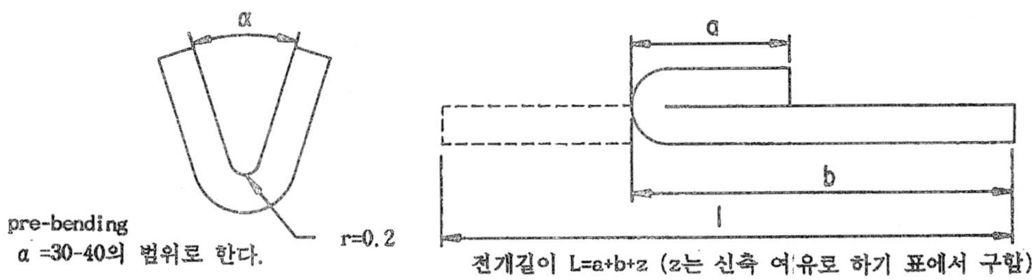

소재두께t	신축여유z
0.1	+0.03
0.2	−0.04
0.3	−0.1
0.4	−0.2
0.5	−0.3
0.6	−0.4
0.7	−0.68
1	−0.98
1.2	−1.28
1.5	−1.80

이 값들은 실제 실험에서 확인된 값 들이다.

8) bending 한도

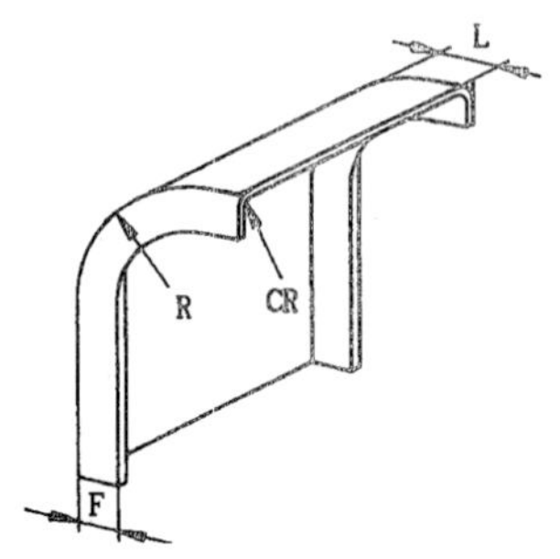

(단위 ㎜)

R	F		CR
rad	min	max	min
0.000	0.0312	0.0312	0.0312
0.125	0.0625	0.0625	0.0312
0.250	0.1250	0.1250	0.0939
0.500	0.2500	0.3750	0.1250
0.750	0.3125	0.4370	0.1670
1.000	0.3750	0.5000	0.2500
1.250	0.4375	0.5620	0.2500
1.500	0.5000	0.6250	0.2500
1.750	0.5625	0.6870	0.3125
2.000	0.6250	0.7500	0.3125
2.250	0.6875	0.8120	0.3750
2.500	0.7500	0.8750	0.3750
2.750	0.8125	0.9370	0.3750
3.000	0.8750	1.0000	0.4062
3.500	0.9375	1.1250	0.4062
4.000	1.0000	1.1870	0.4375
4.500	1.0625	1.2500	0.4375
5.000	1.1250	1.3120	0.4375
5.500	1.1670	1.3750	0.4375
6.000	1.7500	1.4375	0.5000
6.500	1.3225	1.5000	0.500
7.000	1.3750	1.5625	0.5000
7.500	1.4375	1.6250	0.5000
8.000	1.5800	1.6870	0.5000

9) bulge

(1) bulge 수축

두꺼운 판재일 때는 표준의 경우보다 bulge의 높이가 더 크게 나타난다. bending die의 홈이 너무 좁게 설계되었을 때도 이러한 현상이 나타나는데 이것은 bending 입력이 너무 과중하여 이 과중한 힘으로 말미암아 bending 도중 수축부마저 늘어나기 때문이다.

(2) 90° bending의 bulge의 높이

① bending할 소재는 bending 구역 내에 어떤 bulge 현상이 나타난다. 소재 외부의 조직은 내부의 조직이 수축하는 동안 늘어나게 된다. 따라서 이 bending부에서는 bulge 현상으로 원재료 보다 넓게 되어 소재를 가공하기 전 아래 그림처럼 undercutting 하여 주는 것이 좋다.

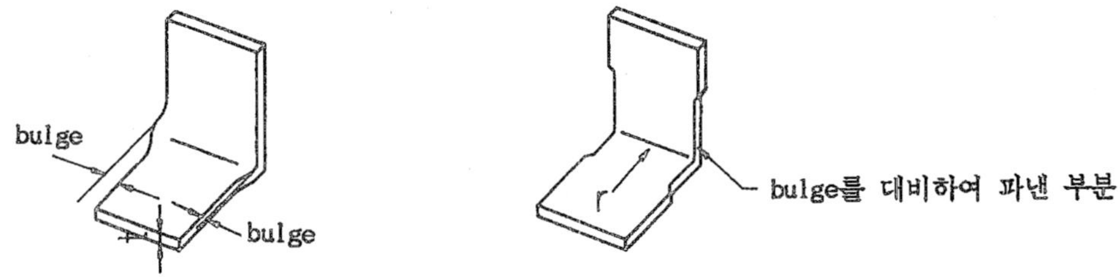

② bulge 현상이 문제가 되는 경우라면 제품은 이 bending 부분에서 bulge가 외부로 튀어나지 않도록 충분히 under cutting 되어져야 한다.

가. bulge의 높이

판 두께 / bending r	0.5	0.8	1.0	1.5	2.0	2.5	3.0
0.2	0.07	0.11	0.15	0.22	0.29	0.37	0.47
0.5	0.06	0.10	0.14	0.21	0.28	0.36	0.45

판 두께 / bending r	0.5	0.8	1.0	1.5	2.0	2.5	3.0
0.75	0.06	0.10	0.13	0.20	0.27	0.35	0.44
1.0	0.06	0.09	0.12	0.19	0.26	0.34	0.43
2.0	0.03	0.06	0.09	0.16	0.23	0.31	0.38
2.5	0.02	0.05	0.07	0.14	0.21	0.29	0.36
3.0	0.01	0.03	0.05	0.12	0.19	0.27	0.34

나. 경강 판재의 경우

판 두께 / bending r	0.5	0.8	1.0	1.5	2.0	2.5
0.2	0.06	0.11	0.14	0.22	0.31	0.39
0.5	0.06	0.10	0.13	0.21	0.30	0.38
0.75	0.06	0.10	0.12	0.20	0.30	0.38
1.0	0.05	0.09	0.12	0.20	0.29	0.38
2.0	0.04	0.07	0.09	0.18	0.26	0.36
2.5	0.03	0.06	0.08	0.16	0.25	0.35

10) bending clearance의 계산

(1) u-bending과 v-bending

① u-bending

② v-bending

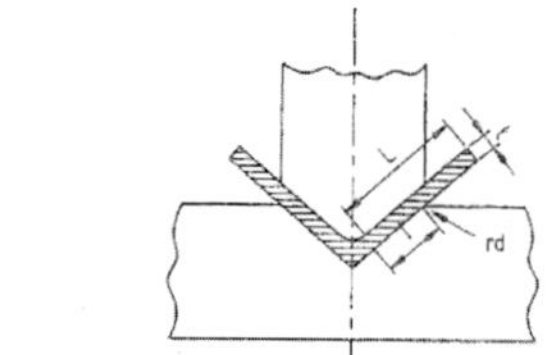

$C = t_{max} + tn$

c : 상하형의 틈새

t : 판두께

tmax : 최대 두께

n : 계수

rd : die의 r

rp : punch의 r

③ L에 대한 t의 관계

L(㎜)	thickness t (㎜)											
	0.5㎜ 이하			0.5~2.0㎜			2.0~4.0㎜			4.0~7.0㎜		
	ℓ	rd	n	ℓ	rd	n	ℓ	rd	n	ℓ	rd	n
10	6	3	0.1	10	3	0.1	10	4	0.08	15	5	0.06
20	8	3	0.1	12	4	0.1	15	5	0.08	20	6	0.06
35	12	4	0.15	15	5	0.1	20	6	0.08	25	8	0.06
50	15	5	0.2	20	6	0.15	25	8	0.1	30	10	0.08
75	20	6	0.2	25	8	0.15	30	10	0.1	35	12	0.1
100	—	—	—	30	10	0.15	35	12	0.1	40	15	0.1
150	—	—	—	35	12	0.2	40	15	0.15	45	20	0.1
200	—	—	—	45	15	0.2	50	20	0.15	50	25	0.1

④ 구멍 위치 및 구멍직경

(A) B의 폭을 최소로 하면 외측 형상이 변형을 받는다.

구멍사이의 간격을 과소로 하면 구멍이 변형된다. piercing의 최소 거리는 판 두께의 0.8배이다.

(B) piercing후 bending을 행 할 경우 구멍의 단으로부터 bend R의 중심선 거리 S는

S≧t 판 두께 1.5배까지

S≧2t 판 두께 1.5배 이상

(C) 절곡선에 근접하고 (B)의 기준을 적용할 수 없는 경우에는 (C)그림과 같이 보조구멍을 구멍에 근접하여 뚫는다. 보조구멍의 단에서 구멍단까지의 거리는 판 두께 이상으로 한다.

(D) 절곡선에 근접하여 비교적 큰 구멍이 필요한 경우에는 (D)그림과 같이 설계 변경하면 bending에 의해 일어나는 구멍의 변형을 방지할 수 있다.

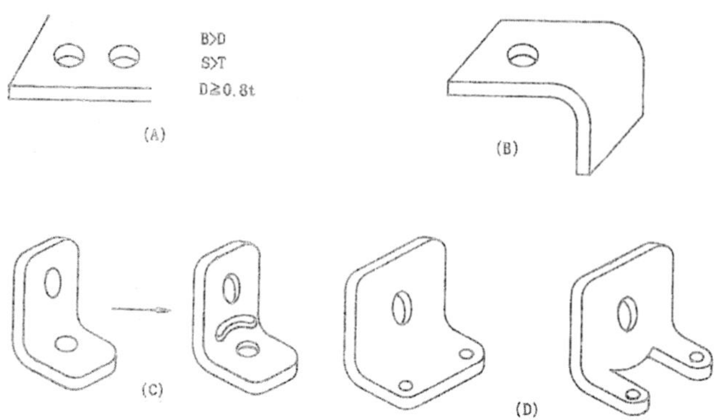

⑤ **flange**

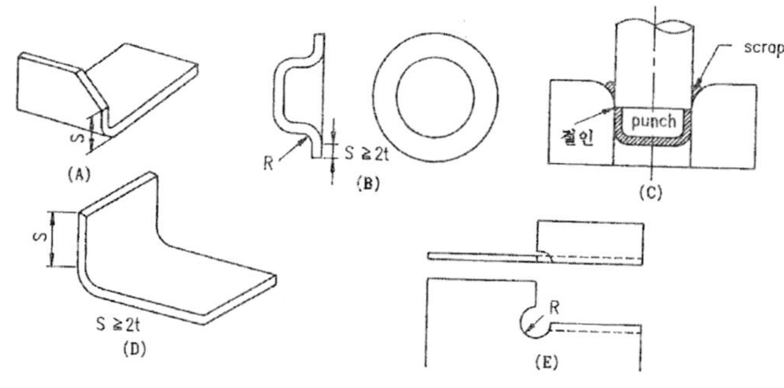

(A) 경사진 flange를 bending할 경우: S≧2t

(B) trimming 공정 때문에 남겨둔 flange의 최소 폭: S≧2t

(C) 끝단 부분은 제품공정과 함께 한 공정으로 마무리 되도록 한다.

(D) 접어서 세우는 짧은 flange에 정확을 기하고자 할 경우 세우는 높이 S는 중심보다 판 두께의 최소 2배로 한다.

(E) 부품의 일부에서 flange를 세우는 경우는 flange의 기초부분에 구멍 및 notch를 넣는다. bending에 의한 crack 및 notch를 피할 수 있다.

(1) 자유 bending의 가공력

Bliss: $P = \dfrac{a^{B}bt}{1.5}\,(1 + \dfrac{t}{2L})$ 삽입

Kents: $P = 0.3bt\,(1 + \dfrac{t}{2L})$ 삽입

Oehler: $P = 0.4\alpha Bb\ t$

Ruhrman: $P = 0.22\alpha Bb\ t$

일반적 식은 $\dfrac{c}{3}$ b t αB (C=1~2로 한다).

(1) P: 가공력

(2) ∝α: 인장강도

(3) b: 판폭

(4) 2L: die 폭

(5) t: 판 두께

이러한 계산식을 써서 p=40kg/㎜ b=100㎜ 2L=50㎜로 하여 여러 가지의 판 두께에 따라 계산한 것이 아래의 그림이다. 그림에서 보는바와 같이 계산식에 따라 수배의 차이가 생기는데 일반적으로는 (5)식을 사용하든가 이러한 식들에 의한 값들의 평균치를 이용한다. c에 의한 2배의 차는 bending 가공력에 의한 허용차로 본다.

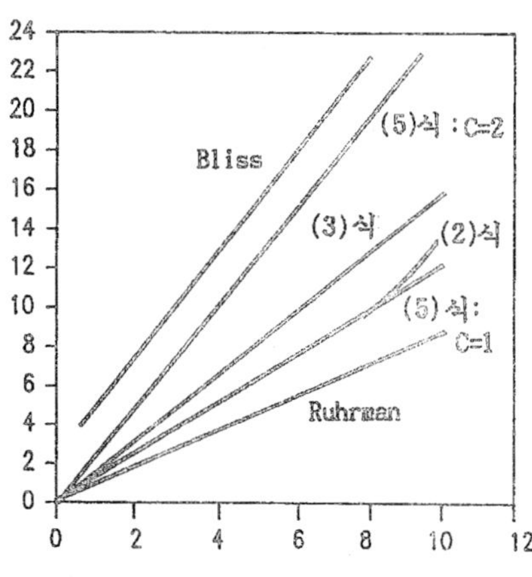

pad가 있는 경우의 bending

P = P1 + P2

P1 = bt

P2 = bt(C = 1~2로 한다).

u-bending 가공력 산출법에 의한 차이

(2) 두꺼운 판재(2.3t 이상)에 의한 bending 한계

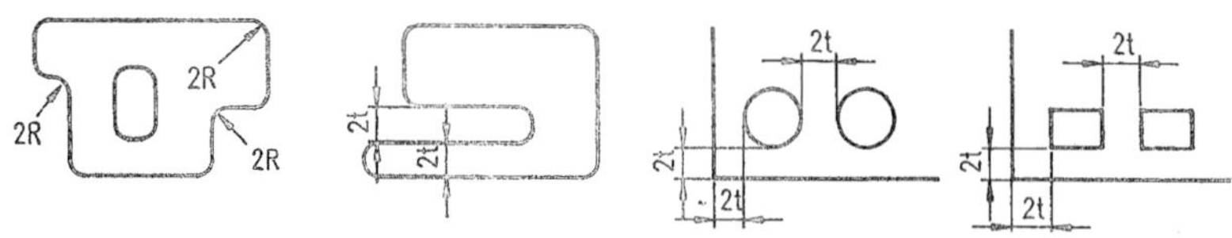

제품설계 단계에서 적절한 설계를 하는 것은 제품의 정도, 금형 수명을 위한 최선의 방법이다. 위의 그림은 putch 가공 제품의 설계단계를 나타낸다. 제품설계상 어떻게 해도 되지 않을 때에는 공정을 2배로 늘이지 않으면 안 된다.

공구에 의한 spring－back 대책의 예

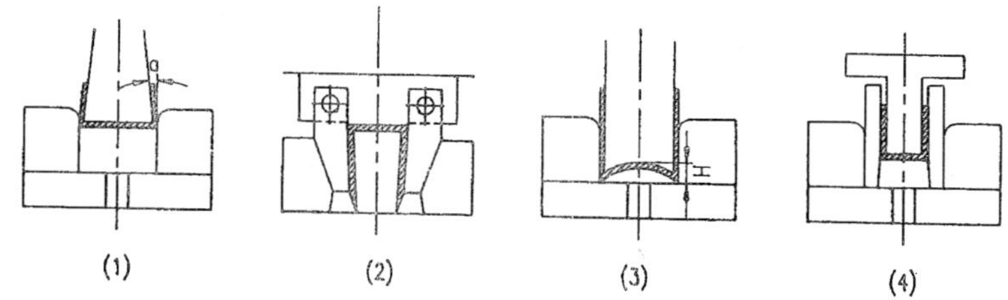

(1) (2) (3) (4)

(1) 일반적으로 안으로 들어간 각 a: 3°
(2) 일반적으로 안으로 들어간 거리 H: 0.1~1.5㎜
(3), (4)는 spring back의 재료 또는 작은 제품의 경우에 많이 사용된다.

(3) spring back

재료에 가해진 bending force가 제거되면 재료의 탄성에 의해 bending각과 bending부의 곡률반경이 증가하는데 이것을 spring back 현상이라고 한다.

spring back의 정도는 기본적으로 각도 A / A1(오른쪽 그림 참조)과 재료의 온도에 영향을 받는다.

spring back 계수 k는 다음과 같이 정의된다.

$$K = \frac{A}{A1} = \frac{R1 + t/2}{R + t/2}$$

여기서 A: 재료의 최종 굽힘 각도, A1: bending foce 인가 중의 굽힘 각도, R: 제품의 곡률반경, R1: die의 곡률반경

가공경화(work－hardening)의 정도, die clerance, 재료의 화학적 조성에 따라 *K*의 값이 커진다.

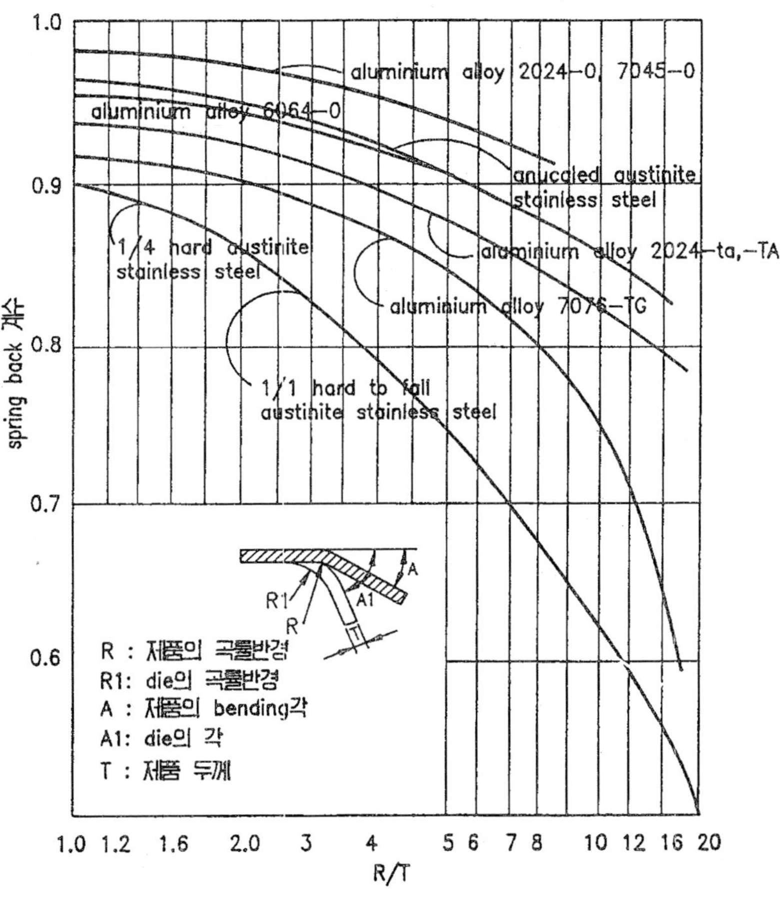

13) bender 기구

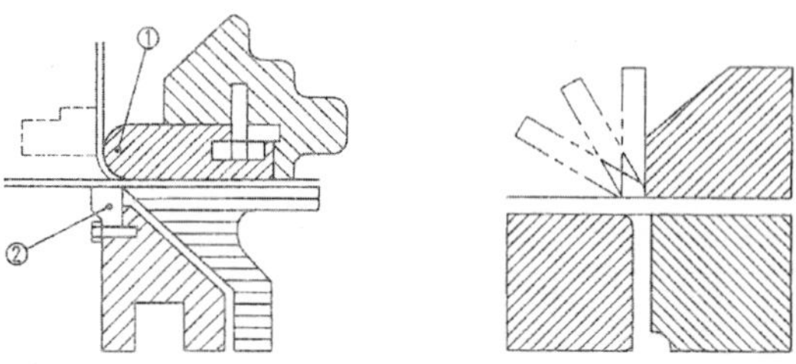

(1) tangent bander 기구

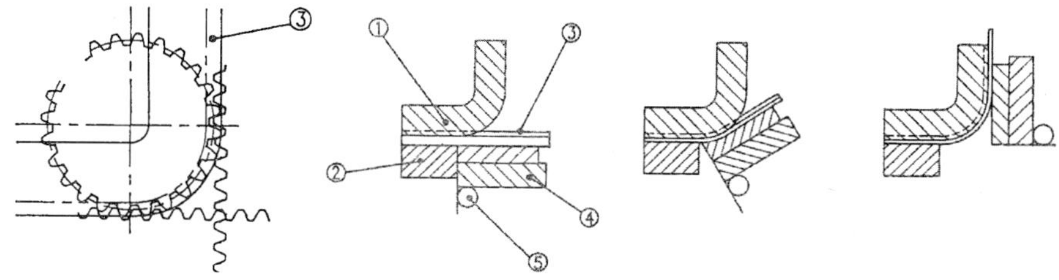

14) press brake에 의한 bending

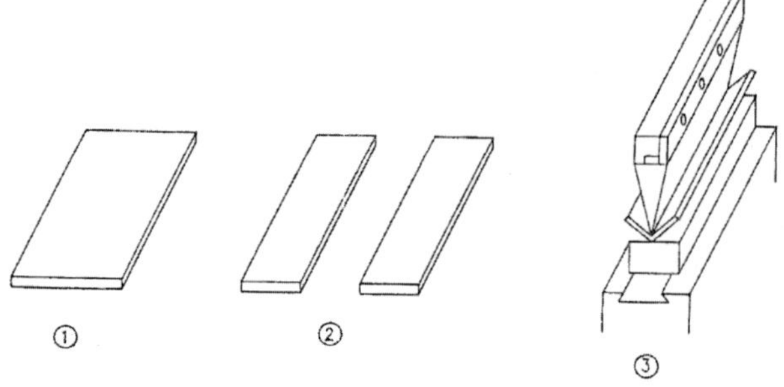

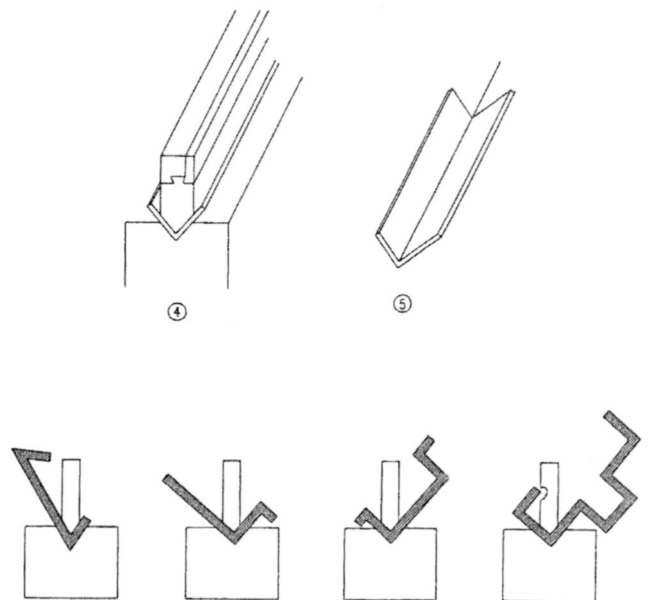

15) bending die

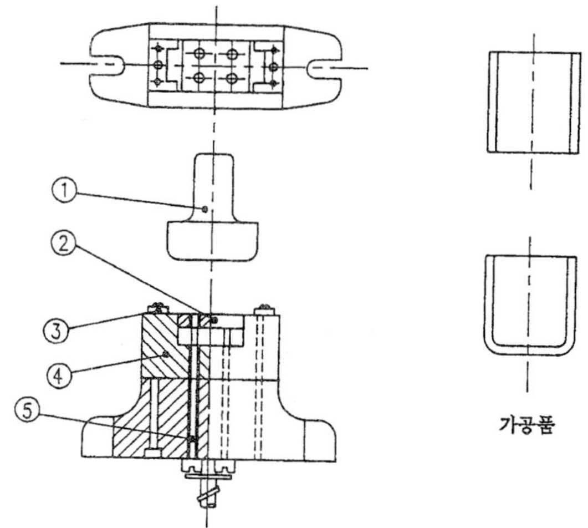

16) cutting & bending die

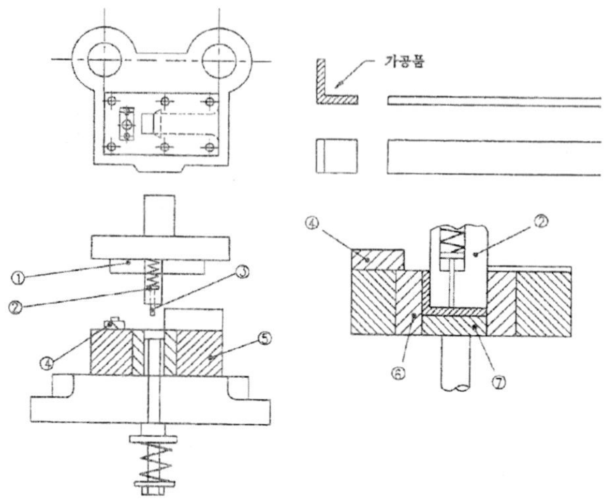

17) V형 bending die

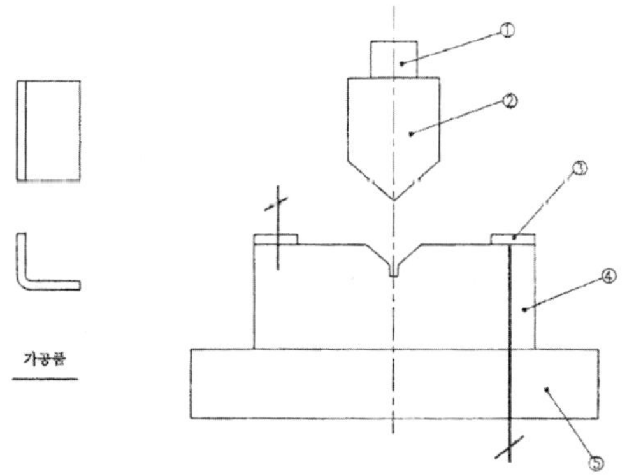

번 호	명 칭	번 호	명 칭
1	샹 크	4	다 이
2	펀 치	5	하홀다
3	게이지 판		

18) U형 bending die

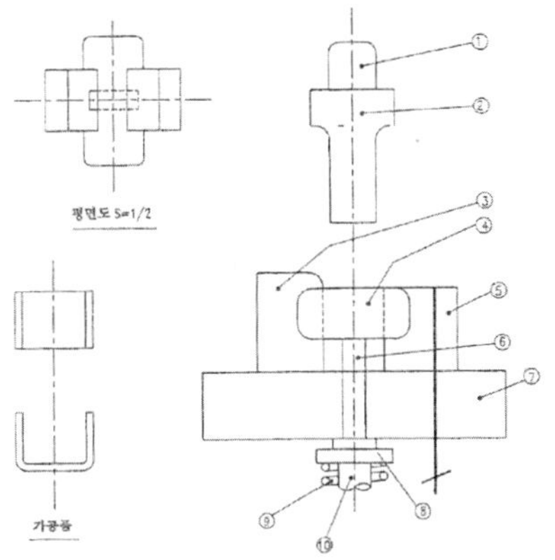

번 호	명 칭	번 호	명 칭
1	샹 크	6	밀 핀
2	펀 치	7	하홀다
3	다이A	8	쿠숀판
4	패 드	9	스프링
5	다이B	10	쿠숀 고정판

19) Z형 bending die

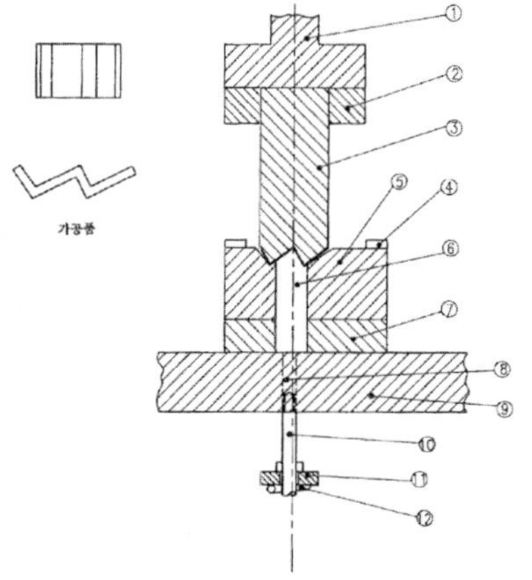

번 호	명 칭	번 호	명 칭
1	상홀다	7	받침판
2	펀치홀다	8	밑 핀
3	펀 치	9	하홀다
4	게이지판	10	쿠숀 고정봉
5	다 이	11	쿠숀판
6	다이판	12	스프링

20) 캠을 설치한 bending die

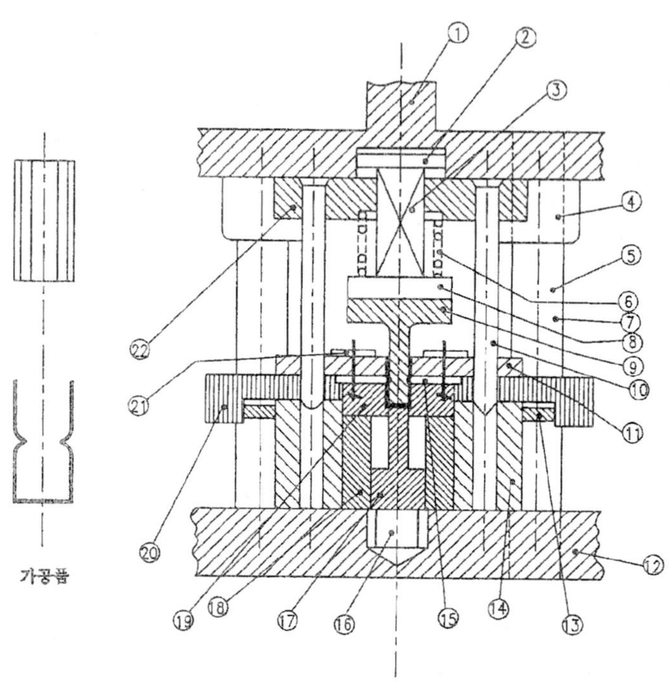

번 호	명 칭	번 호	명 칭
1	상홀다	12	하홀다
2	녹크 아우트 판	13	스프링
3	녹크 아우트 봉	14	다이 고정판
4	가이드 붓싱	15	펀 치
5	가이드 포스트	16	스프링
6	스프링	17	패 드
7	가이드 붓싱	18	다이면 받침
8	펀치 고정판	19	다이B
9	펀 치	20	캠(CAM)
10	캠밀핀	21	게이지판
11	다이A	22	펀치홀다

21) V bending 압력표

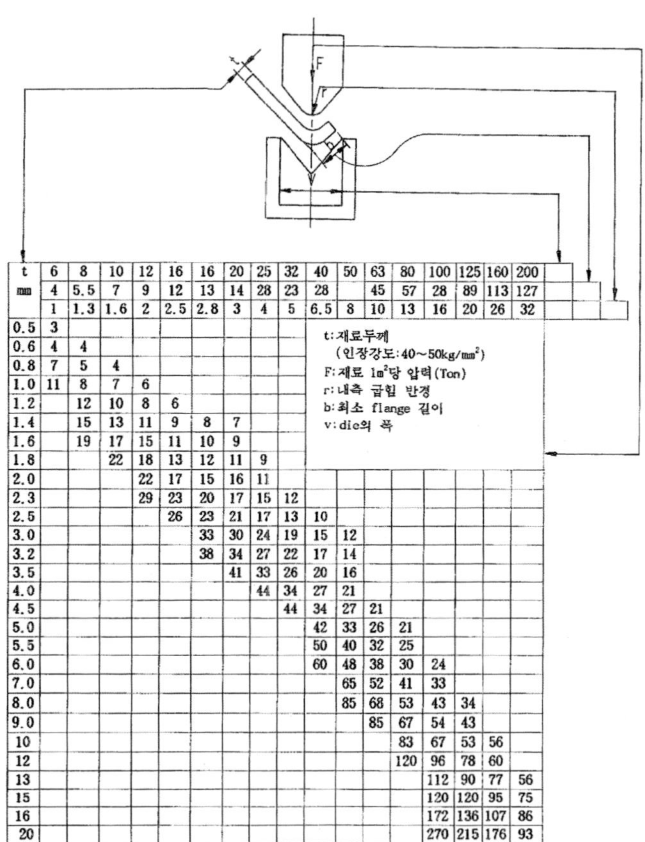

t	6	8	10	12	16	16	20	25	32	40	50	63	80	100	125	160	200
mm	4	5.5	7	9	12	13	14	28	23	28		45	57	28	89	113	127
	1	1.3	1.6	2	2.5	2.8	3	4	5	6.5	8	10	13	16	20	26	32
0.5	3																
0.6	4	4															
0.8	7	5	4														
1.0	11	8	7	6													
1.2		12	10	8	6												
1.4		15	13	11	9	8	7										
1.6		19	17	15	11	10	9										
1.8			22	18	13	12	11	9									
2.0				22	17	15	16	11									
2.3				29	23	20	17	15	12								
2.5					26	23	21	17	13	10							
3.0						33	30	24	19	15	12						
3.2						38	34	27	22	17	14						
3.5							41	33	26	20	16						
4.0								44	34	27	21						
4.5									44	34	27	21					
5.0										42	33	26	21				
5.5										50	40	32	25				
6.0										60	48	38	30	24			
7.0											65	52	41	33			
8.0											85	68	53	43	34		
9.0												85	67	54	43		
10													83	67	53	56	
12													120	96	78	60	
13														112	90	77	56
15														120	120	95	75
16														172	136	107	86
20														270	215	176	93

22) U bending 금형설계

(1) 대개 2급 이상 deep bending일 때 또는 pad가 사용된 bending 금형에는 가능한 한 die cushion용 사용하고, 1급 bending 금형 시에는 담금질된 받침판을 pressure pad로 대용한다.

(2) bending jaw들은 항상 소재의 외형 radius를 성형하게 되므로 담금질이 가능한 소입강을 사용해야 한다.

(3) guide post가 없는 bending die는 펀치가 다이블록편(bending jaw)에 의하여 안

내되어야 하며 펀치는 샹크에 판이나 볼트로 체결한다. 다이블록편의 radius는 최대치를 취하도록 하고 radius 부분은 bending 되는 방향에 따라 lapping한다.

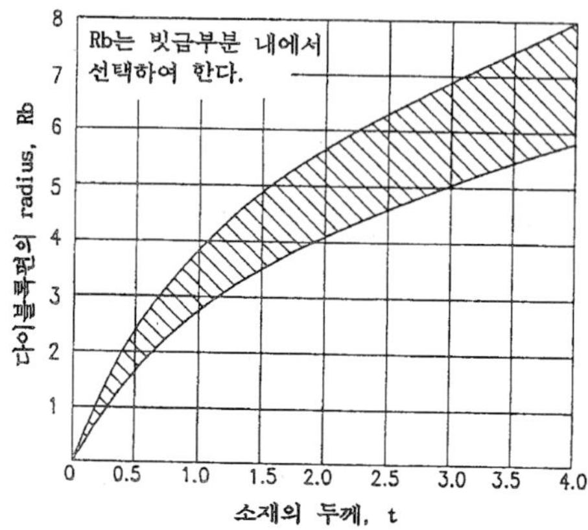

Rb 3t~4t(위 그림 참조)

밑판 행정은 충분한 길이를 갖도록 설계되어야 한다.

행정 Rb+Rst+5t

bending die 자형을 설계할 때에는 펀치를 0.5° 따내고 펀치와 die block과의 간격 a1은 소재의 호칭치수로 설계하며, a2는 호칭치수에 최대공차를 더한 값으로 한다.

U bending 후의 제품이 정확한 각도를 유지해야 한다면, 재료에 따른 spring back을 고려해서 B형으로 설계해야 한다.

Ra Rst+1.2t

C=Rst+1.5t

(4) 자형 bending 금형은 일반적으로 Rst가 문제되지 않을 때, B형 bending 금형은 정확한 Rst가 요구될 때 각각 사용된다.

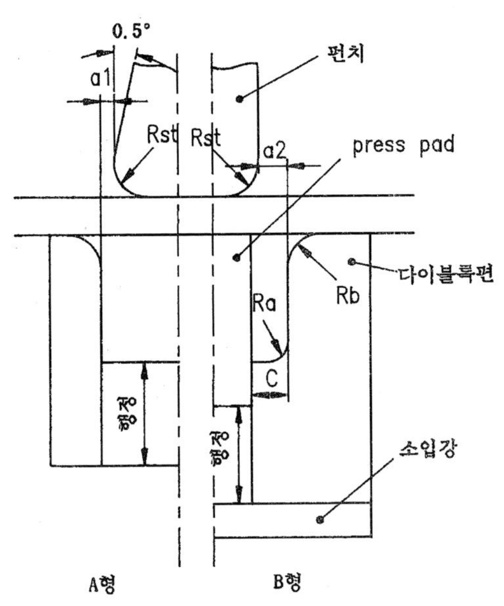

	Rst		
	연 강		황 동
0.1	0.2	--	0.2
0.2	0.3	--	0.2
0.3	0.3	--	0.2
0.4	0.4	--	0.2
0.5	0.4	0.3	0.3
0.6	0.5	0.4	0.3
0.8	0.6	0.5	0.3
1.0	0.7	0.6	0.4
1.2	0.8	0.7	0.5
1.5	1.0	0.8	0.6
2.0	1.4	1.0	0.9
2.5	1.8	1.3	1.3
3.0	2.2	1.8	1.8
4.0	3.0	2.5	2.5

7. Beading 부품설계 및 Die 구조

1) bead

(1) bead는 가능한 한 부품의 flange 방향과 동일 방향이 되도록 해야 한다.

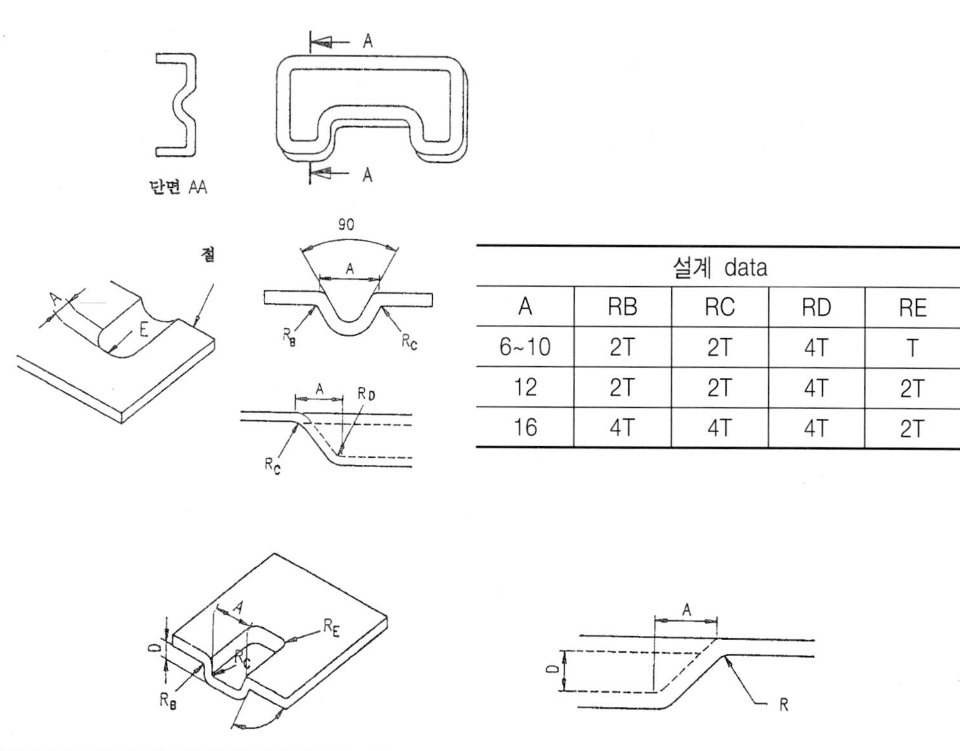

설계 data				
A	RB	RC	RD	RE
6~10	2T	2T	4T	T
12	2T	2T	4T	2T
16	4T	4T	4T	2T

A	D	B	C	E	F	□
12	4	T	T	2T	2T	90°
25	6	3T	2T	4T	4T	120°
38	8	3T	2T	4T	4T	120°

(2) bead의 2가지

(type 1)

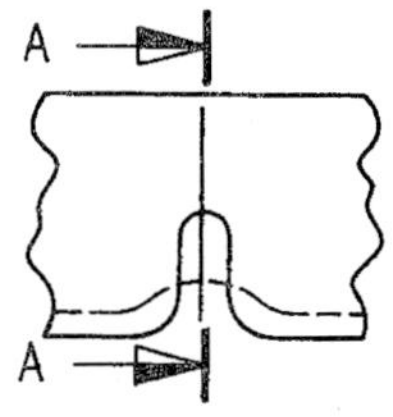

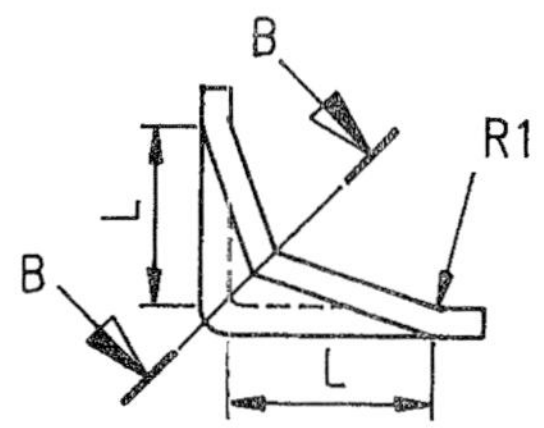

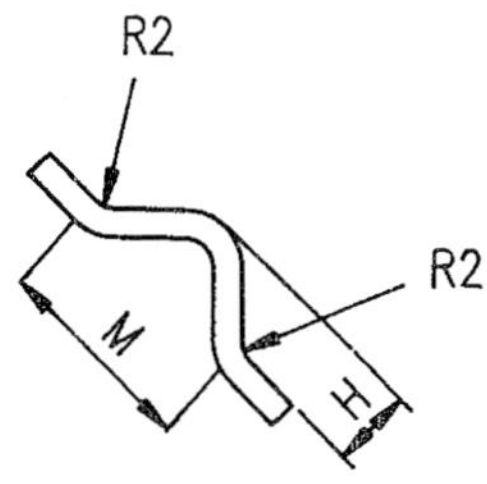

(type 2)

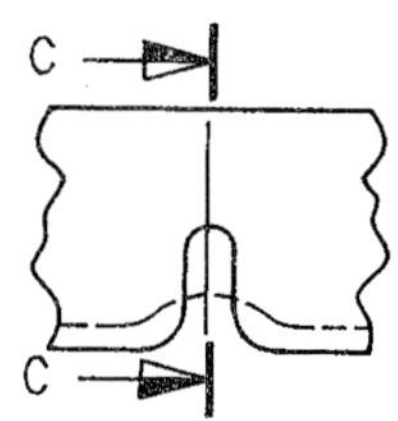

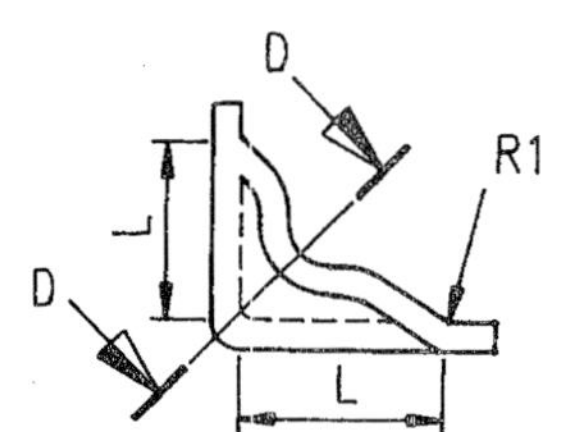

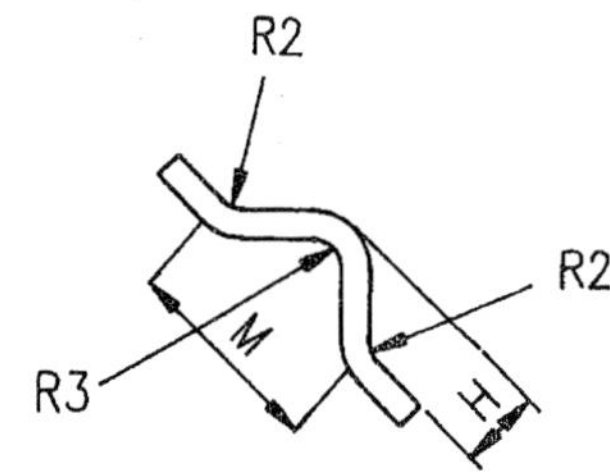

설계 data

size L	type	R1	R2	R3	H	M	각 bead 간격
13	1	17.5	9	4.8	3.2	18	63.5
19	1	7.9	16.3	6.7	5.2	29	76
42.5	2	8.7	22	8.3	6.7	48	89

2) stamp된 rib나 bending에 대한 각종 고려 사항

(1)　　　　　　　　　　　　　　　　　　(2)

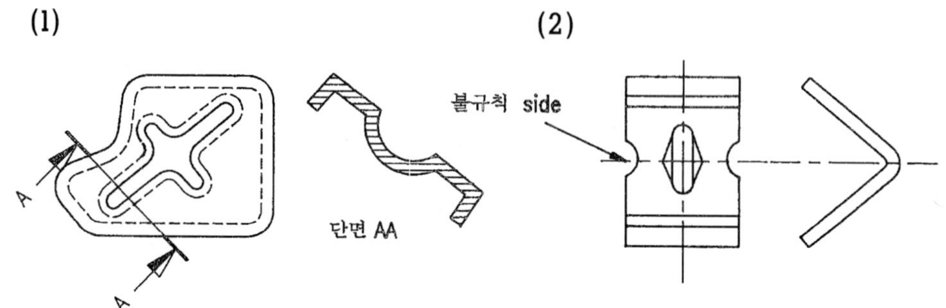

부품이 stripper stack으로부터 만들어진 경우는 불규칙한 면을 rib한다.

이런 bending은 die 구조를 간단히 하기 위해서 바깥 flange와 같은 방향으로 성형해야 한다.

(3)

이 bead의 성형은 스플밴드를 현저히 개선시키지는 않는다.

이 bead는 스플밴드의 비틀림을 배제한다.

(4)

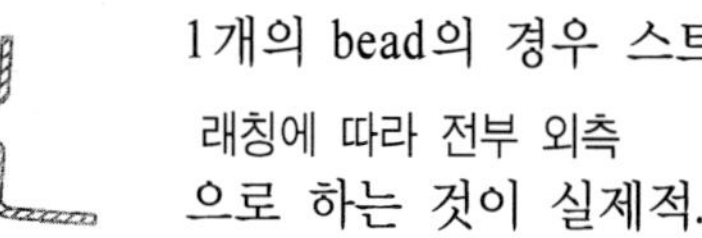

1개의 bead의 경우 스트래칭에 따라 전부 외측으로 하는 것이 실제적.

(5)

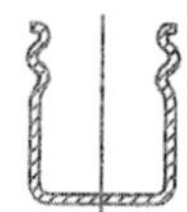

roll 형성된 나사 및 bead는 보통 반은 외측, 반은 내측이라고 한다.

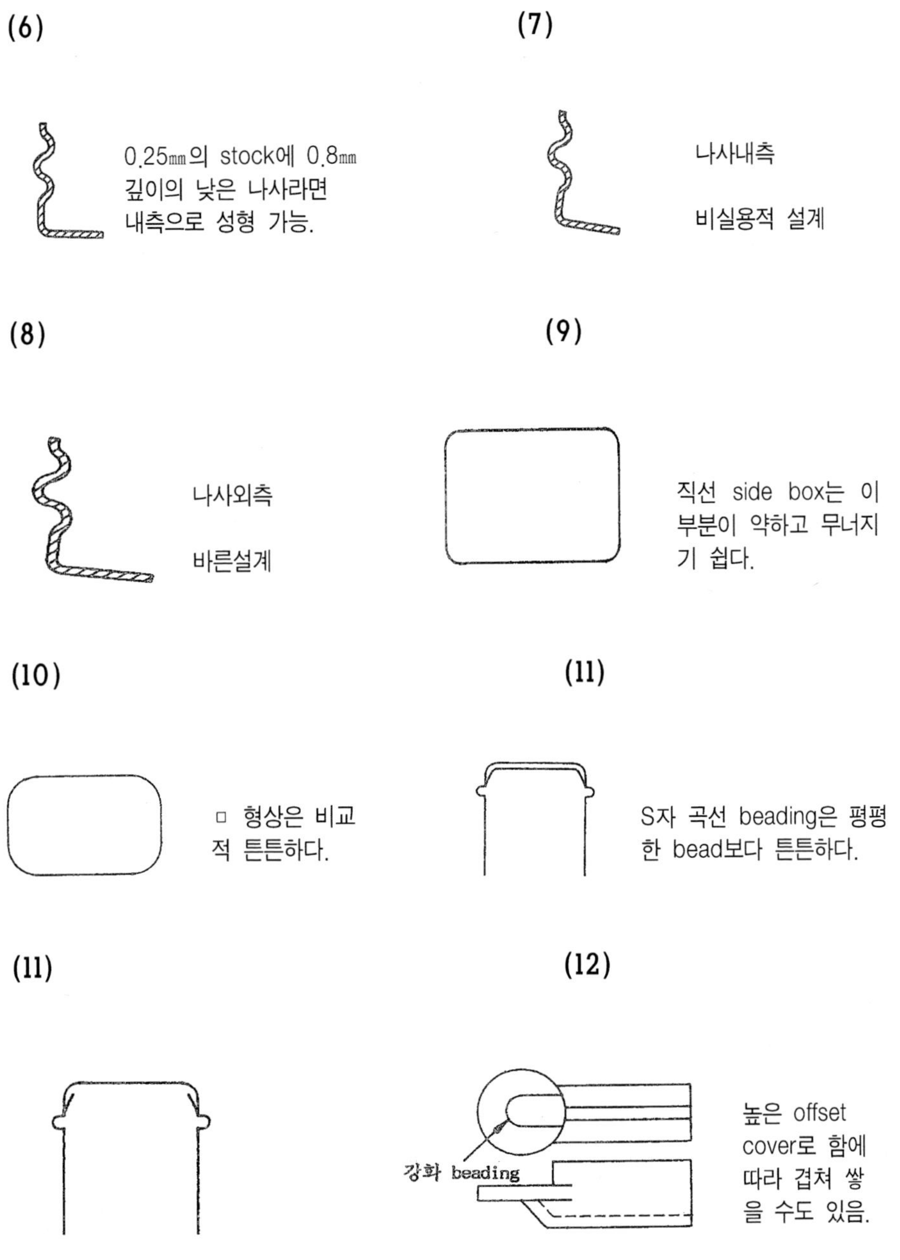
(6)
0.25㎜의 stock에 0.8㎜
깊이의 낮은 나사라면
내측으로 성형 가능.
(7)
나사내측
비실용적 설계
(8)
나사외측
바른설계
(9)
직선 side box는 이
부분이 약하고 무너지
기 쉽다.
(10)
□ 형상은 비교
적 튼튼하다.
(11)
S자 곡선 beading은 평평
한 bead보다 튼튼하다.
(11)
(12)
강화 beading
높은 offset
cover로 함에
따라 겹쳐 쌓
을 수도 있음.

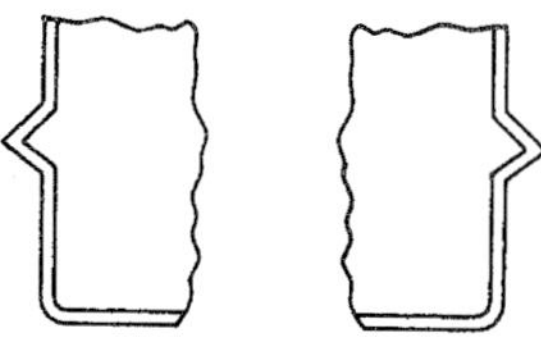

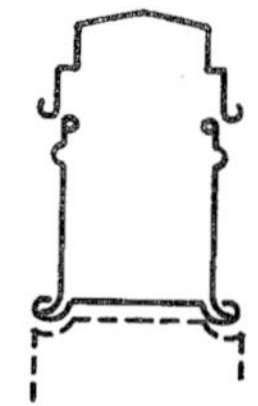

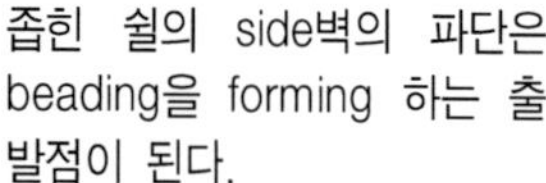

좁힌 쉘의 side벽의 파단은 beading을 forming 하는 출발점이 된다.

cover로 겹치는 살
둥근형의 뚜껑. cut한 edge 및 bending에 의해 외관도 좋게 되어 강화된다.

3) 둥근 싱크 knock-out

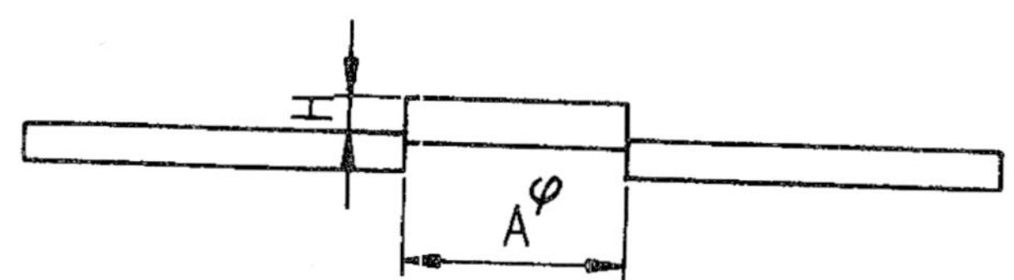

사 양		치수A					tab 폭
		20.0ϕ	22.0ϕ	25.0ϕ	28.0ϕ	32.ϕ	
판 두께	0.8t~1.2t	2″size	2″size	2″size	2″size	2″size	2㎜
	1.5t~2.0t	2″size	2″size	2″size	2″size	2″size	2㎜
tab		2개소					
max H		판 두께 높이					

4) 레 바

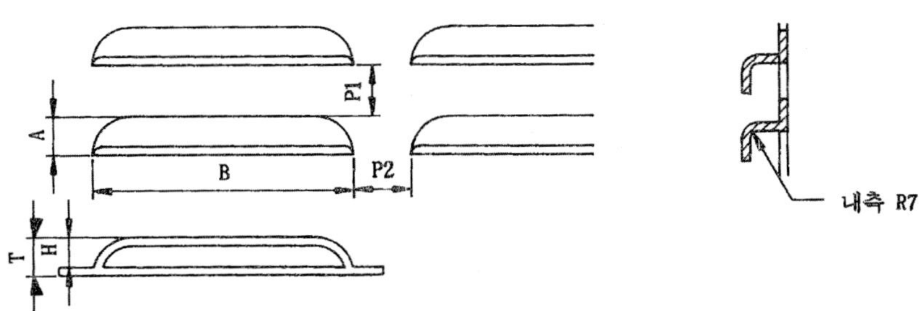

<table>
<tr><td colspan="2" rowspan="2">사 양</td><td colspan="3">B치수</td></tr>
<tr><td>60</td><td>80</td><td>100</td></tr>
<tr><td rowspan="3">A
치
수</td><td>10</td><td>3 1/2″</td><td>3 1/2″</td><td>4 1/2″</td></tr>
<tr><td>15</td><td></td><td>3 1/2″</td><td>4 1/2″</td></tr>
<tr><td>20</td><td></td><td>3 1/2″</td><td>4 1/2″</td></tr>
<tr><td colspan="2">금형구조</td><td colspan="3">펀치, 다이와 함께 취부하는 구조</td></tr>
</table>

판 두께
spcc 0.8t~2.3t
sus 0.8t~1.5t
H = max 6.5㎜
P1 = min 5.0㎜
P2 = min 8.0㎜

표시방법 3 / 12" →35 4 1 / 2" →45

판 두께 1.2t 이하에서 최대 판 두께 H 치수는 4.55㎜

5) burring

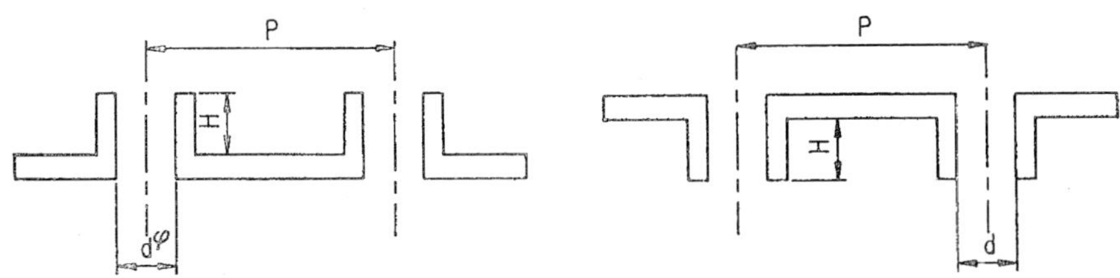

	나사 크기	M2.5	M2.6	M3			M4			M5		M6	M8
사 양	dφ	2.1	2.2	2.6	2.7	2.75	3.4	3.6	3.65	4.3	4.6	5.0	6.8
	H치수		1.2			2.2			2.5			3.2	
	0.6t												
판 두께	0.8t	○	○	○	○	○	○	○	○	○	○	○	
	1.0t	○	○	◉	○	○	◉	○	○	○	○	◉	
	1.2t	○	○	◉	○	○	◉	○	○	◉	○	○	○
	1.6t		○	◉	○	○	◉	○	○	◉	○	◉	○
	2.0t			◉			◉			◉	○	◉	○
	2.3t											○	○

◉는 현재의 표준품이다.

미터나사용 기초구멍 JIS 2급 상당

	나사호칭	burring 구멍내경	기초공 직경
	M2×0.4	1.65	1.0
	M2.5×0.45	2.1	1.2
	M2.6×0.45	2.2	
◉	M3.0×0.5	2.6	1.5
◉	M4.0×0.7	3.4	2.0
◉	M5.0×0.8	4.3	2.4
◉	M6.0×1.0	5.0	2.8
	M8.0×1.25	6.8	

전조 tab용 기초 구멍 JIS 2급 상당

나사호칭	burring 구멍내경
HRT M2.0×0.45	2.3
HRT M3.0×0.5	2.75
HRT M4.0×0.7	3.6
HRT M5.0×0.8	4.6
HRT M6.0×1.0	5.5

6) 카운타 싱크

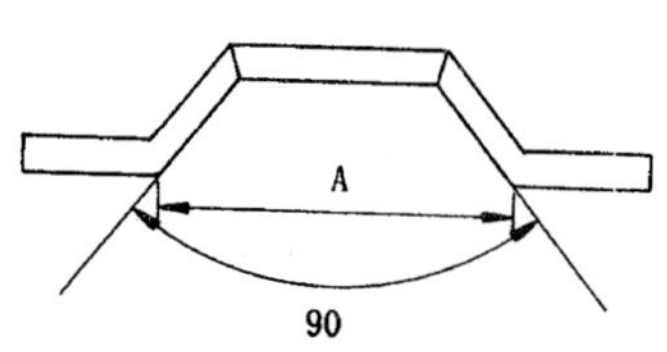

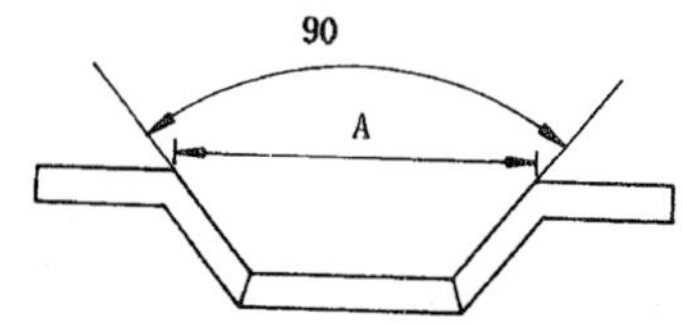

해당나사	판 두께 / A	0.8	1.0	1.2	1.6	2.3	3.2
M3×0.5	7.0	○ (2.7)	○ (3.0)	○ (3.0)			
M4×0.7	9.0	○ (3.3)	○ (3.3)	○ (3.6)			
M5×0.8	11.0	○ (3.9)	○ (4.2)	○ (4.2)	○ (4.5)	○ (5.1)	
M6×1.0	13.0	○ (4.6)	○ (4.8)	○ (5.1)	○ (5.1)	○ (5.7)	○ (6.9)

○ 외에는 특수주형에 의한다.

7) 각 인

각인문자	size	판 두께
+	5.0×5.0	3.2t
–	5.0	3.2t

판 두께 3.2t 이상은 특수 금형에 의한다. 금형 size는 1 / 2" size로 한다.

8) beading die

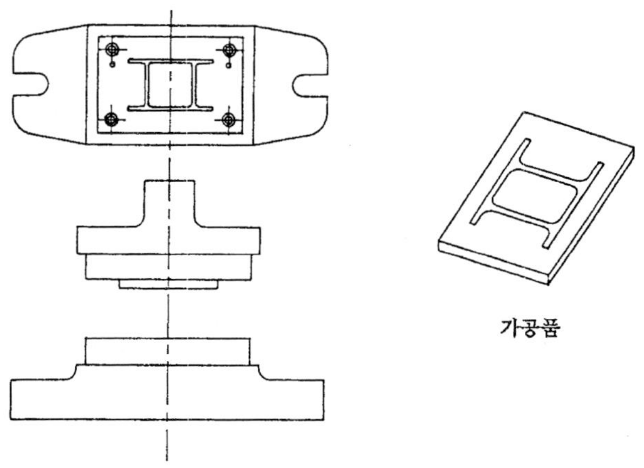

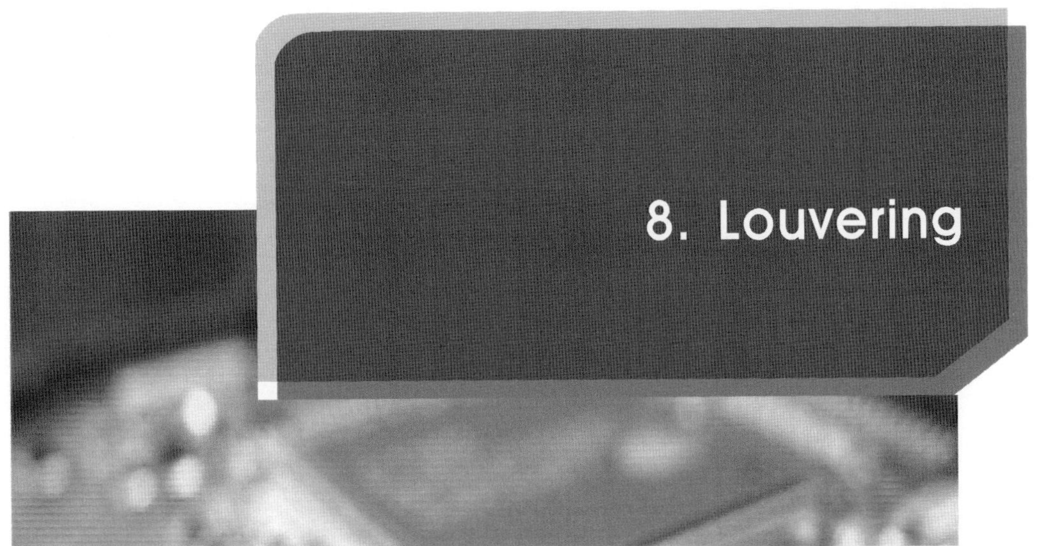

8. Louvering

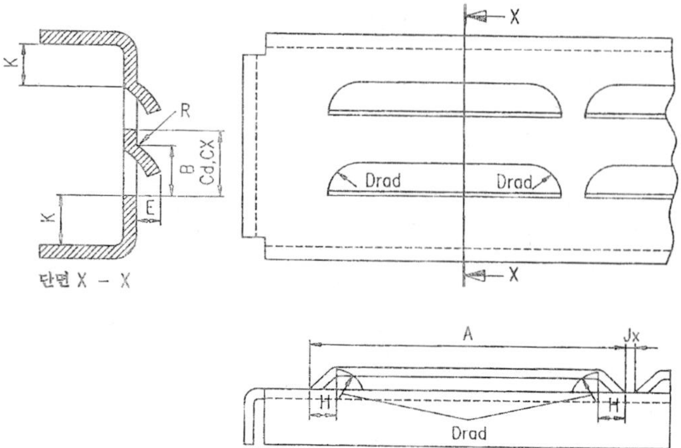

No	A	B	C	Cx	D	E	F	H	J	Jx	kmin
1	178	16	25	50	22	8	1.5~3	17.5	50	25	13 1.6t
2	140	16	25	50	22	8	1.5~3	17.5	50	25	19 1.6t
3	76	8	13	25	10	4	8	8	16	8	13 1.6t
4	60	8	13	25	10	4	8	8	16	8	

1) open loop A style

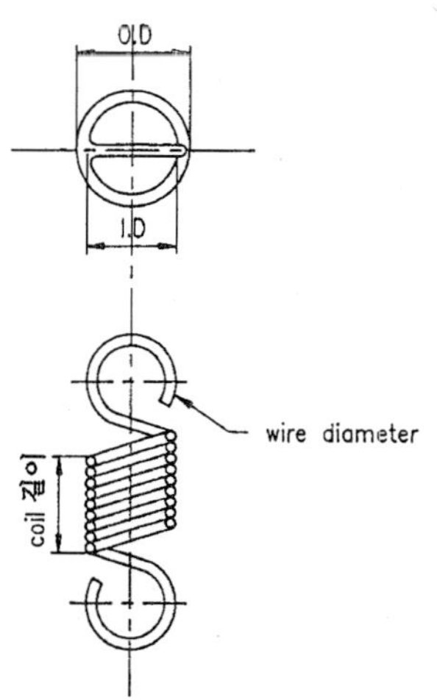

(1) controlling diameter

① outside diameter

② inside diameter

(2) Free length

① overall

② inside end

③ body length

(3) wiresize

(4) material: music wire

(5) coil: 갯수

(6) style of ends

2) open loop B style

spring description						
suffix	A	B	C	D	material & finish	loop style
001	0.134	0.52	0.12 ±0.003	0.134 +0.003 −0.005	Rate = 0.642 Lb / in:music wire initial tension:0.02 Lb cad pl	open
002	0.125	1.75	0.016 ±0.003	0.125 +0.003 −0.005	Rate = 0.78 Lb / in:music wire initial tension:0.02 Lb cad pl	closed
003	0.138	1.75	0.016 ±0.003	0.138 +0.003 −0.005	Rate = 0.53 Lb / in:music wire initial tension:0.15 Lb cad pl	closed
004	0.130	1.75	0.018 ±0.003	+0.138 −0.125 0.138	Rate = 0.41 Lb / in:music wire initial tension:0.14 Lb cad pl	

A: Loop 0. D B: free length
C: wire diametwr D: body 0. D

3) Louvering 금형

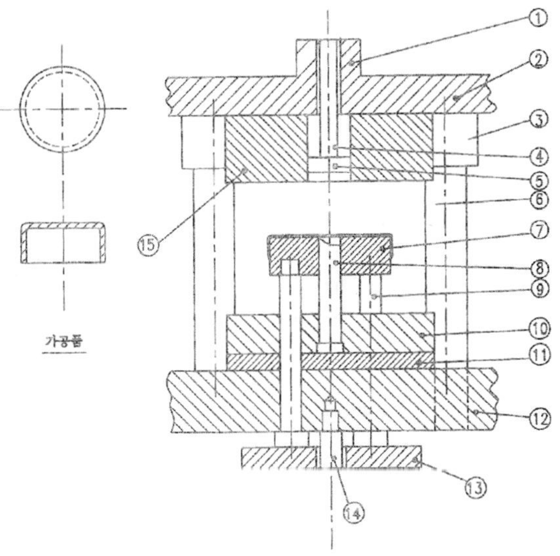

번호	명 칭	번호	명 칭
1	샹 크	9	밑 핀
2	상홀다	10	펀치 고정판
3	가이드 붓싱	11	받침판
4	녹크 아우트 봉	12	하홀다
5	내밀판	13	쿠숀판
6	가이드 포스트	14	큐숀 고정봉
7	패 드	15	다 이
8	펀 치		

9. 보강 Rib 부품설계

1) 보강 rib

(1) bending 부에 수개의 rib를 설치하는 것으로 전체의 강성을 100~200% 향상시킬 수 있다.

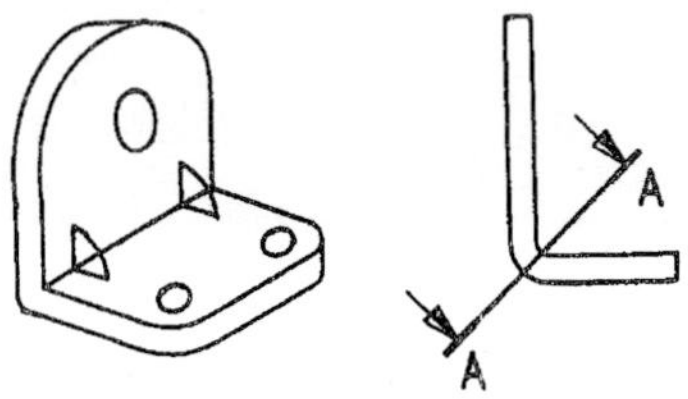

(2) U bending의 경우에는 설계 가능하면 rib를 준다.

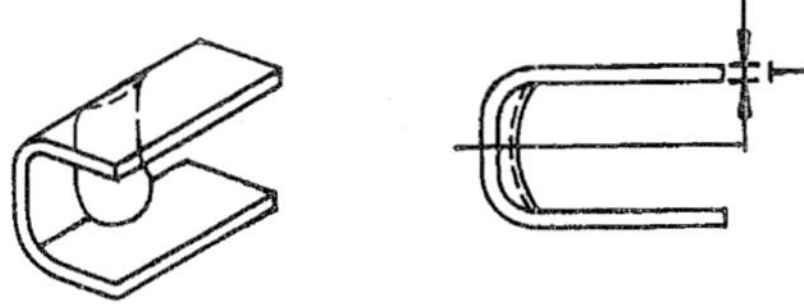

(3) 특수 drawing & bending에 의해 보강판을 성형 강성을 강화시킨다.

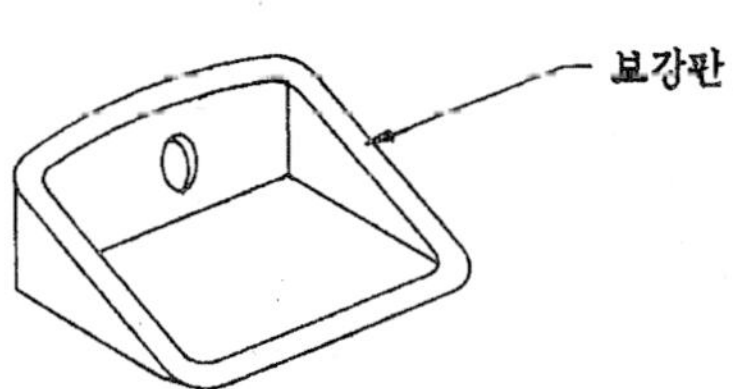

(4)

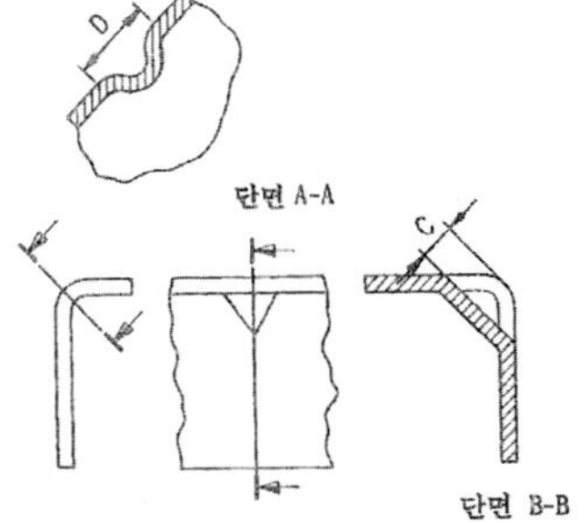

(5)

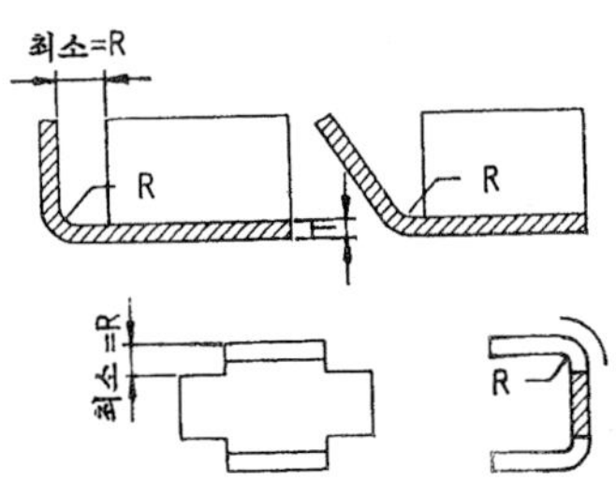

T	C	D
0.8	1.5	3
1.2	2.8	4
1.6	3	4.8
2.0	3.6	5.0
2.2	4.0	5.6

(6) tapping screw 조립

(7)

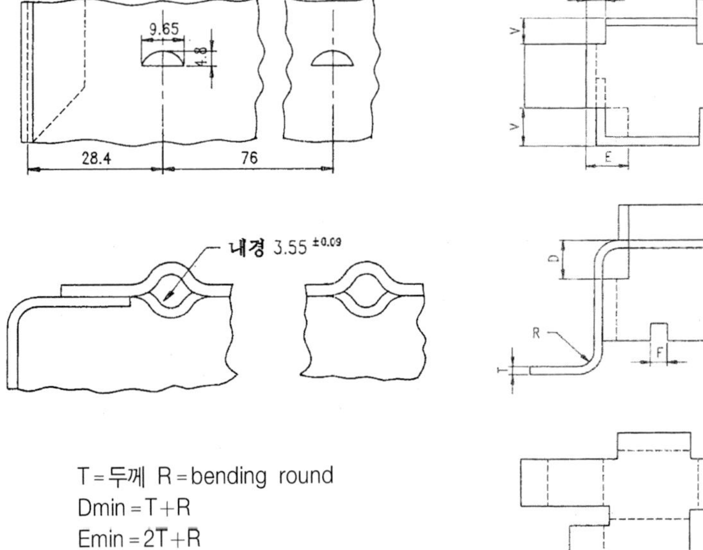

T = 두께 R = bending round
Dmin = T + R
Emin = 2T + R
Fmin = 1.5T

2) bead로부터 edge까지의 최소 거리

(1) edge에 평행한 bead

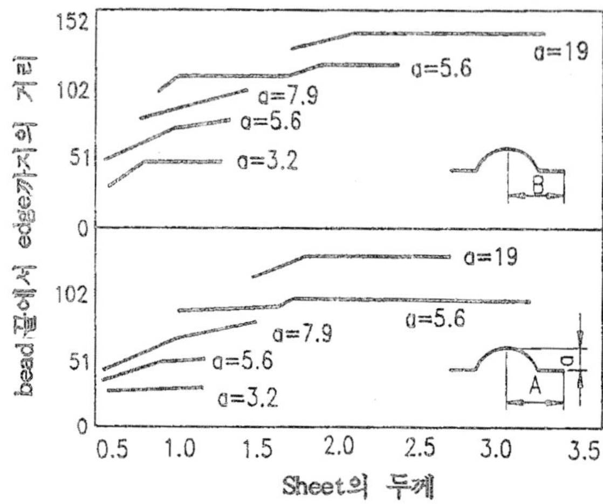

(2) edge에 직각인 bead

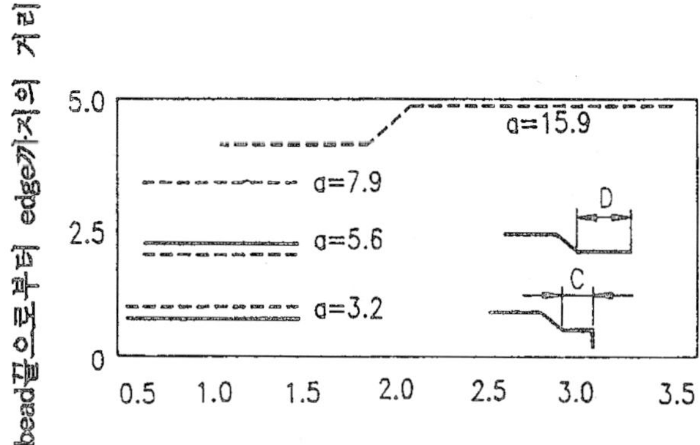

3) stamp 가공된 flange의 종류

(1) 직선 휨 flange

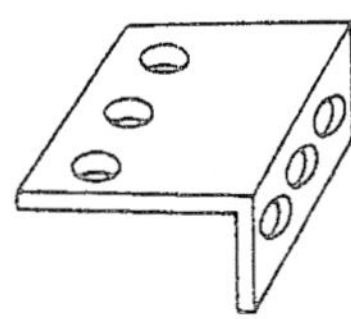

(2) ⏢ couple의 곡선 flange

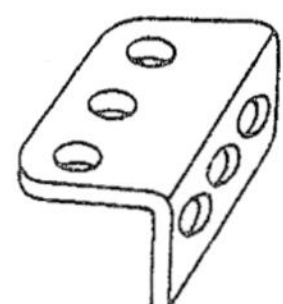

(3) ⊔ stratch 가공된 곡선 flange

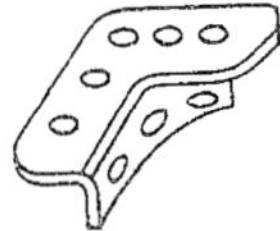

(4) ⊔ 곡률(flange는 최대 폭까지 taper형)

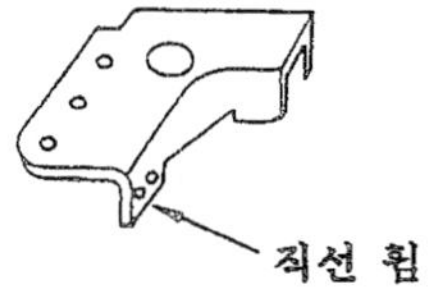

10. Curling 전개 길이 계산

1) curling 전개 길이

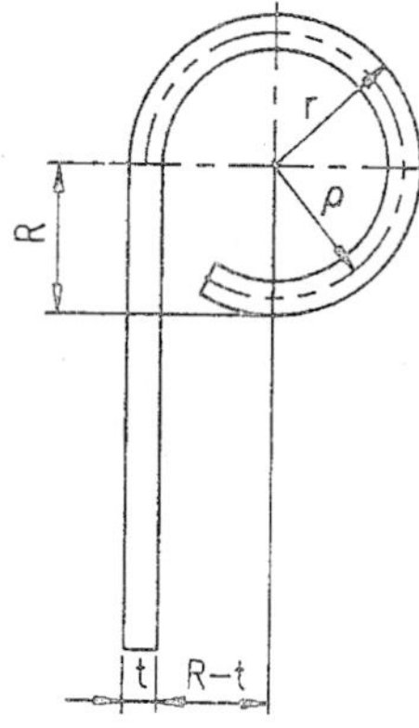

$$L = 1.5\pi\rho + 2R - t$$

$$\rho = R - yt$$

curling bending에 있어서의 y의 값

r / t	2.0	2.2	2.4	2.6	2.8	3.0	3.2
y	0.44	0.46	0.48	0.49	0.50	0.50	0.50

2) 적정 clearance

재 료	clearance(판 두께의 %)	재 료	clearance(판 두께의 %)
순 철	6~9	스테인리스 강	7~11
연 강	6~9	양 은	6~10
경 강	6~12	인청동	6~10
동(경질)	6~10	황 동	6~10
연 질	6~10	알루미늄	5~8
규소강	7~11		

3) force

(1) punch force

blanking & piercing: P＝L $t\sigma_B$

L: shearing length (㎜)

t: 재료 두께

σ_B: 전단응력(kg / ㎟)

(2) bending force

① L형

$$P = \frac{C L t^2 \sigma_B}{\omega}$$

σ_B: 인장응력 t: 판 두께

L: bending 길이

C: 보정계수 (w / t=q, C＝1. 33)

② U형

$$P = \frac{C}{3} L t \sigma B$$

C＝보정계수 (1~2)

③ V bending시 사용압력 (pad가 없을 때)

$$P = \frac{0.4 L t \sigma_B}{\omega}$$

σ_B: 인장응력

t: 판 두께

L: bending 길이

④ U bending시 사용압력 (pad가 있을 때)

P_1＝C B t σ_B

$$P_2 = \frac{C B t^2 \sigma_B}{\omega}$$

P＝P_1＋P_2

C: 보정계수

B: bending의 한쪽 길이

t: 판 두께

σ_B: 인장응력

w: bending 폭

4) final form

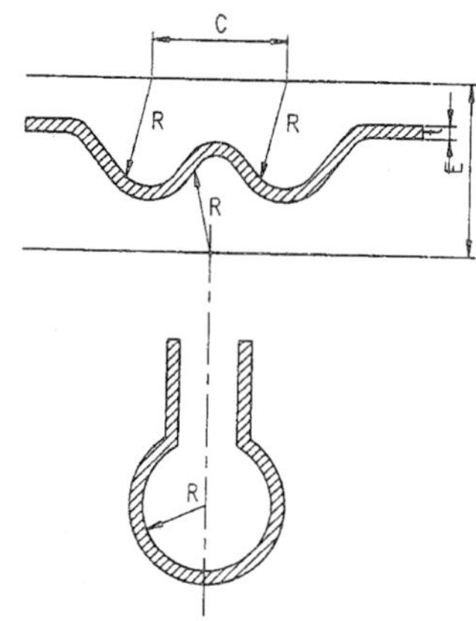

아래의 식은 다음과 같은 형식의 forming에 적용된다.

T: 적재 재질의 두께

D: 최종 형상의 안지름

R: D / 2정도 (재료의 spring back에 영향을 받음)

수직방향의 중심거리 R의 결정

E = 0.707 (D + T)

수평방향의 중심거리 R의 결정

C = 1.414 (D + T)

(1) 굽힘 각의 각도 차

등급 구부림 종류	1급	2급
직각 굽힘	1	2
기타 굽힘	1.5	3

비고: 굽힘 반지름이 판 두께보다 큰 것에는 적용하지 않는다.

(2) 구부림 치수와 치수 차

치수구분 등급	30 이하	30~100	100~300	300~1000
1급	0.3	0.4	0.6	0.9
2급	0.5	0.7	1.0	1.5

1. 판 두께 2.3㎜ 이하에 적용한다.
2. 주요치수 L에 대하여 적용하고 기타 치수에 대해서는 이표의 값의 1.5배로 한다.

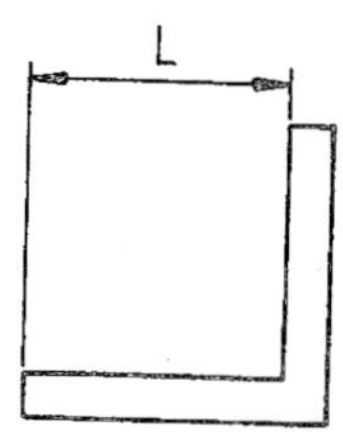

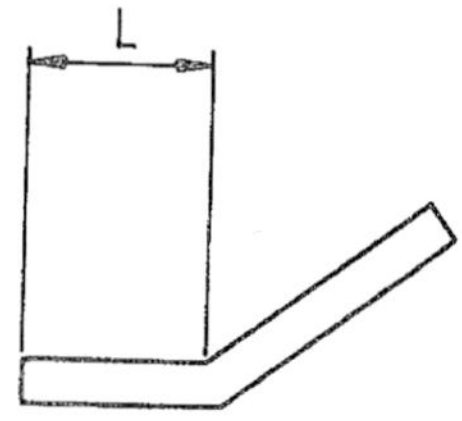

11. Drawing 부품설계

1) 두께 비

drawing 작업에 있어서 성공, 실패의 주 요인은 두께 비에 의하여 적절한 drawing 경을 판정하는 일이다. 두께 비라는 것은 blanking의 직경과 사용재료의 두께와의 관계를 %로 나타낸 것이다.

즉 두께 비는 $\frac{t}{D}\times100$이다.

이 두께 비가 작게 되면 주름이 발생하는 경향이 되고 주름을 눌러주는 압력을 증가하지 않으면 만족한 drawing은 되지 않는다. 이 때문에 drawing율을 증가하든가 두께 비를 증가하는 방법으로써 blanking 직경을 감소하든가 두께 비를 증가하는 방법을 이용하지 않으면 안 된다.

예를 들면 복동 press를 이용해서 blanking 치수200ø 1㎜의 연강판을 사용해서 drawing 작업을 행한다고 하면

두께 t=1㎜와 blanking 직경 200ø ㎜의 비는

두께 비 $\frac{t}{D}\times100=\frac{1}{2}\times100=0.5$

두께 비 0.5는 아래 표에서 복동 press항에 0.4와 0.8사이에 있는 것으로 가능한 제1회 drawing율은 0.05~0.52사이로 0.55에 가까이 하는 것이 가능하다.

두께 비 $\frac{t}{D}\times100$		drawing d / D
복동 press bianking holder 있음	단동 press blanking holder 없음	
0.22	1.60	0.65
0.26	1.80	0.60
0.40	2.30	0.55
0.80	3.60	0.52

주) 연강판의 t / D를 가미시킨 제1회의 drawing 한계

지금 연강판을 이용하여 최종 제품의 직경을 82ø로 하면

D=200ømm d=82ømm t=1mm일 때

제1drawing 200 × 0.54=108ø……drawing율 0.54

제2drawing 92 / 108=0.76……drawing율 0.76

연강판을 가지고 초회 drawing율 0.54는 대체로 무난하고 재 drawing율 0.76도 안전 범위 안에 있어 위의 제품은 2회의 성형으로 가능하다.

drawing후 재료의 시효경화를 일으키게 되면 문제가 된다.

다시 D=200ø d=82ø t=0.5일 때

제1 drawing 200 × 0.6=120ø drawing율 0.60

제2 drawing 120 × 0.80=96ø drawing율 0.80

제3 drawing 130 × 0.80=96ø drawing율 0.80

t / D(두께 비)가 작은 것으로 초회 drawing율 0.6을 취하면 어떻게 해도 2회 drawing으로는 무리이므로 제3회 drawing으로 하지 않으면 안 된다.

두께 비 t / D × 100			drawing율 d / D	제2 drawing punch경 / 전공정 punch	제3 drawing 이상의 drawing
복동 press blanking holder 있음	단동 press blanking holder 있음	단동 press blanking holder 없음			
0.15	0.25	2.0	0.5	0.74	0.80
0.25	0.30	3.0	0.55	0.74	0.80
0.40	0.45	4.0	0.53	0.73	0.78
0.50	0.55	5.0	0.52	0.72	0.75

2) bulging die

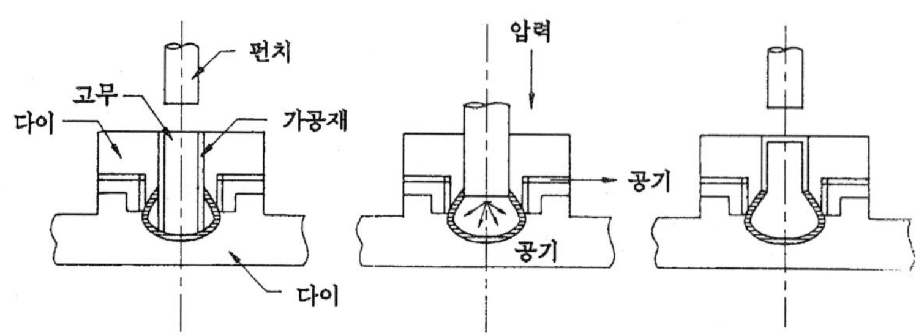

3) necking die

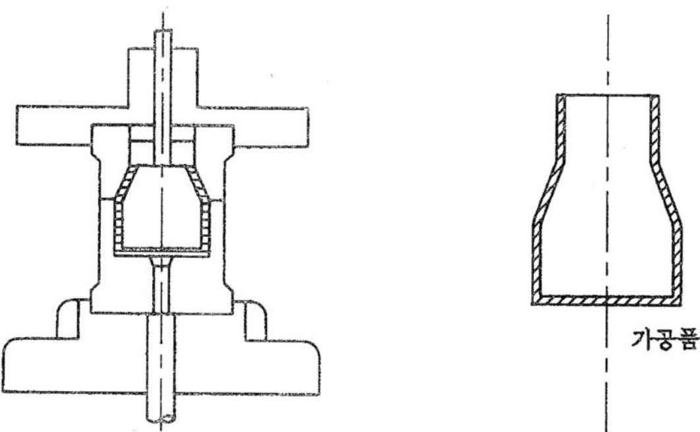

4) 각 drawing (1)

A > B

B > 16일 경우

H = 5R

1회 drawing 한도로 한다.

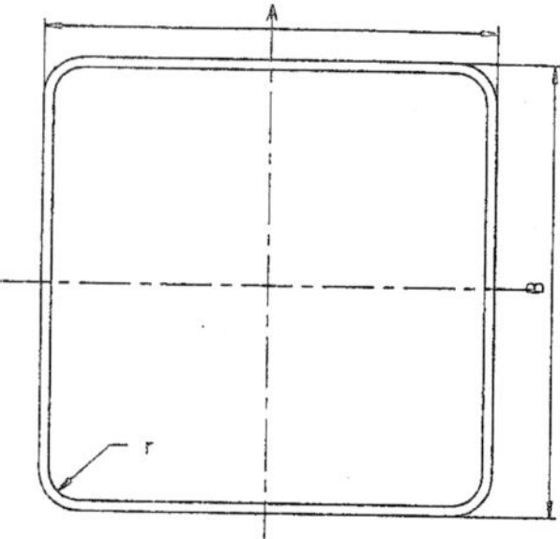

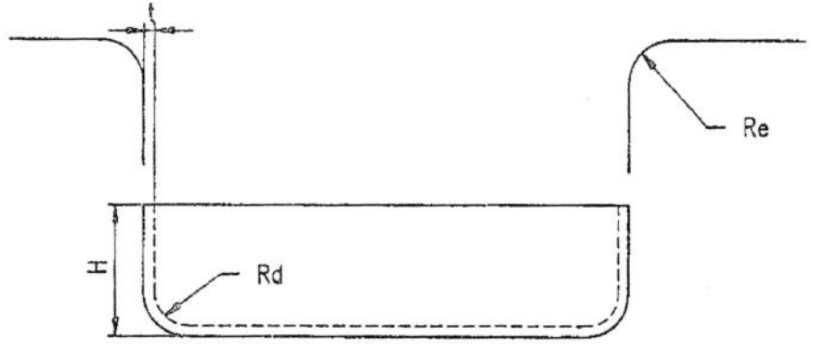

Re:

4 모서리 6t

4 변 3t

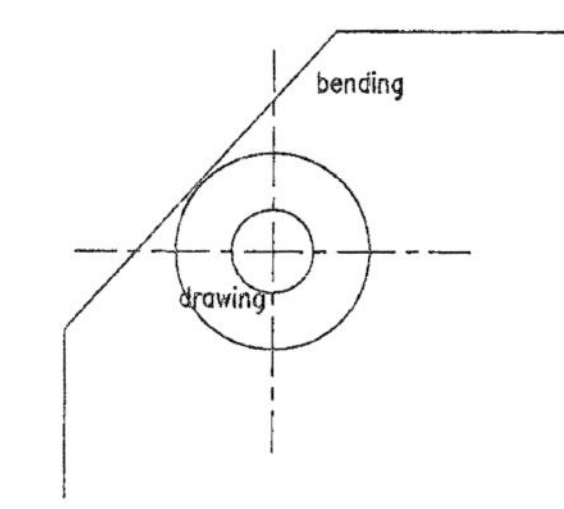

Rb >4t

punch die의 간격

2.2~2.4t

최초의 blank의 결정

4 모서리는 둥근 drawing의 blank를 고려한다.

5) drawing(2)

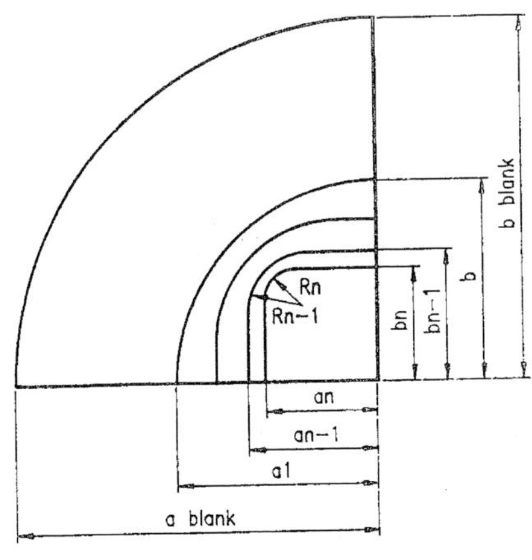

$R_n - 1 < 4R_n$

$R_n = R_n' \times \rho R \quad \rho R > 0.75$

$a1 = A \times \rho_0$

$b1 = B \times \rho_0 \qquad \rho_0 > 0.6$

$an = a1 \;\; an - 1$

$bn = b1 \;\; n - 1$

$\rho_0 > 0.75 \quad \rho_0 > 0.75$인 경우 $= n1\rho_a$

Re: 4 모서리 6t, 4변 3t

Rd > 4t

6) 각통 drawing 판의 제작방법

(a)와 같은 제품도가 주어질 때 기초 전개도를 참조하여 전개도를 수정한다.

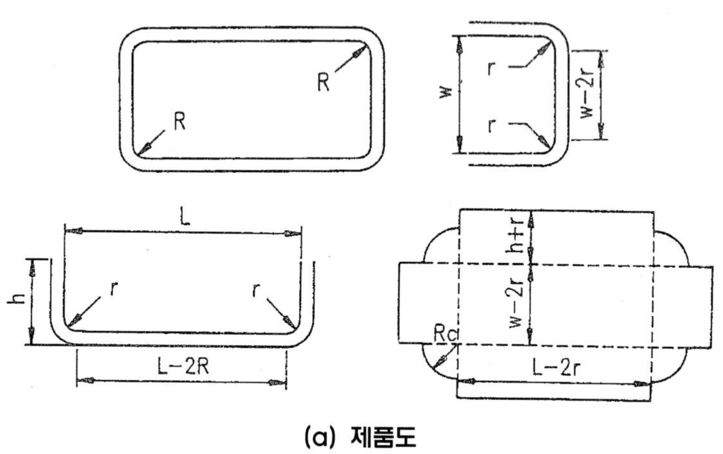

(a) 제품도

이 전개도의 수정은 옆의 그림과 같은 방법으로 4 모서리의 corner부를 smoth한 곡선으로 바꾼다. 아래 그림에서 ab, cd의 중점 ef를 지나고 원호 Rc에 접하는 직선 ghij를 긋는다.

이때 Rc의 치수에 따라 아래의 3가지로 분류된다. 세 번째의 경우에는 외측보다 ghij에 직접 접하는 원호 Rc에 의해 두 직선을 매끄럽게 연결한다.

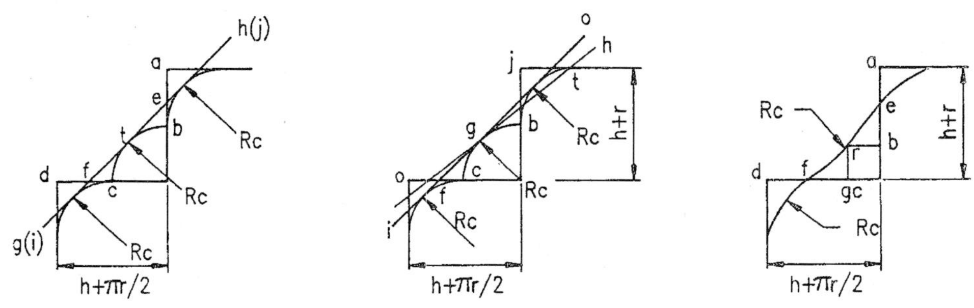

7) 적분법을 이용한 회전체의 표면적 계산법

spinner cap. brcket 등 drawing 작업에 의해 만들어지는 부품은 회전체일 경우가 많다. (즉 단면의 형상이 원호일 경우) 이와 같은 회전체의 blank를 결정하기 위해서는 무엇보다도 제품도에서 그 부품의 표면적을 구하지 않으면 안 되지만 종래 많은 경우 그 원호의 중심을 계산하고 여기서 표면적을 구하는 방법이 사용되고 있다.

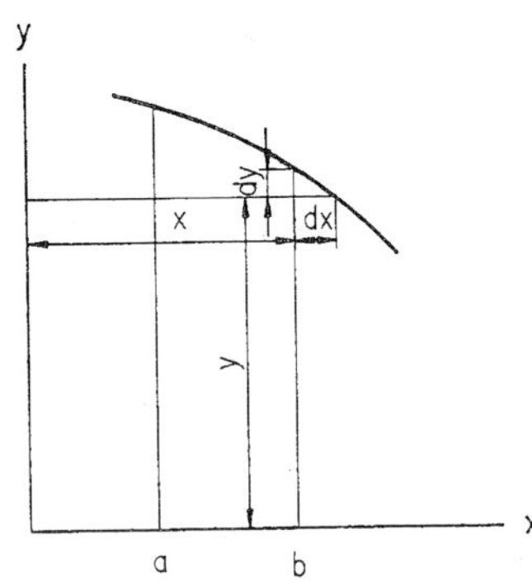

그러나 이 방법은 일반적으로 계산이 번잡하거나 실수하기 쉬운 점이 있다. 그래서 이와 같은 점을 조금이나마 완화하고 계산의 정확을 가하기 위하여 적분을 이용한 일반식을 도입하여 여러 가지 경우에 적용화하고 있다.

왼쪽 그림에서 곡선 $y=f(x)$의 미소부분 두께를 ds라고 하면 피타고라스의 정리에서

$$ds=\sqrt{(dx)^2+(dy)^2}$$

로 나타난다.

또 ds가 무한소라고 생각하면 이 ds를 x축 주위로 회전했을 때 회전체의 표면적 dA는

$$dA = 2xy \qquad ds = 2xy\sqrt{(dx)^2+(dy)^2}$$

로 표시된다.

그러므로 여기서 적분의 이론을 적용하변 곡선 f(x)를 x=a~b의 범위에서 x축 주위를 회전한 곡면의 표면적 A는

$$A = \int_b^a 2xySQRT(dx)^2+(dy)^2 = 2x\int_b^a y\sqrt{1+(\frac{dx}{dy})^2dx}$$

$$= 2x\int_b^a f(x)\sqrt{1+\{f(x)\}^2dx} \qquad (1)$$

로 표시된다.

여기서 유도된 식은 일반형상의 곡선에 대해서도 성립하는 것이지만 (단 f(x)>0, b x a)실제는 앞에서도 언급한 것처럼 단면이 원호인 경우가 많으므로 이와 같은 경우의 취급에 대해서 해설하고자 한다.

일반적으로 반경이 r인 원이 y축의 +방향으로 c만큼 옮겼을 때 그 원의 식은

$$x^2+(y-c)^2=r^2 \tag{2}$$

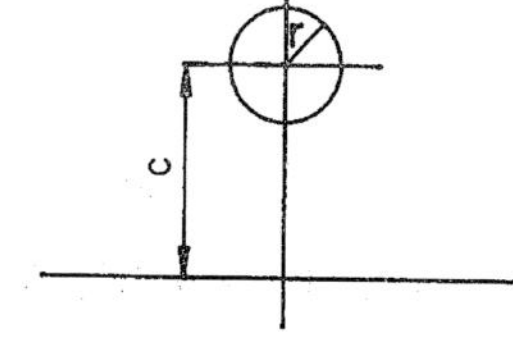

으로 표시된다.

이 식을 변형하면

$$y=c\pm\sqrt{r^2-x^2} \tag{3}$$

이 경우

$$y=c+\sqrt{r^2-x^2} \tag{4}$$

는 곡선의 상반부를

$$y=c-\sqrt{r^2-x^2} \tag{5}$$

는 곡선의 하반부를 나타내고 있다.

따라서 (4) 식을 이용하면 위 그림의 凸형 凹형에 대해서도 계산이 가능하다. 그리하여 지금 (4)의 경우를 예로 하여 (1)식과 조합하여 표면적을 계산하고자 한다.

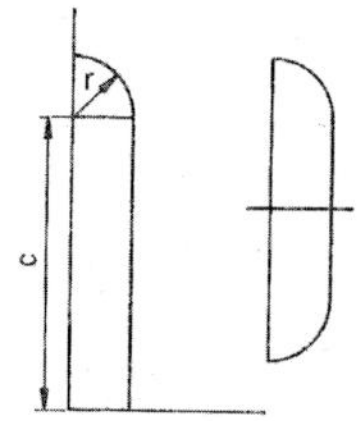

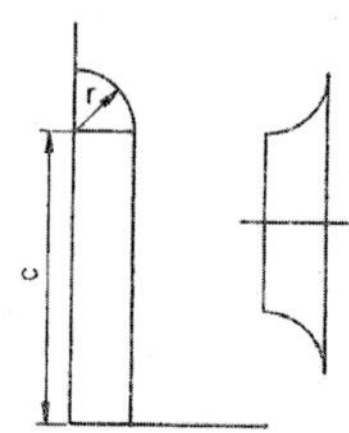

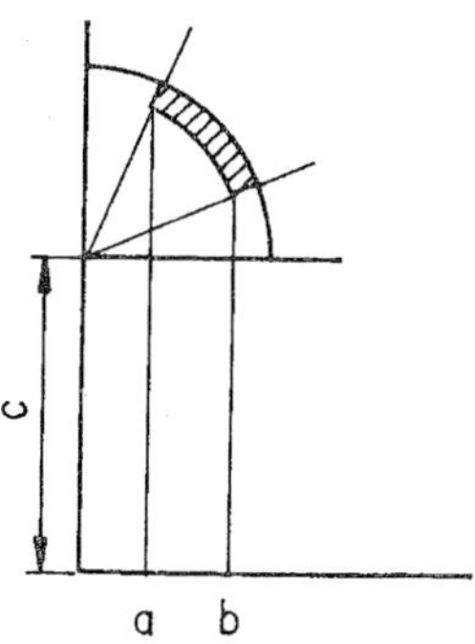

(i) $A = 2\pi \int_b^a f(x)\sqrt{1+\{f(x)\}^2}\,dx$

$f(x) = y = c + \sqrt{t^2 - x^2}$

(4)식에서

$$f(x) = y = -\frac{x}{\sqrt{t^2 - x^2}}$$

$$A = 2\pi \int_b^a (c+\sqrt{r^2-x^2} \quad 1 + (-\frac{x}{\sqrt{t^2-x^2}})dx$$

$$= 2\pi \int_b^a (c+\sqrt{r^2-x^2}\frac{r}{\sqrt{r^2-x^2}}\,dx$$

$$= 2\pi cr \int_b^a \frac{dx}{\sqrt{r^2-x^2}} + 2\pi r \int_b^a dx$$

$$= 2\pi rc(\sin\frac{-1b}{r} - \sin\frac{-1a}{r}) + 2\pi r(b-a)$$

(ii) 같은 형태로 하여 凹형의 경우는

$$A = 2\pi rc(\sin\frac{-1b}{r} - \sin\frac{-1a}{r} - 2\pi r(b-a)$$

8) drawing die 테두리 R 구하기

(1) drawing die 테두리 R 구하는 도표

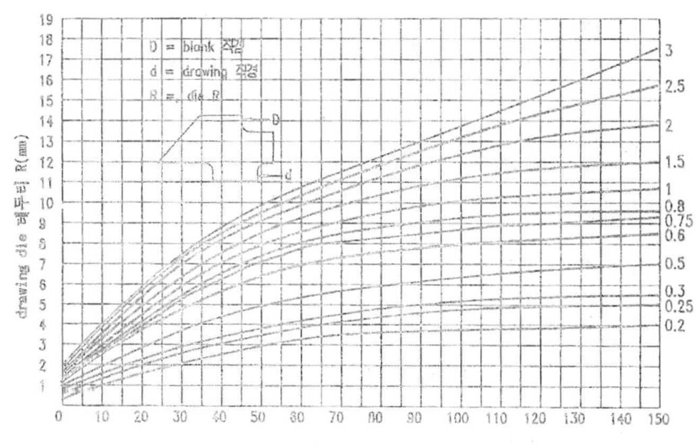

9) 연강판의 탄성(탄력성 표)

이 표는 계산에 의한 것이지만 실제와 일치하는 연강 재료의 장력 시험의 결과를 기초로 하여 얻은 것이므로 실제와 큰 차이가 없다. 강판의 경우도 충분히 소둔한 것은 이표에 의존할 수 있다.

T / R	차이	T / Rd	T / R	차이	T / Rd
0.0	0.002	0.002	0.6572	0.00428	0.070
0.00028	0.00272	0.003	0.7566	0.00440	0.080
0.00094	0.00306	0.004			
0.00270	0.0030	0.006	0.08550	0.00450	0.090
0.00462	0.00338	0.008	0.09542	0.00458	0.100
0.00658	0.00342	0.010	0.11528	0.00472	0.120
0.00814	0.00346	0.012	0.13514	0.00486	0.140
0.01054	0.00346	0.014	0.15498	0.00502	0.160
0.01252	0.00348	0.016	0.17494	0.00516	0.180
0.01452	0.00348	0.018	0.19470	0.00530	0.200
0.01625	0.00384	0.020	0.23440	0.00560	0.240
0.02048	0.00352	0.024	0.27404	0.00586	0.280
0.02442	0.00358	0.028	0.31390	0.00610	0.320
0.00836	0.00364	0.032	0.35366	0.00634	0.360
0.03230	0.00370	0.036	0.39344	0.00656	0.400
0.03622	0.00378	0.040	0.49296	0.00704	0.500
0.04620	0.00398	0.050	0.59234	0.00776	0.600
0.05586	0.00414	0.060			

10) 인청동강(spring 용)의 탄력성 표

T / R	차이	T / Rd	T / R	차이	T / Rd
0	0.01056	0.01056	0.16302	0.01698	0.180
0.00004	0.01096	0.011	0.18288	0.01712	0.200
0.00018	0.01182	0.012	0.22266	0.01734	0.240
0.001	0.01300	0.014	0.30224	0.01752	0.280
0.00248	0.01352	0.016	0.34204	0.01776	0.320
0.00276	0.0424	0.018	0.38184	0.01796	0.360

T / R	차이	T / Rd	T / R	차이	T / Rd
0.00542	0.01458	0.020	0.42168	0.01816	0.400
0.00728	0.01482	0.022	0.46150	0.01832	0.440
0.01046	0.01552	0.026	0.50132	0.01850	0.480
0.01436	0.01564	0.030	0.54114	0.01868	0.520
0.01828	0.01572	0.034	0.58980	0.01886	0.560
0.02220	0.01580	0.038	0.68058	0.01902	0.600
0.02612	0.01588	0.040	0.78004	0.01950	0.700
0.04386	0.01640	0.060	0.87960	0.01980	0.800
0.06372	0.01628	0.080	0.97910	0.02040	0.900
0.08358	0.01642	0.100			
0.10344	0.01658	0.120			
0.12330	0.01670	0.140			
0.14316	0.01684	0.160			

11) 정방형이며 밑면과 90°인 cap류의 drawing 계산

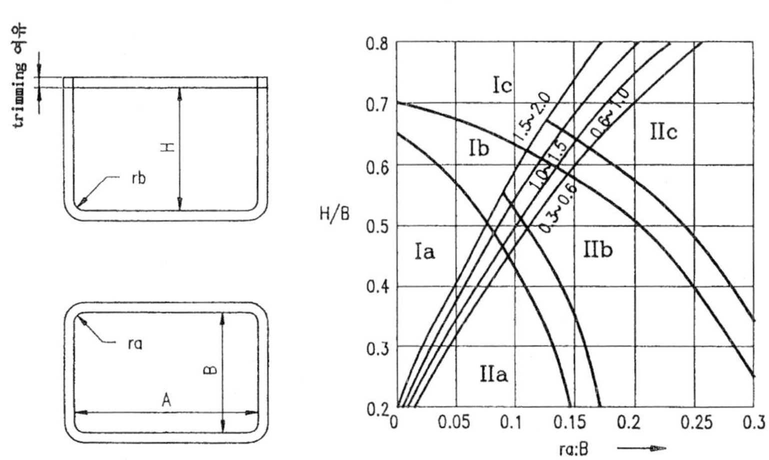

다단공정 drawing Ia에서 Ic까지의 범위

Ia 범위: 대개 낮은 cap류의 제품으로서 ra가 작을 때 그 공정 이상에서는 pad를 설치하지 않고 구경 모양과 die로 해준다.

Ib 범위: Ia 범위와 Ic 범위의 중간적인 과도적 범위

Ic 범위: 대개 높은 cap류의 제품이며 blanking 단면이 원형 또는 타원형임.

단일공정 drawing (Pad를 설치함): IIa에서 IIb까지의 범위(S / D 곡선의 하부)

IIa 범위: 낮은 cap 류의 제품으로서 ra가 작으며 밑면과 90° 경사진 원통형으로 A / D = 1.5 까지.

IIb 범위: 낮은 cap 류이지만 상대적으로 ra가 큰 경우이며 밑면과 90° 경사진 원통형으로 A / B = 1.5~2까지.

IIc 범위: 높은 cap 류이며 ra가 크고 밑면과 90° 경사진 원통형으로 A / B = 2 이상인 경우.

12) 원통형 drawing에 있어서 drawing 공정수와 blanking die의 결정

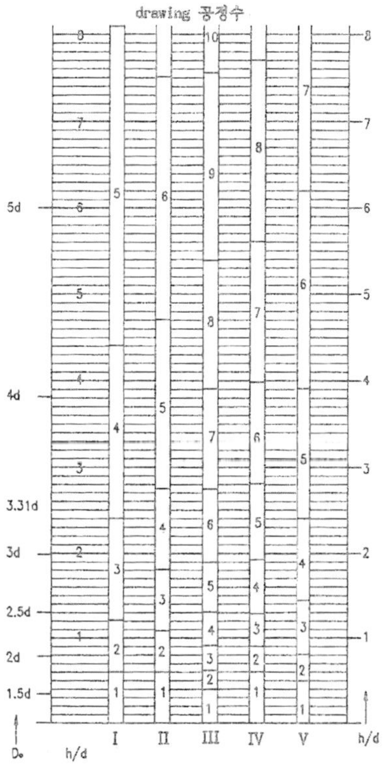

종류	율	재료
I	0.55 0.75	신주 및 sb34판 (황동)
II	0.55 0.8	알루미늄 신주 또는 sb34판
III	0.65 0.85	Zn판
IV	0.55 0.85	동판
V	0.6 0.8	sb34판

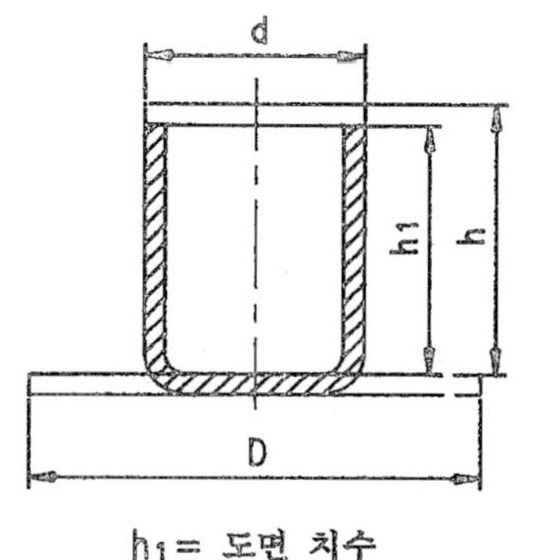

h_1 = 도면 치수

예) 원통형으로 알루미늄을 drawing하려고 한다.

주어진 값으로 h = 33㎜ d = 14㎜

trimming 여유 2㎜ h = 35㎜라 하고 D와 drawing 공정수 n을 결정한다.

$h/d = \frac{35}{14} = 2.5$㎜

$D^0 = 3.31d = 3.31 \times 14 = 46.43 D^0 = 46.4$

n=알루미늄 판재로서 Ⅱ의 4

율로부터 가장 효율적인 관계식을 사용하기 위하여 매 drawing 공정마다 die를 특별히 계산해야 할 경우가 있다.

$D^0 = \sqrt{d_z + 4dh}$

13) 원통 drawing 계산의 예

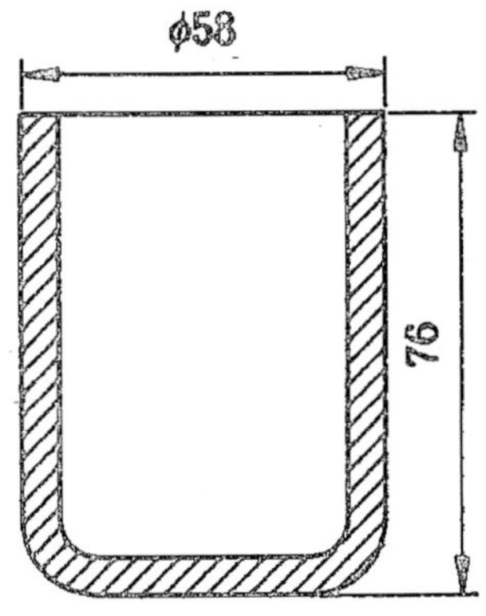

예) 제품의 직경: 58㎜

높이: 75㎜, 두께 1㎜의 연강판

$D = \sqrt{d^2 + 4dh}$

$D = \sqrt{58^2 + 4 \times 58 \times 75} = 144\phi$(㎜)

두께비= $t/D \times 100 = x100 = 0.69$

drawing율 (m)= =0.4

제1 drawing율: d1 80ø㎜ $m1 = \frac{80}{144} = 0.55$ drawing율 (1회)

제2 drawing율: d2 80ø㎜ $m2 = \frac{64}{80} = 0.80$ drawing율 (2회)

제3 drawing율: d3 80ø㎜ $m3 = \frac{58}{64} = 0.90$ drawing율 (3회)

$d1 = 80\phi - h1 = \frac{D2 - d1^2}{4d1} = \frac{144^2 - 80^2}{4 \times 80} = 45(m/m)$

$d1 = 80\phi - h1 = \frac{D2 - d2^2}{4d2} = \frac{144^2 - 80^2}{4 \times 64} = 65(m/m)$

$$d1 = 80\phi - h1 = \frac{D2 - d3^2}{4d3} = \frac{144^2 - 58^2}{4 \times 58} = 75(m/m)$$

여기서 앞 page의 표를 가지고 drawing 공정수와 blank경을 구하여 보면, 우선 주어진 값은 h=75㎜ d=58ø㎜, 재질: 연강판, h/d==1.29

이 값으로부터 계산표의 1 (연강판 SB 34 신주)를 보면 3항에 해당된다. 그러므로 공정수 h는 3이다.

다음에는 blank 직경으로 먼젓번의 계수 1.29를 가지고 계산표의 좌측 D항을 보면 25d와 마주친다. 그러므로 D°=2.5d=58 × 2.5=145(㎜), d+4dh=144로서 약 1㎜의 차이가 나지만 이 계산식은(Dd=2.5) 어디까지나 간이 계산식이므로 그것을 설계자가 고려하여야 한다.

14) deep drawing 제품의 drawing 높이 계산식

제품형상	dra-wing 공정	계산식	제품형상	dra-wing 공정	계산식
평저원통	1	$h1 = 0.25(D_{0Z1} - D1)$	Irdning	1	$h = 0.25(\propto D_{0Z1} - d1)(t_0 / t1) + t0$
	2	$h2 - h1z2 + 0.25(d1z2 - d2)$		2	$h2 = 0.25(D_{0Z1Z2} - d2)(t0 / t2) + t0$
	n	$hn = hn - Zn + 0.25(dn - Zn - dn)$		n	$hn = 0.25(D0Z1Z2 \quad Zn - dn)(lt_0 / t2) + t_0$
환저원통	1	$h = 0.25(D_0 Zi - d1) + 0.43(r1 / d1)(d + 0.32r1)$	구저원통	1	$h1 = 0.25D_{0z1}$
	2	$h2 = 0.25(D_{0ZZ2} - d2) + 0.43(r1 / d1)(d2 + 0.32 \quad 2r)$ r1=r2인 경우 $h2 = h1Z2 + 0.25(d1Z1 - d2) - 0.43(r / d2)(d1 - d2)$		2	$h2 = 0.25D_{0Z1Z2} = h1Z2$
	n	$hn = 0.25(D_0 \quad Z1Z2Zn - dn) + 0.43(rn / dn)(dn + 0.32r2)$ r=r2==r인 경우 $hn = (hn-1)Zn + 0.25(dn-1Zn - dn) - 0.43(r / dn)(dn-1 - dn)$		n	$hn = 0.25D_{0Z1Z2} \quad Zn = hn - Zn$

제품형상	dra－wing 공정	계산식	제품형상	dra－wing 공정	계산식
Taper원통 45°	1	h1 =0.25(∝D_{0z1}－d1+0.57(a1 / d1)(d1+0.86a1)		1	h1 =0.25(D_{0Z}1(df2 / d1)+3.44r2)
	2	h =0.25(D_{0oz1z2}－d2)+0.57(a2 / d2)(d2+0.86a2) a1 =a2 =a인 경우 h =h1Z1+0.25(d1Z1－d2)－0.57(a / d2)(d1－d2)		2	h2 = 0.25(D_{0Z1Z2}(df2 / d1)+3.44r)h1Z1－0.86r1Z1+0.86r2
	n	hn =0.25(D0ZZ2Zn－dn)+0.57(an / dn)(dn+0.86an) a1 =a2 =an인 경우 hn =hn－1+Zn+0.25 (dn－1Zn－dn)－0.57(d / dn)(dn－1－dn)		n	hn =0.25(D_{0Z1Z2}－Zn－0.86rn－Zn+0.86m

d0: 원판 blank 직경 d1d2 dn: 제12n 공정 drawing 공정 die 직경
Z1Z2 Z: 제12n 공정 drawing 비 r1r2 rn: 제12n 공정의 die 각 변경
h1h2 hn: 제12h 공정의 drawing 높이(㎜) t0: blank의 처음 두께 (㎜)
t1t2 tn: ironning 공정에 있어서의 측벽의 두께(㎜)

15) drawing 불량 현상과 그 대책

불량현상		대책
	1 길게 돌출한 부분, 등을 가공할 때 조여짐에 의한 파단	punch의 R을 크게 한다. blank－holder의 압력의 크기를 조절한다. 최소 clearance를 조절하고 중심맞춤을 좋게 한다.
	2 각통 등의 drawing 가공에서 벽 모서리부의 파단	굴곡반경을 크게 한다. 굴곡부의 clearance, Die의 R을 조정한다.
	3 긴 돌출부를 성형할 때 die의 R부에 생기는 찢어짐	Die R를 크게 한다. 굴곡반경을 크게 한다. clearance를 늘인다. 공정을 늘이고 예리한 각부는 restrike한다.
	4 drawing 가공에 있이서 골단 모서리부의 찢어짐	굴곡부의 재료를 충분히 한다.

16) 각통 drawing의 Rp 및 Rd

거형의 deep drawing에 관한 Rp와 Rd의 치수는 일반적으로 원통 drawing의 경우와 같이 생각해도 큰 차이가 없다. 형상이 거형이기 위해서 직선의 bending 부분과 4 모서리 부분에 응력이 과도하게 집중되게 된다. 따라서 이러한 과도응력을 줄이기 위해서 4 die의 4 모서리 부분의 R을 크게 하고 압출력에 의한 이 부분에서의 재료의 이동을 smooth하게 하기 위한 노력이 필요하다.

die radius, Rd는 성형시의 가공경화를 가급적 작게 하기 위해서 큰 것이 바람직하지만 과대하게 되면 전술한 부분과 같이 die와 punch 사이에 공간이 많아서 주름이 생기게 된다.

보통 Rd는 판 두께의 5~7배에서 10~15배 정도로 해야 한다.

$$(5\sim7)t \leqq Rd \leqq (10\sim15)t \quad t\text{: 판 두께}$$

통상 4 모서리 부분의 Rd는 직선 부분보가 20~30% 크게 하고 시험 drawing 후의 가장 좋은 조건을 채택하도록 한다.

Rp는 Rd만큼은 drawing에 미치는 영향이 크지 않지만 4 모서리부, drawing 깊이 등에 따라 변해야 한다.

일반적으로 Rp는 다음의 범위 안에 들도록 한다.

$$(5\sim7)t \leqq Rp \leqq (10\sim15)t$$

그러나 1회의 drawing으로 끝나는 경우에는 제품설계에서 Rp가 결정되기 때문에, 만약 Rp에 무리가 있으면 최초 적당한 반경으로 drawing한 후 제품의 각이 나오게 하는 경우도 있고, 시험 drawing을 반복해 가면서 최적의 drawing이 되었을 경우 중지해서 설계자와 의논하는 경우도 있다.

17) 각통 drawing의 계산

각통형 drawing 제품을 1 공정으로 얻을 수 있는가는 다음 조건의 만족 여부로부터 판단한다.

(1) punch의 R의 크기와 drawing 깊이와의 관계

h＝(4~6)R

(2) punch R과 제품 폭과의 비에 대한 drawing 깊이

1 공정으로 drawing할 수 있는 각통 drawing 깊이

R＝0.05	h＝(0.26~0.3)
R＝0.1	h＝(0.45~0.55)
R＝0.2	h＝(0.7~0.9)
R＝0.3	h＝(0.85~1.0)

(3) blank 면적 A와 punch 단면적 A1과의 비율

A＝(4~5)A1

(4) punch R과 제품 폭과의 비에 대한 판 두께와 Blank와의 상대관계에 의한 drawing 깊이

R / l1 두께 비	정방형			거형		
	0.1~0.3	0.3~1.0	1.0~2.0	0.1~0.3	0.3~1.0	1.0~2.0
0.40	2.2R	2.5R	2.8R	2.5R	2.8R	3.1R
0.3	2.8	3.2	3.5	3.2	3.5	3.8
0.2	3.5	3.8	4.2	3.8	4.2	4.6
0.1	4.5	5.0	5.5	4.5	5.0	5.5
0.05	5.0	5.0	6.0	5.0	5.5	6.0

최종 drawing과 그전 공정 drawing의 punch 단면 형상은 아래에 보였다

이중 x y y'은 다음 식에서 인용한다.

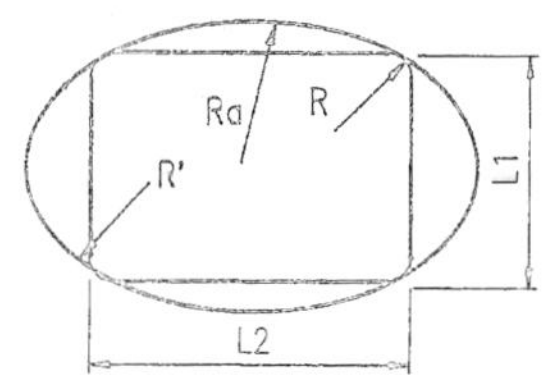

x＝(0.2~0.4)
y＝(1.2~1.8)
y'＝(1.0~1.4)

18) 각통의 한계 drawing

거형 용기를 drawing할 때 Blank 치수를 크게 해놓으면 차례로 깊은 drawing 용기의 성형이 가능하지만 어떤 값에 이르면 부서져 더 이상의 가공이 불가능하게 된다. 이런 상태를 한계 drawing에 달했다고 말한다.

그러나 재료의 질, 두께, 모서리의 radius, 밑부빵의 radius, blank holder 압력, 윤활유, clearancd, 속도, die의 치수 등 여러 가지 요소의 조합에 의해서 drawing 깊이는 변하기 때문에 우선 도면을 보고 1회로 drawing할 수 있는지 없는지, 없다면 몇 공정을 거쳐 최종 형상을 얻을 수 있는지, 또 1공정에서 drawing 해야만 한다면 형상을 어떤 모양으로 바꾸면 가능한지 등을 결정하여야 한다. 즉 제품설계자는 허용범위 안에서 가장 press 가공이 용이한 방향으로 부품설계를 해야 하고, press 가공자는 가공의 측면에서 가장 양호한 작업조건을 산출해서 양자의 합의로 최종적인 조정을 하는 것이 바람직 할 것이다.

일반적으로 거형 용기의 가공은 원통 용기에 비해서 어렵다. 거형 용기의 drawing은 4 모서리 부분이 가장 심한 악영향을 받기 때문에 drawing force는 4 모서리 부분에 집중되는 상태로 되고, 그 결과 drawing 한계는 punch의 4 모서리 부분에 접한 재료의 인장파단에 의해 결정되는 수가 많다.

각통 drawing 제품을 1 회의 drawing으로 할 경우의 길이(L), 폭(W), 깊이(H)와 모서리부분의 관계에 대해서는 여러 가지 논문이 발표되고 있지만 현장적인 계산식은 다음 식에서 구한다.

$$(H/W)\ \max = c\sqrt{(L/W)}$$

여기서 C는 계수: 연강판, 동, 황동 0.8 알루미늄판 0.7

그러나 장변이 충분히 긴 거형 용기의 drawing 한계는 정사각통의 drawing 한계보다 20~40%의 deep drawing이 가능하다. 따라서 도면에 쓰인 길이와 폭의 비를 계산하고 위의 경험식에서 (H / W)의 최대치를 구한다. 다음에 도면상의 높이(H)와 폭(W)의 비를 계산해서 경험식의 (H / W)max가 크다면 1회의 drawing으로 할 수 있다고 판단하고 두 값이 가깝다면 한계치에 근접했다고 생각해서 신중하게 대책을 세울 필요가 있다.

거형 용기의 최대 drawing 깊이는 폭의 1~1.4배에 한한다.

단, w > 8R로 한다.

H(drawing 깊이) = (1~1.4)W

다음에 거형용기의 4 모서리의 radius를 R이라 할 때 다음식의 값이 5 이하에 있으면 1회의 drawing으로 가공이 가능하다.

$K = H^2 / (RW)$

여기서 H: 용기의 깊이 W: 용기의 폭 R: 용기의 4□ 모서리의 R

거형 용기의 4 모서리 R과 최대 drawing 깊이와의 관계는 W > 8R 때 최고의 H / R이 얻어지고 보통 강판의 경우는 2 / 3 정도로 생각한다.

$H = 7.5R$

H: 최대 깊이 R: 거형 drawing에 있어서 4 모서리부의 최소 R

아래의 그림은 이식을 그래프화한 것이다. 그림에 의하면 drawing 깊이 75㎜의 경우에는 반경 R은 교점에서 내려 10㎜로 된다. 위의 계산식에 의하여 도면을 검토할 때에는 한계 drawing에 가까운 경우에는 안정성의 면에서 신중한 판단을 필요로 하는 것이다. 계산결과에 의하면 drawing 가능으로도 되고 불가능으로 되는 경우도 있다. 이 식은 한 개의 위험지역을 가리킬 뿐 절대적인 것은 아니다. 따라서 위험 지역에 있다고 판단되면 다른 예를 조사하기도 해서 작업조건에 주의해야만 한다.

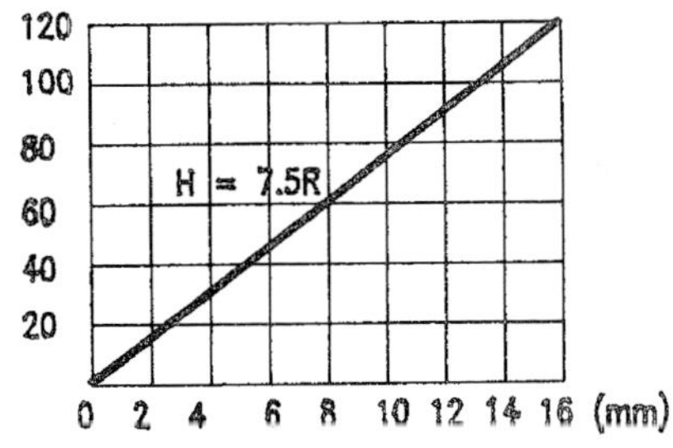

19) 거형 용기의 다 공정 drawing

거형 용기를 blank에서 1회로 얻는 한계는 통상의 기준을 앞에서 보였지만 실제로는 redrawing하는 경우가 많다.

원통 용기에 비해서 거형 용기는 1회로 deep drawing 가능하지만 drawing 기술은 꽤 어렵다. 특히 다공정을 필요로 하는 형상의 결정은 여러 가지 제한을 받을 경우가 많고 계산에 의해서 정확히 작도하는 것이 필요하다.

보통 다음과 같은 경우에서는 drawing하는 것이 좋다.

(1) 용기의 4 모서리 bending부의 R이 너무 작을 때

(2) 용기 밑 부분의 radiuds Rp가 너무 작을 때

(3) 깊이가 깊은 deep drawing의 경우

redrawing하는 것은 정했지만 몇 회의 drawing으로 최종 형상을 얻는가 하는 것은 여러 가지 조건에 의해서 제약을 받게 되므로 명확히 공식으로 정하는 것은 무리이다.

다음 표는 용기의 4 모서리부 bendinr radius R과 drawing 깊이의 관계에 의해서 회수를 결정하는 표이다.

H / R	drawing 횟수
5 이하	1
6~12	2
13~17	3
18~24	4

일반으로 직경 축소율은 10~20%의 범위에서 결정한다. 그러나 축소율은 거형 요기의 길이 축소율, 폭 축소율, 등과 별개로 생각하지만 4 모서리의 radius R을 전혀 무시할 수는 없기 때문에 redrawing의 형상을 작도하는 경우는 축소율과 bending부 R의 양면에서 판단해 작도해야 한다.

거형 용기의 redrawing 용 단면을 작도하는 경우 판재의 유동, 특히 bending의 재료와 직선부의 재료를 공정마다 작도하여 처리하는 일이 성공의 열쇠가 된다.

따라서 작도에 대해서는 계산식으로 보이는 범위를 준수하지 않으면 재료의 무리를

가져오는 결과로 된다.

R'=(4~5)R	
d=(1/3~1/2)R 또는 (3~5)㎜	여기서 R=4모서리부의 bending radius
e1=1.5R	w1=앞 공정의 폭
e2=1.3R	w2=후 공정의 폭
w1=w2/(0.76~0.9)	L1=앞 공정의 길이
L1=L2/(0.76~0.9)	L2=후 공정의 길이

간단한 예로서 2 공정에서 완성품이 되는 경우의 작도법을 아래 그림에서 보이고 있다.

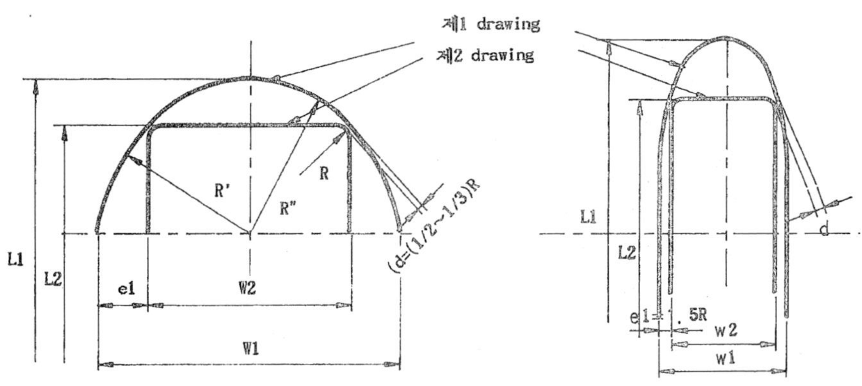

다 공정 각통 drawing의 치수법

(1) 큰 성형품의 경우에는 가능한 한 현 치수에 가까운 축척, 작은 성형품의 경우에는 배척을 사용해서 그린다.

(2) R'의 중심을 구하기 위해서 R의 중심을 통해서 모서리만 45°의 선을 그린다.

다음에 4 모서리 bending부의 외측에 d=(3~5)㎜만큼 떨어지도록 R'의 반경에서 45°의 선을 그린다.

(3) 다음에 e1, e2의 값을 결정하여야 한다.

R이 작을 때는 e1=1.3R, e2=1.5R의 값은 직경축소율 24% 이내로 할 수 있기 때문에 채용할 수 있지만, 길이에 비해 R이 크게 되면 e1, e2의 값은 직경축소율 24%의 범위를 넘게 되기 때문에 drawing에 무리가 생기는 경우도 있다. 그 경우는 축소

율에서 L1, w1의 값을 구한다. 이때 직경축소율 24%에서 10%까지 자유로 선택하지만 재질과 공정수에 의해 결정하고 무리하지 않도록 해야 한다. 이렇게 해서 결정한 e1, e2의 폭을 구하면 이선에 접해서 R1의 원호에 정하는 반경을 구해 그린다(R', R")

다음에 2 공정 이상의 작업을 하지 않으면 drawing할 수 없는 경우의 단면 형상의 설계는 2회 drawing의 방식을 쓰면 좋다.

기본사항은 최종 공정으로 되는 정도 4 모서리 bending부의 radius를 작게 한다.

그 이점은 전 공정의 R1을 크게 해놓으면 다음은 다시 한번 작은 곡률반경으로 drawing되게 하고, 전 공정에서 drawing 때문에 가공경화한 부분을 다음공정의 곡률반경이 작기 때문에 직선부로 되어 끝나게 되므로 drawing이 쉽고 유리하다. 다시 e1, e2의 부분을 작게 하는 원도 같은 이유에서 유리하다. 또 최종 공정까지 직선부는 큰 곡률반경을 가지는 곡선으로 해놓는 것이 좋다.

예) 정방형 용기의 drawing 설계의 예

R' = 5 × 6 = 30㎜

d = 3㎜

e1 = 1.5 × 6 = 9㎜

w1 = 57 / 0.76 = 75㎜　　　제2공정

(75 − 57) / 2 = 9㎜

w2 = 75 / 0.76 = 99㎜　　　제1공정

직경축소율을 제1공정, 제2공정 모두 24%로 한다.

e1과 w1에서 구한 값은 길이 9㎜이다.

이 경우는 오히려 예의로 생각할 수 있으며, 이상의 계산으로 아래 그림을 작도할 수 있다.

이 예는 장방형 용기의 깊이 100㎜의 계산으로 3회의 drawing으로 완성하고 있지만 재질에 의해서는 4회 drawing을 계획해야 한다.

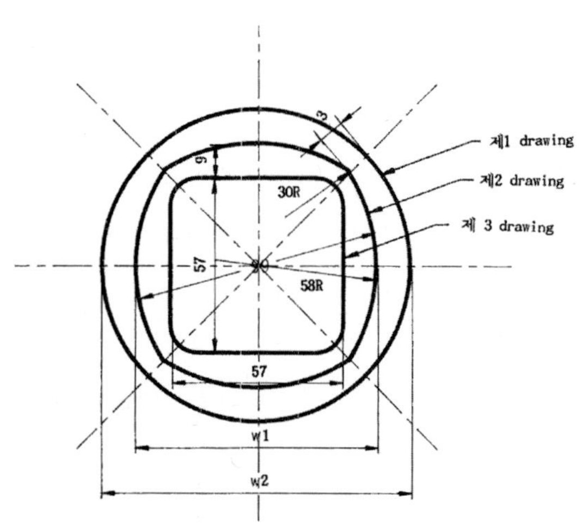

20) press drawing 압력

F＝Tts

L: 전주 t: 판 두께

재질	S(kg / mm²)
SPK	25
Bs	16
A1	4

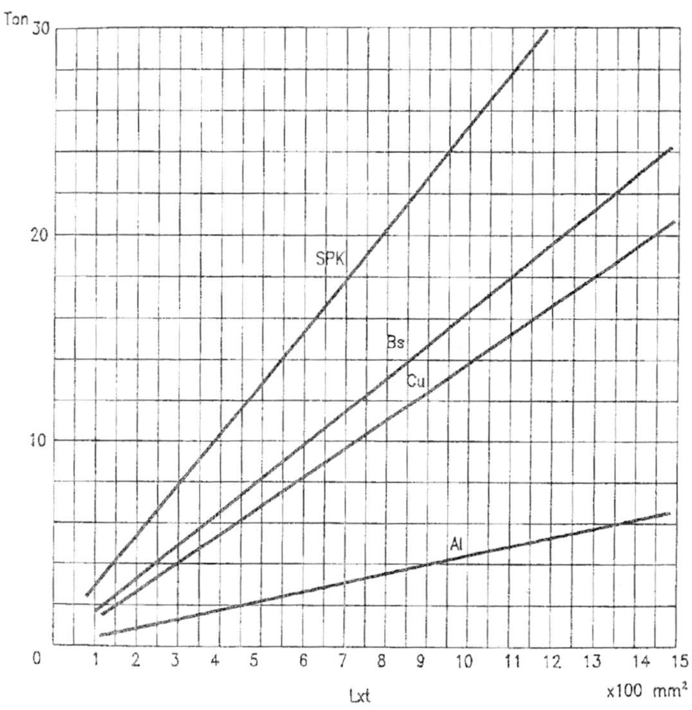

21) drawing die

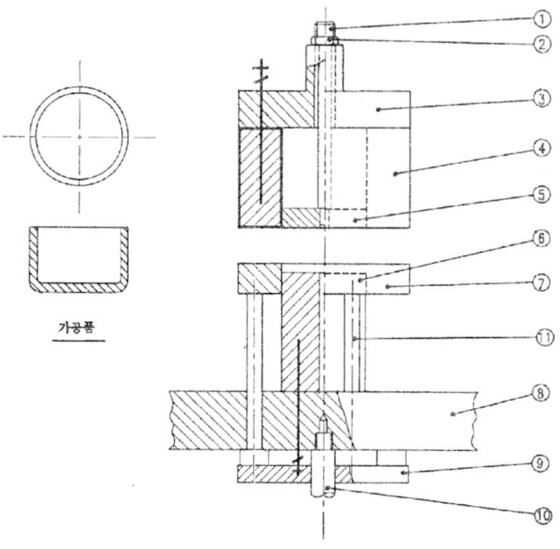

번호	명칭	번호	명칭
1	녹크 아우트봉	7	스트리파
2	너트	8	하홀다
3	상홀다	9	쿠숀판
4	다이	10	쿠숀 고정봉
5	내밀판	11	밀핀
6	펀치		

22) drawing die(재 drawing)

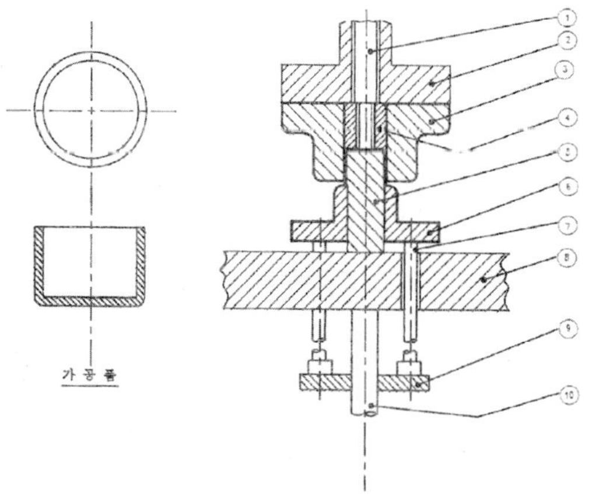

번호	명칭	번호	명칭
1	녹크 아우트봉	6	스트리파
2	상홀다	7	밀핀
3	다이	8	하홀다
4	내밀판	9	쿠숀판
5	펀치	10	쿠숀 고정봉

23) drawing die(역 drawing)

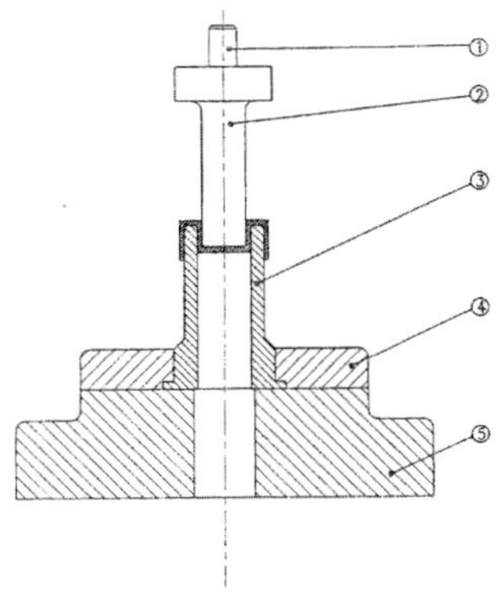

번호	명칭	번호	명칭
1	샹크	4	다이고정판
2	펀치	5	하홀다
3	다이		

24) drawing 가공 압력

1. Flange가 달린 경우
   $P = \pi dt\delta_B$
2. Flange가 없는 경우
   $P = \pi dt(\delta_B + \delta_s) / 2$
3. $P = \pi dt\delta_B(D / d - C)$
4. Kackmarek 및 Schuler사의 경우: Drawing율 D / b의 보정계수로 (1) 식에 곱해야 한다고 제안해서 다음의 식을 들고 있다.
   $P = \pi dt\delta_{Bn}$

여기서; P = drawing 가공 압력
d = 재료(용기)의 평균 직경(45~50%) 중립면
δ_B = 재료의 인장응력(kg / ㎟)
δ_s = 재료의 전단응력(kg / ㎟)
C = 보정계수 0.6~0.7

Drawing 율	0.55	0.575.	0.6	0.625	0.65	0.675	0.7	0.725	0.75	0.775	0.8
Drawing 비	1.82	1.34	1.67	1.60	1.54	1.48	1.43	1.38	1.33	1.29	1.25
n	1.0	0.93	0.86	0.79	0.72	0.66	0.6	0.55	0.5	0.45	0.4

5. E. V. Crane는 실험식으로서 다음 식을 들고 있다.
   $P = \pi dt\delta_B(D / d - 0.3)$

위 계산식은 drawing 가공 시 Ironning효과가 없는 경우에 해당하고 있는데 그 외에 Rp, Rd, 윤활제의 영향 등으로 drawing 압력이 변하고 있어 실험적으로 연구되고 있다.

상기 5개의 식은 drawing율 70% 이상으로 되면 (4)식이 다른 식보다 낮게 나타나고 drawing율 50~60%로 되면 (5)가 다른 식보다 높게 나타난다.

25) drawing시 stripper의 힘

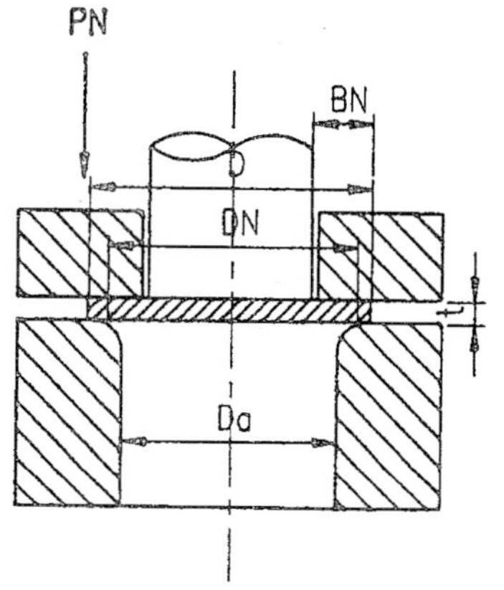

PN = FN PN / 1000
PN = PAD의 압력 Ton
FN = Pad의 면적 ㎠
DN = PAD의 평균직경 ㎝
BN = PAD부의 폭 ㎝
da = drawing 원통 용기의 직경 ㎝
d = drawing 원통 용기의 측벽 중심경 ㎝
B = D / d, drawing 비
t = 재료의 두께 ㎜
Pn = 단위 면적당의 PAD 압력 kg / ㎟

$FN = \pi DN\ BN = \pi / 4(D^2 - d^2)$

$= \pi / 4(D + da)(D - da)$ d = da라고 할 때

$= \pi / 4d^2(B + 1)(B - 1)$

$= \pi / 4d^2(B_2 - 1)$㎝

재료	PN(kg / ㎟)		
	G. Oehler	G. sachs	Schuler 사
연강		16~18	10~20
deep drawing용 강판	25		10~20
동		8~12	10~20
황동	20	11~16	10~20
알루미늄	12	3~7	8~10

26) drawing율

(1) drawing의 한계와 공정의 분리

drawing율 m = d / D

drawing비 B = D / d

축소율 = $\frac{D-d}{D} \times 100\%$

	d = 80	d = 70	d = 60	d = 50
drawing율 m = d / D	80 / 100 = 0.8	70 / 100 = 0.7	60 / 100 = 0.6	50 / 100 = 0.5
drawing비 B = D / d	100 / 80 = 1.25	100 / 70 = 1.45	100 / 60 = 1.67	100 / 50 = 2.0
축소율 = $\frac{D-d}{D} \times 100\%$	$\frac{100-80}{100} \times 100\% = 20\%$	$\frac{100-70}{100} \times 100\% = 30\%$	$\frac{100-60}{100} \times 100\% = 40\%$	$\frac{100-50}{100} \times 100\% = 50\%$

이 표는 blanking 직경이 100㎜일 때의 d에 따라 변하는 drawing율, drawing비, 축소율을 표시한다.

(2) 한계 drawing율은 재료에 따라 아래 표와 같다.

재료	1차 drawing율 m1	2차 drawing율 m2
deep drawing용 강판	0.30~0.55	0.75~0.80
drawing용 강판	0.55~0.60	0.80
일반 강판	0.45~0.50	0.75
18-8 스테인리스 강판	0.53~0.60	0.85~0.90
8 스테인리스 강판	0.65~0.70	0.80~0.85
아연판	0.75	0.85~0.90
연질 알미늄판(3.2t 이상)	0.55~0.58	0.72~0.80
연질 알미늄판(3.2t 이하)	0.53~0.60	0.78~0.85
황동판	0.50~0.55	0.75~0.80

재 drawing율 m2 = d2 / d1

27) drawing형의 clearance

형에 의한 drawing을 행할 시 punch와 die의 사이에는 편측으로 판 두께만큼의 clearance가 없으면 drawing을 할 수 없다. drawing 작업에서는 판 두께의 변화가 생기고 deep drawing으로 되는 만큼 판 두께가 두껍게 된다.

그 외 사용재에도 허용범위가 있다. 형 drawing의 경우를 생각해 보면 두께의 증가는 크지 않지만 소재의 두께변화도 생각하고 형을 열처리해서 연마해 있지 않으면 quenching distortion이 생겨 진원으로 되어 있지 않는가도 알 수 없다.

이런 악조건에 의해서 drawing이 ironing을 포함한 drawing으로 되서 drawing force는 급상승하고 제품의 측벽에는 무수히 많은 drawing wound가 생긴다.

deep drawing의 경우는 두께의 증가도 20~30%로 되는 일이 예상되어 판 두께의 변화, 형의 진원도 등 악조건이 명백히 나타난다.

그 때문에 일반으로는 판 두께 이상의 간격(clearance)을 주어서 이들의 결점의 발생을 막는 방법으로 하고 있다.

그러나 clearance가 과대하면 박판의 경우에 명확히 측벽에 간격이 생기고 표면이 난반사되는 상태로 된다.

그 때문에 clearance를 어떤 범위 내로 유지하지 않으면 좋은 제품의 제작은 어렵다.

특히 stainless는 마찰이 커서 가공경화도 과대하기 때문에 일반으로는 보통 연강의 1.5~2배로 한다.

아래의 표는 연강의 clearance의 표준치를 나타낸다.

blanking의 두께mm	제1drawing	제2drawing	제3drawing
0.4이내	1.07t~1.09t	1.08t~1.1t	1.04t~1.05t
0.4~1.2	1.08t~1.1tt	1.09t~1.12t	1.05t~1.06t
1.2~1.8	1.1t~1.12t	1.12t~1.14t	1.06t~1.09t
1.8 이상	1.12t~1.14t	1.15t~1.2t	1.08t~1.1t

28) Rp와 Rd

(1) Rp(punch radius)의 표준치

일반적으로 drawing한계를 향상시키는 punch 머리부분의 형상은 punch radius(Rp)와 die radius(Rd)에 달려 있다.

보통은 다음의 범위에 있다.

(4~6) t≦ Rp ≦ (20~10)t t: 재료의 두께

최근 급격히 사용빈도가 늘고 있는 18－8 stainless에 관해서는

Rp＝(6~8)t로 설계하는 것이 좋다.

그러나 deep drawing의 깊이가 drawing경의 1 / 5 정도로 얕은 것에는 그 외의 조건에 의하면 다음의 값 정도까지 drawing하는 것으로 보고 되고 있다.

연강 : Rp 최소＝1 / 2t

알루미늄 Rp 최소＝1t

18－8 stainless강 Rp 최소＝2t

(2) Rd(die radius)

die부의 반경(Rd)는 drawing작업을 성공시키기 위한 중요한 요소이다. 그러므로 die radius는 형설계, 제작, 시험 drawing시 일관된 기획으로 주의 깊게 검토할 필요가 있다. die r견부는 재료가 drawing 되면서 말려 들어갈 때 가능한 만큼 smooth하게 재료의 흐름이 통제 되도록 계획해야만 한다. 그렇게 하기 위해서 Rd가 크게 되면 drawing이 원활히 되기 때문에 drawing율을 향상시킬 수 있다. 그러나 너무 크게 되면 재료는 drawing이 끝나기 전에 pad에서 개방되는 결과가 되어 주름이 생기게 된다. 반대로 너무 작게 되면 재료는 punch와 die radius사이에서 급하게 구부러지는 결과가 되어 파괴되고 만다.

punch 직경에 비해서 blank 직경이 작은 경우라든가 사용재료가 두꺼운 경우에는 주름이 생기기 어렵기 때문에 die 견부(Rd)의 치수를 적당히 선택하면 pad(주름방지용

으로 잡아주는 장치) 없이도 drawing 작업이 가능하다.

die의 견부가 taper인 경우에는 수평에서 45°~60°로 한다. die 견부의 폭 f1의 치수는 재료 두께의 20배 이내이면 안전하다.

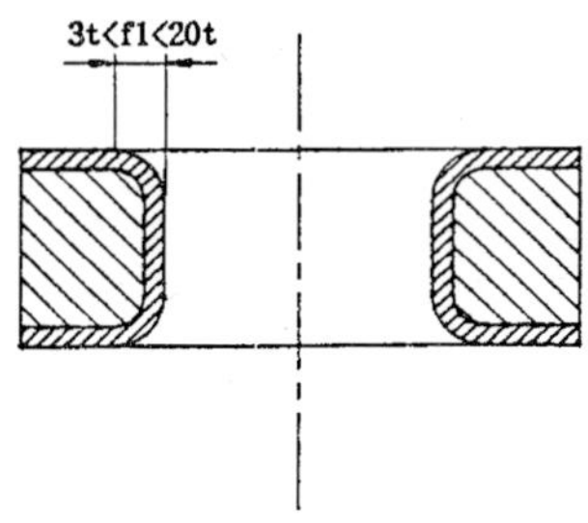

다음에 pad를 붙이는 경우의 제1 drawing의 die radius(Rd)에 관해서는 두 개의 기본 사항을 생각해야 한다.

하나는 Rd가 극소의 경우라든가 과대의 경우에는 주름이 잡힌다는 것이다. 따라서 Rd의 적정치에는 상한과 하한이 존재한다고 말하며 그 범위가 넓다고 하는 것은 특별한 작업에 대해서도 적용성이 있다는 것을 의미한다.

일반적으로 사용되는 기준치는 다음과 같다.

(4~6) Rd (10~15 또는 20t) t=판 두께

이 기준치에서 판 두께의 4~6배라고 하는 것은 이 값보다 작은 Rd에서는 재료의 파괴를 의미하고 판 두께 10~20배는 이 이상 크면 주름이 잡힌다는 것을 의미한다. 전항에서도 이미 설명했듯이 drawing 작업은 Rd를 기준치의 범위에 넣었다고 반드시 성공한다고 판정할 수는 없다.

일반적으로 drawing 작업을 성공시키지 위해서는 여러 가지의 요소를 합리적으로 모색하는 것이 필요하지만 특히 Rd는 중요한 요소로서 test drawing때에는 오히려 작은 값에서 시작하여 점차 크게 해가면서 성공치를 산출해 나가도록 한다.

다음에 판 두께와 제품 직경을 비교해서 판단하면 동일 제품의 직경에 있어서도 판 두께가 변하면 Rd를 바꿀 필요가 있다.

판 두께가 die 직경의 5% 이내일 때 $0.02d \leqq Rd \leqq 0.8d$

판 두께가 die 직경의 1% 이내일 때 $0.04d \leqq Rd \leqq 0.15d$

판 두께가 die 직경의 2% 이내일 때 $0.08 \leq Rd \leq 0.03d$

d: die의 직경

또 Rd가 판 두께의 4배보다 작아도 어떤 한계 이상으로 한계 drawing율 보다 높은 drawing율을 택하여 가공하면 drawing을 성공하는 예도 있다.

(표: drawing die와 punch의 air vent)

펀치 직경(inch)	air vent(inch)
2 이하	3 / 16
2~4	1 / 4
4~8	5 / 16
8 이상	3 / 8

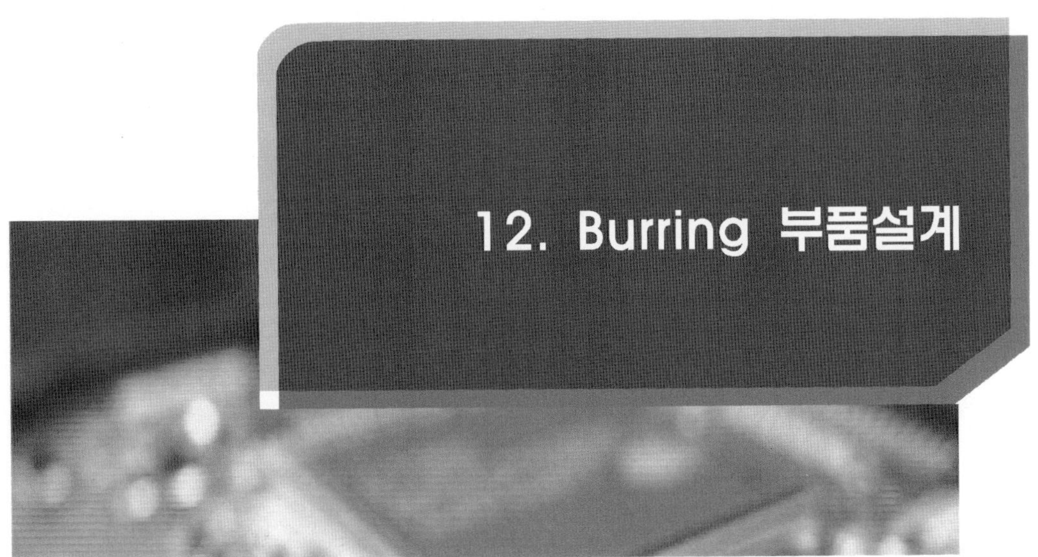

12. Burring 부품설계

1) burring 관계

piercing 구멍은 punch 치수와 같게 나온다. 제품도에서 +0.03 정도로 되게 하고 die stripper는 clearance를 적용시킬 것.

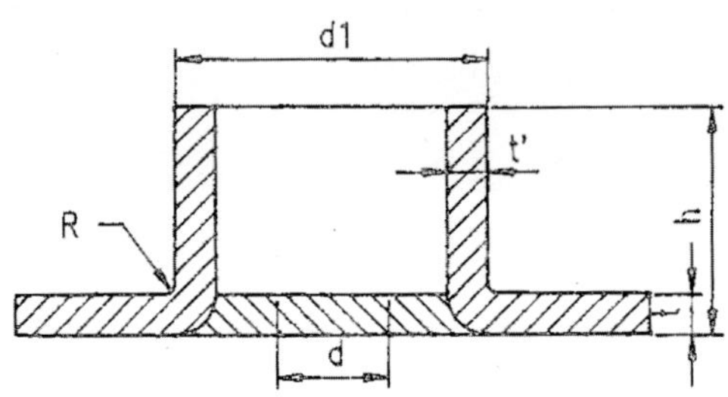

$$\frac{\pi d1^2}{4} = \frac{\pi d2^2}{4} + \pi d1 h \qquad (1)$$

$$d = \sqrt{d1^2 - 4d1h}$$

(대형 burring 구멍의 계산식)

burring hole d1의 둘레 길이는 아래 구멍 둘레보다 30% 이상 커서는 안 된다.

$$\pi d1 \leqq \pi 1.3d \qquad d1 = 1.3d \qquad (2)$$

(2)를 (1)에 대입하면 $d = \sqrt{1.3^2 d^2 - 4 \times 1.3dh}$ $\qquad h = 0.1d$

t1을 t보다 작게 하면 h를 높일 수 있다.

c = 0.5 d1, h = 0.4d1

(또 punch와 die의 gap을 작게 하면 h를 높일 수 있다)

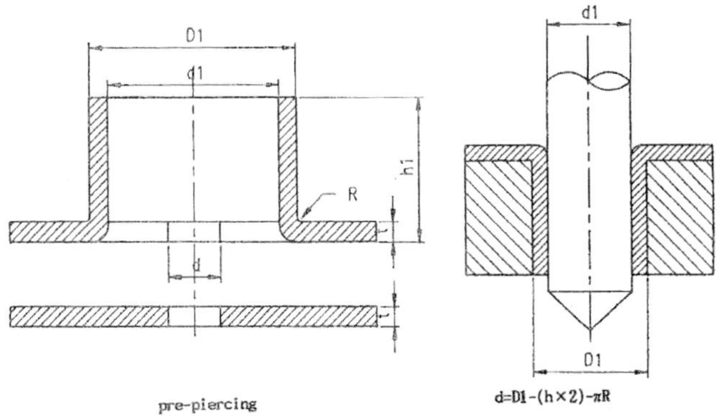

2) burring을 위한 pre-piercing 설계 방법

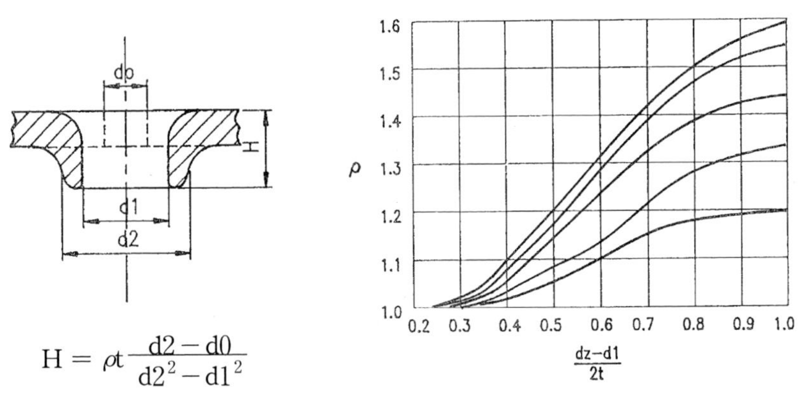

$$H = \rho t \frac{d2 - d0}{d2^2 - d1^2}$$

처음 do의 근사치를 가지고 graph에서 ρ를 구하여 계산식에 의해 H를 구한다.

구한 값 H가 작을 때 다시 do를 근사치로 택하여 계산해 H가 근삿값에 이를 때 do를 택한다.

(계산 예)

조건 t=0.6 H=1.6 d1=2.9

(sol) 근사치로 d2=4.1, do=1.6으로 하면

d1 / d2 = 2.9 / 1.6 = 1.82, (d2 − d1) / 2t = (4.1 − 2.9) / (2 × 0.6) = 1

d1 / do = 1.82와 (d2 − d1) / 2t = 1을 가지고 graph에서 ρ를 구하면 ρ=1.48, 이것을 식에 대입하면

$H = \rho t(d2 - do) / (d2 - d1) = 1.48 \times 0.6 \times (16.8 - 2.6) / (16.8 - 8.4) = 1.5$

H가 너무 작으므로 다시 계산한다.

근사치로 d2 = 4.1, do = 1.4로 하면

d1 / do = 2.9 / 1.4 = 2.01 따라서 (d2 − d1) / 2t = 1, graph에서 ρ = 1.53

$H = (16.8 - 2) / (16.8 - 8.4) \times 1.53 \times 0.6 = 1.6$(만족)

3) 미리 구멍을 뚫지 않는 burring

M2~M6의 burring 구멍을 끝이 뾰족한, punch로 뚫으면 미리 구멍을 뚫을 필요가 없다. punch의 선단각(α)는 재료에 따라 다르다. punch 직경(do)은 설계자료에 있으며 punch 고정판에 끼워 사용한다. do와 dz의 치수는 아래 표로부터 결정하여 붓싱이 고정판으로부터 하홀더로 내려가는 것을 막기 위해 열처리된 받침판을 붙인다.

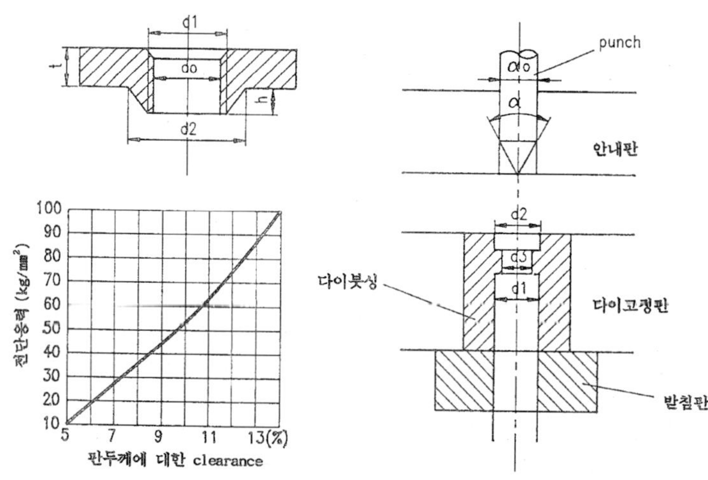

나사직경		판 두께							
d1	d0	0.5	0.6	0.8	1.0	1.2	1.5	2.0	2.5
M2	1.65	2.23	2.43	2.58	2.68				
M2.3	1.95		2.78	2.93	3.08	3.18			
M2.6	2.20		3.07	3.17	3.37	3.47	3.67		
M3	2.55		3.48	3.68	3.83	3.73	4.13		
M3.5	2.95			4.13	4.32	4.43	4.63	4.88	
M4	3.35			4.55	4.75	4.9	5.15	5.45	
M6	4.25				5.80	6.0	6.25	6.6	6.85

4) burrint 가공 치수(JIS)

(단위 ㎜)

나사직경, M	pich	판의 두께, t	d1	D1	d
2.3	0.4	0.8	1.93	2.7	1.3
		1.0		3.0	1.5
		1.2		3.4	1.7
2.4	0.45	0.8	2.19	2.9	1.4
		1.0		3.2	1.6
		1.2		3.5	1.7
		1.4		3.9	1.9
3.0	0.5	1.2	2.44	3.4	1.7
		1.4		3.7	1.8
		1.6		4.0	2.0
3.5	0.6	1.2	2.94	4.1	2.0
		1.4		4.4	2.2
		1.6		4.8	2.4
4.0	0.7	1.4	3.33	4.6	2.3
		1.6		4.8	2.4
		2.0		5.5	2.7
4.5	0.75	1.4	3.83	5.2	2.4
		1.6		5.5	2.7
		2.0		6.2	3.1
5.0	0.8	2.0	4.17	6.2	3.1
6.0	1.0	2.0	5.08	7.1	3.5

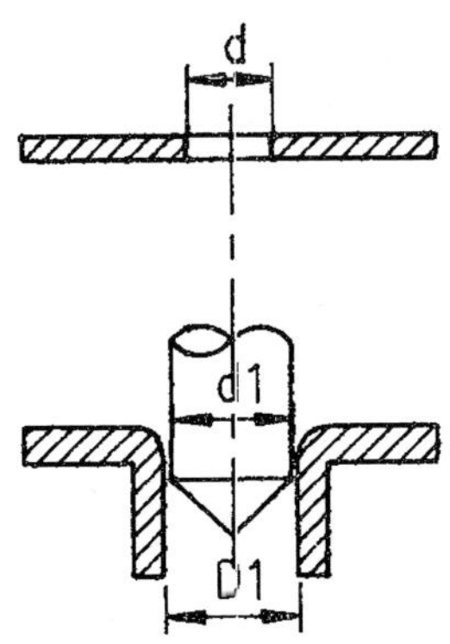

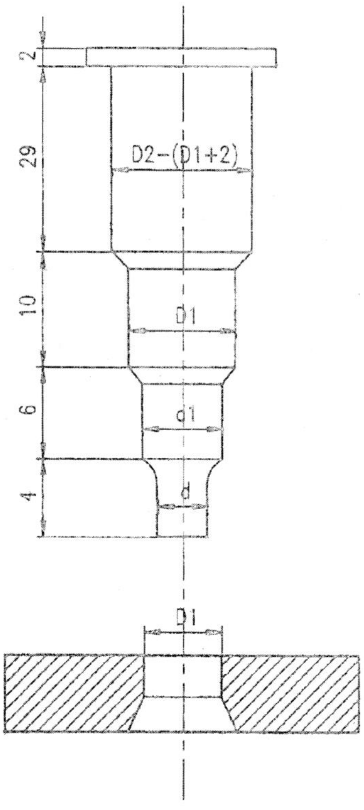

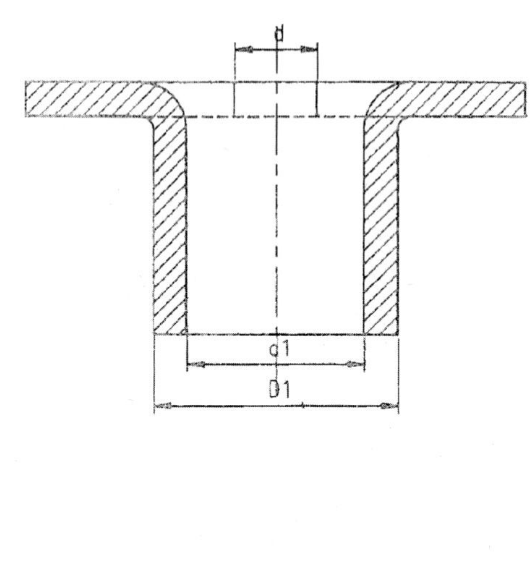

호칭	판 두께 t	d	d1	D1	D2	계산	실험	burring력
3.0-0.6	1.2	1.7	2.56	3.4	5.4	1.92	2.2	1520
3.0-0.6	1.6	2.0	2.54	4.0	6.0	2.37	2.4	1540
4-0.75	1.6	2.4	3.45	4.8	6.8	2.55	2.75	1870
4-0.75	2.0	2.7	3.33	5.5	3.5	3.16	3.0	1910
5-0.9	2.0	3.1	4.3	6.2	8.2	3.16	3.55	2160
6-1.0	2.0	3.5	5.21	7.1	9.1	3.34	1.85	2530

5) 동시 burring 가공

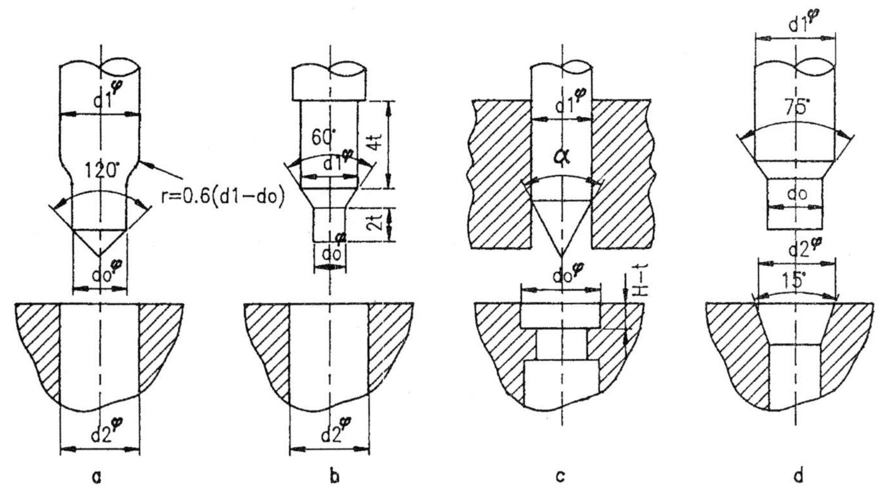

H = t(d2 − do) / (d2 − d1)
통상 d2 = d1 + 1.3t

이식으로부터 d0, d2 및 H를 서로 구할 수 있다
(piercing 한 후 burring 할 경우의 data 참조)

a의 특징:

① 얇은 원추형의 주둥이를 갖고 있어 변형에 앞서 piercing되어 깨끗하게 작업된다.

② do에서 d1까지를 원호 r = 0.6(d1 − do)로 곡선부를 둔다(break effect 방지)

③ 원활한 작업이 가능하나 정확한 원통형의 구멍은 얻지 못한다.

b, d의 특징: b의 60°, d의 75°의 원추부에서 break effect가 일어날 수 있다.

c의 특징: ① 원추부가 있고 guide block에 의해 안내된다.

원추각 $\alpha = 60°$ t > 1.5일 때

원추각 $\alpha = 55°$ t < 1.5일 때

② H − t만큼 단부를 두어 전 burring 깊이가 제한되어 있다.

6) compound die의 clearance

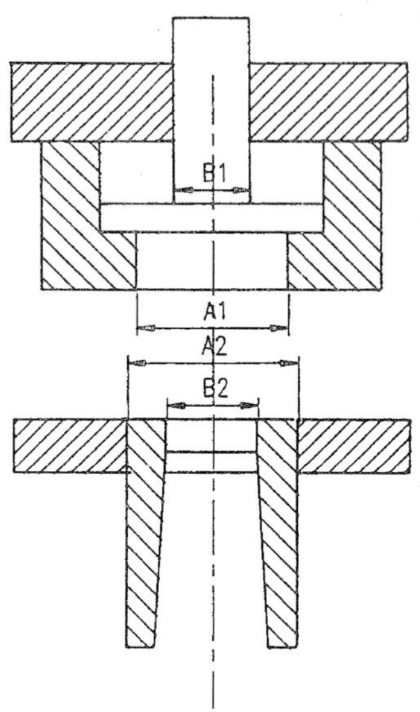

판 두께 형	A1		B1		A2		B2
	DIE	PAD	PUNCH	PAD	PUNCH	PAD	DIE
0.2	+0.01 −0.0	−0.05 −0.10	+0.02 +0.03	+0.05 +0.25	+0 +0.01	+0.85 +0.95	+0.04 +0.03
0.4	+0.02 −0	−0.05 −0.10	+0.02 +0.04	+0.05 +0.25	+0 −0.02	+0.85 +0.95	+0.06 +0.04
0.5	+0.02 −0	−0.05 −0.10	+0.02 +0.04	+0.05 +0.25	−0.01 −0.03	+0.85 +0.95	+0.03 +0.05
0.8	+0.02 −0	−0.05 −0.16	+0.02 +0.04	+0.1 +0.2	−0.04 −0.06	+0.4 −0	+0.09 +0.07
1.0	+0.02 −0	−0.05 −0.16	+0.02 +0.04	+0.1 +0.2	−0.05 −0.07	+0.4 −0	+0.10 +0.08
1.2	+0.02 −0	−0.05 −0.16	+0.02 +0.04	+0.1 +0.2	−0.06 −0.06	+0.4 −0	+0.12 +0.10
1.6	+0.03 −0	−0.05 −0.16	+0.02 +0.05	+0.1 +0.2	−0.08 −0.11	±0.05	+0.15 +0.12
2.3	+0.03 −0	−0.05 −0.16	+0.02 +0.05	+0.1 +0.2	−0.12 −0.15	+0 −0.1	+0.18 +0.15

7) burring 공구 치수

이 규격은 burring 가공에서 공구치수에 대한 규격이다.

burring이란 판에 나사를 체결하기 위한 목적으로 그 장소를 국부적으로 expanding 하여 필요한 높이를 얻는 가공법이다.

이 규격은 정도 및 강도를 특히 요구하는 JIS B0205B0209 2급 및 3급 나사를 체결하기 위해 burring 가공에 적용한다.

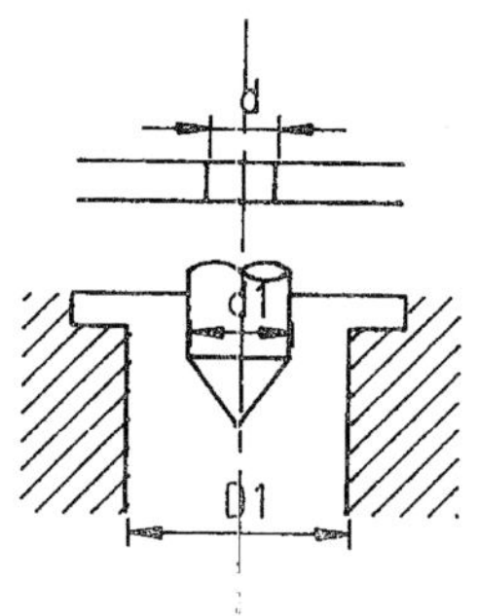

나사호칭 치수	판 두께, r	d1	D1	d
−0.4	0.8		2.7	1.3
2.3	1.0	1.93	3.0	1.5
	1.2		3.4	1.7
−0.45	0.8		2.9	1.4
2.6	1.0	2.17	3.2	1.6
	1.2		3.5	1.7
	1.4		3.9	1.9
−0.6	1.2		3.4	1.7
3.0	1.4	2.44	3.7	1.8
	1.6		4.0	2.0
−0.6	1.2		4.1	2.0
3.5	1.4	2.94	4.4	2.2
	1.6		4.8	2.4
−0.75	1.4		4.6	2.3
4.0	1.6	3.33	4.8	2.4
	2.0		5.5	2.7
−0.75	1.4		5.2	2.6
4.5	1.6	3.83	5.5	2.7
	2.0		6.2	3.1

13. 금형 재료

1) 금형 재료 일반

종류	재료표시	KS기호	JIS기호	특성	용도
일반구조용 압연강재 KSD3503		SB34	G3101 SS	JS 34~41㎏ / ㎜	강이형 상하 홀다, stripper
기계구조용 탄수강 KSD3752	보라	SM20C	G3102S20C	JS 41 HRc 1D	연결핀, 6각 볼트, shank, shank판 상하홀다, bending die 상하홀다 punch plate, stripper
	회색	SM35C	G3102 S35C	JS 52 HRc 15	평머리 볼트
	백색	SM55C	G3102 S55C	JS 66 HRc 40	6각 소켓볼트, 고정 stripper, 받침판, guide판, 소재안내판, 내밀판
탄소공구강KSD 3751	흑색	STC3	SK3	HRc 63 이상	데이터 핀, 사이드 캇타, 받침판 맞춤 핀, 파이롯트핀, 스톱 핀, guide post, bushing, 게이지 핀, 녹아우트 핀, 3급 금형의 펀치, 다이블록, 밀판
	청색(하늘)	STC4	G4401SK4	JS 54~63 HRc 61 이상	
합금공구강	녹색(초록)		G4404 SKS3	HRc 60 이상	bending 핀, 캠, 1, 2급 금형의 펀치 및 die, 사이드 캇타
	황색(노랑)		G4404 SKS4	HRc 56 이상	녹아우트 핀, 파이롯트 핀, 피어싱 펀치
	적색		G4404 SKD2	HRc 61 이상	2급 이상 punch 및 die 피어싱 펀치, bending die
피아노선			SWPA		직경 2㎜ 이하의 piercing punch, spring
			SWPB G3522		
스프링강 3701		SPS3	G4801 SUP3		소재안내 고정판의 spring
고속도강	갈색		G4403 G4201	HRc 63 이상	특급 punch 및 die
표면소입강			G4201 SH50		guide post 및 bushing
			G4201 SH80		축
초경합금			H5501 G2	HRc 60 이상	특급 punch 및 die
회주철 KSD 4301		GC20	5501 FC20		die set, 상하 홀다

2) press die 제작용 재료 표

(1) 적용 범위

이 표준은 press 금형을 제작하는 각종 재료의 재질에 대하여 규정한다.

(2) 종 류

명칭	KS 재료 기호	JIS 재료 기호	경도
SHANK	SB 34	SS 34	
	SM 200	S 20C	
SHANK PIN	SrCa	SK4	HRc48
HOLDER	gC 20	FC2 0	
	SM 20C	S 20C	
	SB 34	SS 34	
받침판	SM 55C	S 55C	HRc54
	STC4	SK4	HRc54
PUNCH PLATE	SB 34	SS 34	
	SB 20C	S 20C	
DOWEL PIN	STC 4	SK4	HRc55
STRIPPER PLATE	STC3	SK3	HRc48
	SM 20c	S20C	
GUAGE PLATE	STC4	SK4	HRc48
GUAGE PIN	STC5	SK5	HRc56
PILOT PIN	STC5	SK5	HRc50
STRIPPER PIN	STC5	SK5	HRc48
STRIPPER BOLT	SM35C	S35C	HRc30
DIE 취부 나사	SM35C	S35C	
육각 홈 볼트	SM45C	S45C	HRc30
GUIDE POST	STC4	SK4	HRc58 이상
GUIDE BUSHING	STC4	SK4	HRc58 이상
PUNCH & DIE	SKH 2~3	SKS 2~3	
	SHH 2~3	SKH 2~3	
	SKS 2~3 STC 2~3	SKS 2~3 SK 2~3	노통 HRc60
	6KD 1~2	SK0 1~2	특수형 HRc56

재료	전단응력(kg / ㎟)		인장응력(kg / ㎟)	
	soft	hard	soft	hard
납	2~3			50
주석	3~4			40
A1	7~10	13~16	18~22	60~30
듀랄루민	22	38	48	
아연	12	20	25	50~75
구리	18~22	25~30	30~40	30~59
황동	22~30	35~40	40~60	20~60
청동	32~40	40~60	50~75	
양은	28~36	45~56	55~70	
은	19			
SPN 1~8	26 이상		28 이상	60~38
SPC 1~3	26 이상		28 이상	60~38
Deep Drawing용 강판	30~35		32~28	60~38
SS 34	27~36		33~44	40~28
SS 41	33~42		41~52	40~28
Steel (0.1% C)	25	32	32	50~38
Steel (0.2% C)	32	40	40	40~28
Steel (0.3% C)	36	45	45	33~22
Steel (0.4% C)	45	56	56	27~17
Steel (0.6% C)	56	72	72	20~9
Steel (0.8% C)	72	90	90	15~5
Steel (1.0% C)	80	105	100	10~2
규소강판	45	56	55	30
Stainless 강판	52	56	65~70	
Ni	25	56	44~50	

14. Press가공기술 논문분석

1) CAE에 의한 프레스 금형의 spring back 예측형상의 최적화

(1) 서 론

최근 자동차개발은 충돌안전성능의 향상과 차체의 경량화를 확립시키기 위해 프레스 부품으로 고강도강판의 적용이 효과적인 방법이 되고 있다. 그러나 이 재료의 강도가 높으면 높을수록 성형 후에 스프링백(spring back)으로 인한 탄성회복현상이 커지고, 제품치수의 정밀도가 확보되기 어렵게 된다. 이런 현상의 대책으로서 제품에 형상 정밀성을 향상시키기 위하여 비드(bead)를 추가시키거나 스프링백의 원인이 되는 성형품의 앞과 뒤의 내면압력차를 저감시키는 공정방안이 채택되는 등, 여러 가지 스프링백의 억제방안이 이용되고 있다. 또 젖혀지거나 비틀어지는 복잡한 스프링백의 형태에 대한 억제방지책 만으로는 대응이 어렵기 때문에 스프링백을 고려한 금형을 개발하는 방법이 이용되고 있다.

금형경험을 바탕으로 하는 예측으로 금형제작 후에 여러 가지 수정이 필요하기 때문에 CAE(computer aided engineering)에 의한 금형제작 전의 기술에 대한 기대가 더해지고 있다. 또한 앞으로 치수 정밀도의 보정방법을 비교해서 CAE에 의한 금형의 spring back 형상을 최적화하는 방법으로서 1180Mpa급의 초고강도 냉연강판을 이용하여 비대칭 모자(hat)의 형상에 적용한 결과에 대해서 기술한다.

(2) 본 론

① 치수 정밀도의 보정방법

금형 설계에서 양산에 이르기까지 프레스의 부품 치수의 정밀도보정 흐름을 종래와 비교해보면 종래의 방법으로는 우선 유사한 부품의 경험을 바탕으로 신규형상의 금형에 스프링백의 외관에 휘어 넣어 제작한다. 금형제작 후에 실물에 직접 실험을 해보고 성형품을 목표형상과 동일한 모양의 검사기구에 고정기구를 이용, 설정하여 대표점에서 목표 형상과의 편차를 틈새 게이지를 이용하여 아날로그로 측정하였다. 수치의 정밀도를 평가하여 목표치를 만족시키지 않는 경우는 측정 결과로부터의 경험을 바탕으로 보정부분 및 보정량을 결정한다.

그리하여 금형의 보정에서 양산까지 목표를 만족시킬 때까지는 보정을 반복한다.

여기에서 대표점만을 측정한 결과로서는 성형품자체의 치수정밀도의 상황을 파악하기는 힘들고 보정방법을 잘못하여 모형 수정을 반복하는 경우가 많다. 특히 스프링백이 큰 초고강도 강판의 성형에는 숙련된 경험과 기능이 있어도 제한된 기간에 보정이 어렵다. 따라서 향후에는 금형제작 전에는 CAE, 금형제작 후의 성형품 전체 형상을 3차원 형상측정기에 의해 디지털로 측정하고, 그 결과를 컴퓨터로 검사하는 CAT(computer aided testing)의 방법이 주류를 이루게 될 것이다. 우선 시뮬레이션에 의한 가상의 실험에서 스프링백을 예측하고 목표형상과의 편차를 산출한다. 치수정밀도를 평가하여 목표를 만족하지 않는 경우는 편차의 결과를 이용한 스프링백의 겉모양을 산출하여 금형의 CAD(computer aided design) 데이터를 수정한다. 이 때, 종래와는 다른 방법이 사용되어 인간의 경험뿐만 아니라 치수에 기초를 두고 예측이 가능한 것이 특징이다.

금형의 제작은 가상에서 겉모양의 보정을 반복하고, 치수정밀도의 목표를 만족시킨 후에 이루어진다. 금형제작 후에는 CAT의 방법을 이용하여 치수의 정밀도를 평가하고, 종래의 수법과 같은 모양의 양산이 이루질 때까지는 성형품전체의 치수정밀도의 상황을 파악 할 수 있기 때문에 보정법법을 실수하지 않는 장점이 있다. 또 디지털에서의 측정결과를 CAD의 수정으로 직접 활용할 수 있기 때문에 금형수정까지의 리드타임을 저감하는 장점도 있다. 또 CAE와 CAT는 데이터를 연결시켜 CAT의 결과에서 시뮬레이션의 예측정밀도를 검토시킨 후에 겉모양의 보정방법이 적절여부를 CAE로 확인할 수 있다. 합격률이라는 것은 성형품의 목표형상과의 편차에서 허용치 이내에 들어있는 비율이다. 각 방법으로 금형의 수정횟수를 높이면 수치의 정밀도의 합격률도 높아진다.

② 스프링백 겉모양 형상의 최적화

금형제작 전에 CAE를 이용하는 경우에 예측형상이 적절하지 않으면 예측형상 없이 제작한 금형보다도 치수의 정밀도가 악화될 가능성이 높다. CAE에 의한 예측형상의 보정방법은 여러 제안이 보고되어 있지만 여기에서 기술하는 예측형상의 최적화의 방법을 소개하면, 우선 스프링백을 예상하지 않은 금형 데이터에 의해 시뮬레이션을 행할 경우에 성형품의 형상을 예측할 수 있다. 치수정밀도는 스프링백 전후, 각 FEM 모델에서 동일절점 번호의 좌표수치에서부터의 거리를 산출하고, 모든 절점의 형상편차가 목표를 만족시키고 있는가를 평가한다. 1번째의 예측은 형상의 편차에 기초를 두고, 목표점과 스프링백 예상점을 연결하는 백터($\overrightarrow{A0A1}$)에 대해 역벡터($\overrightarrow{A0B1}$)의 종점을 예측하는 것이다. FEM모델의 모든 절점의 예상점을 산출한 후에 금형의 CAD 데이터를 예상점에 투영하도록 변형하여 수정한다.

그 다음은 첫 번째의 예측데이터에 의해 시뮬레이션을 행하여 같은 치수의 정밀도를 평가한다. 여기에서 예상한 스프링백의 예측결과는 성형후의 잔류응력을 예상하지 않는 경우와는 다르기 때문에 목표형상은 되지 않는다. 이 때문에 2번째 이후의 예상으로는 보정식에 의한 목표와 스프링백의 예측결과의 형상의 편차의 부분의 보정이 필요하게 된다. 그 후 위에서 언급한 과정을 치수정밀도의 목표를 만족할 때까지 반복을 하여 스프링백의 예측형상을 최적화 한다.

③ 유효성의 검증

본 방법의 유효성을 검증하기 위해서는 2공정에 의한 비대칭 모자(hat)형상의 금형을 테스트 모델로 한다. 제 1공정은 폼성형으로 블랭크(blanking)의 얇은 금속부분을 패드(pad)로 누른 상태로 플랜지(flange)의 어깨부분의 얇은 금속 평면부분 및 세로벽의 휘는 부분과 얇은 금속부분이 휘는 것 없이 플랜지의 어깨부분의 치수의 정밀도를 만족 시키는 것이 중요하다. 본 연구에 있어서 최적화의 대상은 제 1공정으로 하였다. 또 재료는 인장강도가 1180MPa의 초고강도 냉연강판을 이용하여 블랭크의 사이즈는 300㎜×100㎜로 판의 두께는 1.0㎜로 하였다.

④ 계산조건

솔비 프로그램(solver program)에서는 LS-DYNA를 이용하여 성형 전에는 동적 양해법(dynamic explicit algorithm), 금형의 형태를 분해할 때에는 정적 음해법(quasi static implicit algorithm)를 이용하였다. 또 재료의 응력과 변형의 관계는 Hill의 2차 이방성 항복조건(降伏條件), swift형 경화측(硬化側)을 사용하였다. 요소의 타입은 4절점 절감 적분점유 요소, 판의 두께부분의 적분점수는 7로 하였다. 즉 테스트모델의 최적화에 있어서 적당한 스프링백의 예측정밀도가 충분히 확보되는 것을 전제조건으로 필요하기 때문에 사전에 동일 재료에서의 유사금형에 의한 성형실험을 하고, 계산조건에 맞추는 것을 행하고 있다.

⑤ 최적화의 계산결과

제 1공정의 최적화 과정에 있어서 모든 절점의 형상편차를 나타내는 추이를 살펴보면 예측형상은 얇은 금속평면의 중앙을 기준으로 하여 FEM모델의 절점에 있어서 형상편차가 1㎜이하가 되도록 하였다. 예상을 하여 제작하는 것은 예상을 하지 않는 것과 비교하여 형상편차가 증대하고 치수의 정밀도도 악화되고 있는데 이것은 예상을 하는 것에 의해 예상 없는 결과와 비교하여 성형후의 잔류응력이 변화하는 것에 기인한다. 또 얇은 평면의 휨과 얇은 평면의 어깨부분의 각도변화가 절감하는 것이 플랜지의 끝부분에서의 형상편차를 증대시킨다.

이와 같이 성형품의 형상편차의 결과에 의해 단순하게 그 양을 반전하는 듯이 금형을 예상하는 경우, 국소적인 치수의 정밀도는 개선되지만, 각 부분의 스프링백이 상쇄되어 악화하는 부분이 발생한다. 예상의 최적화는 이처럼 문제를 피하기 때문에 효율적이다. 즉 실제의 금형에 있어서도 같은 상황이 발생하고 예상의 보정으로 시행착오를 반복하는 경우가 있어 이 보고서에서는 계산결과는 그 것을 보증하는 것이라고 추정한다.

⑥ 성형실험 및 형상예측

최적화에서 얻어진 예상의 결과에서 제 1공정의 금형을 시범 제작하였고, 제 2공정에서도 계산으로 산출된 금형을 시범 제작하였다. 성형실험은 성형능력이 7.8MN의 싱글액션(single action) 프레스기기를 사용하고 성형가중은 686kN, 패드(pad)로 누르는 가중은 5kN에서 최대 49kN까지의 조건으로 행하여졌다. 또 성형품의 형상측정은 비접촉 3차원 형상측정기 Optigo200을 이용하여 3단면의 형상을 평균화하여 처리하였다.

⑦ 제 1공정의 실험결과

최적화인 제1공정의 금형의 형상은 얇은 금속부분을 크게 휘고, 세로벽 부분에는 복수의 변곡점을 갖는 비직선형 형상이다. 이것에 대하여 성형품은 금형과는 달리 휘지 않는 직선 형상이다. 얇은 금속 및 플랜지의 어깨부분 각도에 대해서 금형과 성형품을 비교해보면 최대 얇은 금속의 어깨부분의 θ_4에서 약 12°로 크게 다르지만 성형품은 목표에 가깝다. 목표에 대한 예상의 오차는 최대한 커도 θ_4에서 2°이내이고, 이 방법의 효과를 확인 할 수 있었다.

⑧ 제 2공정의 실험결과

첫 번째의 예상실험에서 얻어진 제 2공정의 금형과 그 성형품을 살펴보면 금형의 형상은 제 1공정과 같이 얇은 금속부분에 큰 완곡 형상이 있다. 이에 대해 성형품은 휘는 부분이 없는 직선적인 형상이다. 제 2공정은 얇은 금속의 어깨부분만 성형이기 때문에 플랜지의 어깨부분의 각도 θ_1과 θ_2는 제1공정과 다르지 않다. 금형은 목표와 비교하여 θ_6으로 약 20°로 크게 다르지만 성형품은 목표와 가깝다. 목표에 대한 예상의 오차는 최대 θ_5에서 약 3이었다. 즉 형상측정의 결과는 부품이 목표로 하는 치수의 정밀도를 만족하지는 않지만, 패드의 가중과 금형의 조정에 따라서 금형의 예상형상을 수정하지 아니하고 목표를 만족시키는 성형품을 얻을 수 있다.

(3) 결 론

위의 보고서의 내용을 정리하면 다음과 같다.

- 기존의 정밀도 보정방법과 앞으로의 프레스 부품의 치수의 정밀도 보정방법에 대해서 비교해 보았다.
- FEM에 의한 스프링백의 예측결과를 자료로 성형품의 치수정밀도의 목표를 만족시킬 때까지 프레스 금형의 예측형상의 보정을 반복하고 금형제작 전에 형상을 최적화하는 방법에 대해서 소개하였다.
- 최적화의 방법을 2공정에 의해 비대칭 모자형상의 금형에 적용한 결과, 1180MPa급의 초고강도 냉연강판의 성형판에서 금형의 수정을 하지 않고도 목표를 만족시키는 형상을 얻을 수 있었고, 그 유효성에 대해서 확인하였다.

출처: Takatoshi Sasahara, Midori Kasahara, Yoshiyuki Ohsumi, Naohito Maejima, "CAEによるプレス金型のスプリングバック見込み形状の最適化", 自動車技術, 60(6), 2006, pp.98～103

◁ 전문가 제언 ▷

기존의 방식으로는 예상의 보정방식을 잘못하고 금형의 수정을 하여도 합격률이 높아지지 않는 경우가 있다. 시행착오에 의한 금형의 수정횟수는 증가하게 된다. CAT

를 적용하는 경우에는 예상의 보정방식을 잘못하는 경우가 거의 없기 때문에 합격률이 향상하고 금형수정횟수도 적게 된다. CAT와 CAE(computer aided engineering)를 병용하는 경우는 초기의 금형의 합격률이 높게 되고 이것에 따라 금형수정의 횟수도 적게 된다. 이와 같이 CAE와 CAT(computer aided testing)의 효과적인 활용에 따라 고강도강판을 이용한 부품에 있어서도 개발기간의 단축화를 꾀하고 있다.

최근 자동차 메이커에서는 프레스 부품의 성형성을 금형제작 전에 평가하고 개선하기 위한 CAE가 신형 자동차의 개발에 있어서 필수불가피한 과정이 되고 있다. 향후에는 치수의 정밀도와 면의 정밀도 등의 품질까지 CAE를 적용한 범위가 확대하리라 생각되어 진다. 그 중 CAE에 의한 스프링백(spring back) 예측형상의 최적화는 인간의 경험만으로는 품질의 확보가 어려운 부품을 단기간에 개발이 가능하다.

CAE에 의한 스프링백(spring back) 예상형상의 최적화는 프레스와 금형의 전문지식이 없어도 컴퓨터 작업으로 가능하기에 숙련기능자의 부족을 보충하는 이점이 있다. 한편 시뮬레이션(simulation)에서 고정밀도의 금형의 CAD(computer aided design)데이터를 효율성 높게 만들기 위해서는 리버스 엔지니어링(reverse engineering, 분해공학, 신제품을 분해하여 구조를 정밀하게 분석하여 그 설계를 역으로 분석하는 기술)의 기술 등이 필요하다. 앞으로 개발기간의 단축화와 재료의 고강도화의 필요성이 높아지는 한편 제작과정에서의 개혁이 필요하다. 따라서 이 기술은 그 중요한 역할을 담당한다고 생각되며 앞으로의 발전이 기대가 된다.

2) Press가공에 있어서 방음-방진대책

(1) 파과현상(Break through behavior)

프레스 기계에 있어 방음과 방진은 영원한 테마(Theme)라고 해도 어려운 문제이다. 이 문제에 대해서는 오늘까지 유저, 메이커 모두 다양한 대책과 문제를 집중시켜 왔지만 유감스럽게도 근본적인 해결책은 없었다. 프레스 기계에서는 우선 진동을 감소시키는 것이 중요하여 프레스 기계는 타발(blanking)가공 때에 가장 큰 진동이 발생한다. 프레스 기계에 있어서 가장 위험한 [Break through 현상]이 발생하기 때문이다.

타발가공을 수행하였을 경우에 Frame, Slide, Crank shaft, 또 다른 가압력을 받는 부자재의 [폐해 에너지]는 하사점 부근에서 프레스 가공이 종료했을 때에 한꺼번에 해방된다. 이 때에 해방된 에너지는 상형과 하형을 불필요하게 먹혀들게 한 금형의 마모를 증대시켜 진동과 소음을 일으키는 것이다. 이러한 현상을 파과 현상이라고 한다.

이것은 프레스 기계의 강성 혹은 연결부 상하의 결합사이에서 영향을 받는다. 타발 가공과 굽힘 가공에 있어서 프레스 기계의 슬라이드의 움직임을 모형적으로 나타내어 파과현상은 타발 가공에 대해 현저하게 나타난다. 즉, 프레스 정밀도, 특히 프레스의 동적 정밀도에 관련되는 문제인 것이다. 프레스의 동적 정밀도는 부하상태에서의 정밀도이기 때문에 하중을 받는 각 구성 부품재료의 변형량(또는 강성)을 고려해야 한다.

이런 의미로 각 부분의 변형량에 의해 동적 정밀도를 추정하는 원인을 찾고 있다. 그러나 강성에 관한 통일적인 규격은 없고 이 규격에 대해서는 [일본 금속프레스 공업회의 크랭크 프레스의 능력 표준안]의 변형량이 일반적인 표준치라고 생각되고 있다. 다음은 일본 금속 프레스 공업회의 자료 [크랭크 프레스의 능력 표준]으로부터의 발췌에 의해, 프레스 기계가 공칭 압력의 부하를 받았을 경우의 변형량에 대해 기술한다.

(2) Crank press의 능력과 변형량

① 파워 프레스가 공칭 압력에 동일한 부하를 받았을 경우의 변형량

파워 프레스(Power press)가 공칭 압력에 동일한 부하를 받았을 경우의 변형량δ은 공칭 압력에 동일한 부하를 받은 파워 프레스의 금형 높이(Die hight)의 신장량이 표준치보다 작지 않으면 안 된다. 변형량δ은 슬라이드 중심에 둘 수 있는 금형 높이의 신장량을 나타낸다. 덧붙여 이 변형량δ에는 연결부 상하의 종합적인 틈은 포함하지 않는 것이다.

강도를 기준으로서 설계된 프레스에 대해서는 변형량δ의 값은 주로 프레임 배드면(Frame bed surface)으로부터 크랭크축(Crank shaft)중심까지의 거리L과 프레임 갭(Frame gap) G의 영향을 받지만 변형량δ의 표준값 기초와 프레임 갭의 값은 10톤 경우는 L＝500㎜, G＝120㎜, 50톤 경우는 L＝1130㎜, G＝255㎜, 100톤 경우는 L＝1670㎜, G＝310㎜, 150톤 경우는 L＝2100㎜, G＝330㎜, 200톤 경우는 L＝2400㎜, G＝

340㎜으로 나타난다. 따라서 이러한 값(L과 G)보다 크게 다른 프레스 기계에 대해서는 그 다른 정도에 따라 공칭압력과 δ의 표준값은 10톤 경우는 δ=0.60㎜, 50톤 경우는 δ=1.50㎜, 100톤 경우는 δ=2.10㎜, 150톤 경우는 δ=2.50㎜, 200톤 경우는 δ=2.80㎜으로 변형량δ 값을 증감할 필요가 있다.

② 싱글 크랭크형(Single crank type) 및 1점형의 스트레이트 사이드 프레스(Straight side press)가 공칭 압력의 부하를 받았을 경우의 변형량에서 싱글 크랭크형 및 1점형의 스트레이트 사이드 프레스가 공칭 압력의 부하를 받았을 경우의 변형량은 공칭압력과 금형높이 신장량의 표준값은 공칭압력이 100톤 경우는 신장량=1.50㎜, 150톤 경우는 신장량=1.70㎜, 200톤 경우는 신장량=2.00㎜으로 상기의 값 이하가 아니면 안 된다. 변형량의 측정위치는 슬라이드 중심에 둘 수 있는 금형 높이(Die hight)의 신장량으로 하였다.

③ 더블 크랭크형(Double crank type) 및 2점형의 스트레이트 사이드 프레스가 공칭 압력에 동일한 부하를 받았을 경우의 변형량

더블 크랭크형 및 2점형의 스트레이트 사이드 프레스가 공칭 압력에 동일한 부하를 받았을 경우의 변형량ζa, ζb의 허용치의 표준은 타이로드스팬(Tie rod span)La의 60% 폭la에 공칭 압력에 동일한 등분포중심 하중을 받는다고 하는 하중 조건의 아래에서 La는 1 / 6000로 한다. 덧붙여 타이로드스팬을 사용하지 않는 프레스의 경우는 양 칼럼(Double column)의 중심 거리를 La로서 타이로드스팬으로 대신한다. ζb의 허용치의 표준은 연결봉 스팬(Connectingrod span)Lb에 동일 폭lb의 공칭 압력에 동일한 등분포 하중을 받는다고 하는 하중 조건 아래에서 Lb의 1 / 6000로 한다.

이러한 변형량으로부터 일반적으로 프레스 기계의 받침(Bolster), 배드, 슬라이드면은 부하상태로 굴곡, 직각 정밀도가 악화된다. 특히, 더블 크랭크 프레스나 2점 프레스에서는 이 경향이 현저하게 나타난다. 범용 프레스의 강성치는 116000이 일반적인 수치이고 타발 프레스로 1 / 8000～1 / 20000의 굴곡량을 계획하여 방진대책으로 하고 있다. 프레스 기계의 강성과 제품 정밀도는 강성이 높은 프레스보다 강성이 낮은 프레스가 변형량이 커서 제품정밀도가 떨어진다.

(3) 새로운 프레스 기계

방진-방음을 위해서 여러 가지의 대책을 프레스 기계에 강구해 왔다하지만 큰 효과를 얻을 수없는 것이 실정이다. 그러나 개발한 UL시리즈는 이러한 문제를 근본적으로 해결할 수 있을 가능성을 나타내는 프레스기계이다. 프레스 기계의 특징은 ①슬라이딩 여유(Sliding giving clearance)를 0으로 할 수 있는 구조(Ultra giving structure)를 적용하고 있다. 이 구조를 적용하는 것으로 슬라이드를 완전하게 구속해서 프레스의 동적 정도를 크게 개선하였다. ②강성치를 확보하기 때문에 프레임은 일체 용접형으로 해서 종강성과 횡강성이 종래기계보다 2~4배가 향상되었다. ③연결봉이 작은 구조(Connecting rod less structure)를 적용해, 연결봉을 지지하는 악영향을 완전히 배제되고 연결봉은 크랭크축과 슬라이드를 연결해, 하중을 전달하는 부품재료로 가늘고 긴 형상이 되어 부하 시에는 줄어들어 구부러져 버린다.

시간의 경과와 함께 프레스 주위 온도가 상승해 연결봉은 신장하여 하중 변동이 발생해 버린다. 이것에 대해서 연결봉이 작은 구조에서는 하중 변동이 극히 적게 되어 안정된 생산을 할 수 있다. 이와 같이 동적 정밀도가 크게 개선되어 방진-방음의 효과가 있는 프레스 기계로서 금형측면에서도 이상적인 구조가 되어 금형 정밀도와 동등 혹은 그 이상의 동적 정밀도를 얻을 수 있다. 이것으로 인하여 금형의 클리어런스(Clearance)를 극소로 할 수 있다. 극소의 금형 클리어런스에서 블랭킹 가공을 행하면 가공 에너지는 서서히 방출되어 가공 종료 시에는 거의 방출된 상태가 되어 [Break through 현상]은 적고 거의 없는 상태가 된다. UL시리즈와 클리어런스 극소 금형의 조합으로 블랭킹 가공을 행하면 방진-방음의 효과는 절대적인 것이 된다. 이와 같이 방진-방음에 관한 프레스 기계 메이커 측에서의 제안이었다.

(4) 프레스 작업 환경의 개선

프레스 기계의 유저에게 있어서는 프레스 공장 전체의 방진-방음을 줄여 프레스 작업 환경을 개선하는 것이 중요한 과제가 된다. 모든 프레스 기계를 UL시리즈로 갱신하는 것은 불가능하다. 이 경우는 방진장치와 방음 커버에 의지할 수밖에 없다.

방진장치: 방진장치는 프레스 기계의 설치면에 마련해 주위의 지반에의 진동 전달

을 방지하는 방진장치는 공해문제가 클로즈업되어 최근 몇 년 급속히 실용화가 진행되어 자중 수백톤의 중량을 지지할 수 있는 것도 있다. 방진의 요소로서는 일반적으로 금속 스프링(코일, 판, 스프링) 고무 스프링 등이 적용되고 있다. 그러나 방진장치를 생각하는 경우, 대상이 되는 프레스 기계의 크기나 진동 특성, 필요한 감쇠율에 대응한 효과적인 설계를 행하는 것이 중요하다. 프레스 기계에 설치한 공기 스프링식 방진장치의 방진효과는 설치 지반에 의해서 상당한 차이가 생기므로 주의가 필요하다.

방음장치: 프레스 가공시의 소음은 일반적으로90~105[dB(A)]로 되는 방음 커버는 소음으로부터 작업자의 귀를 지키기 위한 차음 커버를 말하고 있는 방음 커버에는 작업 공간의 전후면을 문으로 커버한 것, 또 프레스 기계 전체를 흡음재로 구성되어 부자재로 가린 것이 있는 프레스 기계 전체를 가린 것은 감시용, 금형 교환용, 재료 투입용, 제품 꺼내기용의 문, 창을 마련하지 않으면 안 되는 방음 효과는 후자 쪽이 크지만 이 경우는 유지관리(maintenance)를 고려한 구조를 충분히 검토한 후에 설치하는 것을 추천한다. 어느 경우도 프레스 작업의 자동화가 전제가 되는 것은 말할 필요도 없는 방음은 우선 프레스 작업의 자동화를 효율적으로 실시하고 방진-방음에 관한 문제는 프레스 작업에 있어서 몹시 어렵고 프레스 기계, 자동, 금형, 재료, 공장 건물, 지반 등 많은 요소가 얽히고 있어 향후에도 각 방면의 기술 담당자와 제휴를 통해 해결할 필요가 있다.

◁ 전문가 제언 ▷

프레스기계에 있어 방음과 방진은 우선 진동을 감소시키는 것이 중요하여 프레스 기계는 타발(blanking)가공 때에 가장 큰 진동이 발생한다. 기계에서 [Breakthrough 현상]이 발생하기 때문이다. 프레스 기계의 강성 혹은 연결부 상하의 결합사이에서 영향을 받는다. 프레스의 동적 정밀도는 부하상태에서의 정밀도이기 때문에 하중을 받는 구성 부품재료의 변형량 및 강성을 고려해야 한다. 그러나 강성에 관한 통일적인 규격은 없고 이 규격에 대해서는 [일본 금속프레스 공업회의 크랭크 프레스의 능력 표준안]의 변형량이 일반적인 표준치라고 생각되고 있다. 다음은 일본 금속프레스 공업회의 자료[크랭크 프레스의 능력 표준]으로부터의 발췌에 의해 프레스 기계가 공칭 압력의 부하를 받았을 경우의 변형량에 대해 기술하였다.

최근 환경에 대한 요구가 엄격해지면서 소음과 진동의 규제가 강화되고 있는 추세이다. 프레스기계의 방진장치는 기계의 설치면에 위치하고주위의 지반에의 진동 전달을 방지하는 장치로서 방진 패드, 금속 스프링, 고무 스프링 등이 적용되고 진동 특성, 감쇠율에 대응한 효과적인 설계를 행하는 것이 필요하다. 이러한 프레스가공 분야의 저소음 및 저진동으로 고품질기술 분야에 대한 신뢰성이 확보되어야 한다.

프레스가공에 있어서의 방진과 방음의 트러블이 프레스 가공 중에 발생하는 금형의 파괴 또는 제품의 불량으로 연결된다. 복합 가공에 있어서의 트러블은 프레스 기계 등의 주변기기가 아니고 금형에 그 기능을 부여하는 것이 효과적이라고 생각된다. 따라서 검출의 방법으로서는 압력센서, 클리어런스센서, 하중센서, 거리센서 등으로 복합형의 기본적인 유사 트러블로의 해석을 통하여 복합 가공으로의 방진과 방음의 트러블에 적용하고 효과적인 복합 가공에 있어서의 방진과 방음의 최소화로 고정밀도 검출 수법이 구축되어야 한다.

3) 스포츠카 모델에서의 프레스금형을 CAD / CAM으로 활용한 사례

(1) 서 론

Mazda motor corporation는 경주용 자동차 DNA로 도전정신을 구현화 시킨 <4 door 4 seat sports car> RX－8을 발매하였는데 외관디자인(exterior design)은 거의 디자이너(designer)의 의도에 따라 개발되었다. 이 자동차의 펜더부분은 일반타입의 자동차에서는 바퀴를 덮는 흙받이의 기능을 하지만 스포츠카타입의 자동차에서는 유선화된 차체와 일체화되고 완전히 상자형 차체의 일부로 되어 있으며 웨이스트라인(waistline)아래의 차체 측면전체를 펜더라고 하는데 이 펜더(fender)부분의 디자인이 독특한 4도어 4시트 스포츠카형 자동차이다.

유선화된 차체와 일체화되고 완전히 차체의 일부로 되어 있기 때문에 프레스 양산준비 할 때에 전면펜더(front fender)의 깊은 프레스성형(press forming)등을 경험하지 못했던 디자인을 실현(realization)시킬 필요가 있었다. 더욱이 단기간 저투자로써 신차개발이 강력히 요구되었으므로 금형설계 및 금형제작에 대한 기술력의 향상중심으로 상품의 가치향상을 위한 프레스작업의 양산준비를 목표로 하게 되었다. 여기서 RX－

8 개발에 있어서 상호연결을 중심으로 프레스의 금형설계 및 금형제작을 하였다.

(2) 프레스 금형설계 및 금형제작에 대한 고려할 방향

프레스의 금형설계는 프레스의 성형 방법과 금형 구조에 대한 금형설계의 고품질화와 고속화 및 고정밀도에 의한 가공과 조립을 중요 과제로 취급할 수 있었다. 이러한 성형방법과 금형구조에 대한 고품질화와 고속 고정밀도가공과 조립중심으로 CAD/CAMsystem을 설계의 3차원화 축으로 하고 CAE(computer-aided engineering)를 포함하는 시스템융합을 꾀하는 유기적인 관련을 이루었다.

프레스의 금형제작은 mazda motor corporation의 프레스 금형제작은 종래의 <수작업 기술자에 의한 잡다함>에서부터 <정밀가공과 수치 보정 조립까지>로 변화하였다.

(3) 설계 고품질화 목적의 고속 모델링

① 모델링의 기술

최근에 성형시뮬레이션(deep forming simulation)의 신뢰성도 높아졌지만 갈라짐 또는 주름문제의 해결 외에 2차원 성형문제의 해결도 되고 있다. 펜더(fender)부분의 디자인이 독특한 4도어 4시트 스포츠카형 자동차 RX-8에서 전면펜더 등의 어려운 성형부품의 성형시뮬레이션을 본격적으로 적용하기 위하여 다음의 모델링(modeling)기술이 필요하였다. 현재에 시뮬레이션을 하기위해 Three-dimensional CAD data가 필요하였다. 또한 프레스성형에서 공정설계의 초기단계는 성형구상(deep forming concept)을 정하기 위해 시행착오가 많았고 캐드데이터작성의 반복되는 속도가 중요하게 되는 점에 착안하였다.

거기에서 매개변수기능(parametric function)의 설계의도를 관리하고 특이하며 독특한 프레스 판금부품에 대응할 수 있는 방법을 적용하였다. 타이어 아치(tire arch)와 도어개구부 등과 같은 설계법칙을 적용할 수 있는 단위로 구획(block)상의 표준모델을 여러종류 작성하여 변형기준선을 직선으로 만들었다. 이 변형기준선을 프레스부품 디자인으로 전환하여 나머지 두께형상을 자유곡면 형상으로 변형시켰다. 그 후에 폭과 높이 등의 실제매개변수를 조정하여 자유로운 형상 제작을 가능하게 하여 CAD데이터를 작성할 때에 공수저감이 가능하였다.

(4) 3차원(three-dimension, 3D)을 극대화한 금형구조 설계

① 3D금형구조 설계

최근 다른 회사에서도 3D금형구조 설계를 하게 되어 3D모델에 의한 논리연산을 할 경우는 형상간의 모든 다각형에 대한 3차원의 간섭을 조사하고 반송간섭되고 있는 형상에 대하여 필요한 논리연산 처리를 하였다. 3차원 물체의 애니메이션의 경우에 움직이고 있는 물체끼리의 충돌을 조사하여야 하고 응답이 빠른 3차원캐드 시스템에는 고속의 3차원 간섭체크(interference check)가 필요하였다.

이러한 반송간섭 등의 문제 해결은 잘 알고 있지만 향후에 경쟁력을 강화하는 점에서 3D화 되는 금형설계를 고려할 시기가 되었다. RX-8의 뒷문짝은 탁월한 효과가 있는 후면의 경첩(hinge)으로 개폐하고 사이드프레임(side frame)에서는 투자비 저감을 위한 프레스 공정단축으로 금형구조가 복잡하게 되어 밴딩공정(bending process) 또는 트리밍공정(trimming process)과 동시에 캠방식 성형(cam method deep forming)을 할 필요가 있어 성형의 단일성 블록(unite)배치가 상당히 어려웠다.

② CAE(computer-aided engineering)의 해석은 이처럼 복잡한 3D금형구조 설계에서 배치(layout) 검토가 어려운 설계에서는 3D설계의 진가를 발휘하는 것이 가능하여 공간형성을 실시간으로 검증하고 2D로는 발상하기 어려운 혁신적인 구조가 가능하였다. 또한 3D모델을 활용한 각종 CAE(패널 성형성, 형강성 등)와 융합시키는 금형구조를 분석하여 좋은 결과를 얻을 수 있었다.

(5) CAD/CAM을 활용한 고정밀도가공 및 조립

① 금형의 고정밀도화(高精密度化)

금형의 고정밀도화를 위해서는 상하형 단위체형상의 고정밀도화 또는 형상과 조립에 대한 상대위치의 고정밀도 보증이 중요하였다. 우선적으로 단위체형상의 고정밀도를 열화시키는 작업의 배제가 필요하여 NC가공기계 또는 공구 등으로 풀 수없는 과제도 있기 때문에 CAD/CAM만으로 해결할 수 없는 것이 존재하였다.

② CAD / CAM에 관련된 문제해결의 사례

NC데이터의 고정밀도화

NC data는 다면체 근사를 오프셋(off set) 곡면으로 하는 고정밀도 NC데이터작성에 있어서 곡면을 다면체에 가깝게 작성하는 것이 많은데 근사오차(Approximate tolerance)가 금형과 성형패널(forming panel)에 손상을 주는 모양으로 전사되었다. 그 때문에 오프셋곡면가공(off set curved surface)으로 곡면의 성질을 활용한 오차의 감소 방법을 적용하였다.

NC데이터 정밀도를 재현하는 가공법

기계가공 현장에서는 일반적인 단계오차와 대형금형이 장시간 절삭을 할 때 시간경과에 따른 정밀도변화가 존재하여 NC데이터 수준의 가공형상을 얻는 것이 어려웠다. 그러나 NC데이터로 인하여 오차와 정밀도 변화의 영향을 피할 수 있는 사례가 많았다.

상대위치 정밀도를 필요로 하는 형상부와 가이드(guide)에 있어서 가능한 동일공정과 동일공구로 가공하였다. 또한 종래가공은 왕복가공으로 절삭범위의 경계에 단차가 발생하였는데 비하여 주위선회 가공방식으로 가공하는 고정밀 가공법과 커터페이스(cutter pace)에 의하면 고정가공하는 NC데이터에서 기계가공 정밀도의 변화를 저감할 수 있었다.

한편 깊은 형상(deep forming)은 공구의 길이부족과 공구의 진동과 구부러짐의 방지를 위해 경사축 가공을 활용하였다. 이 가공을 적용하는 경우에 부주의한 실수방지의 이점과 축방향 설정 및 간섭확인은 모두 자동화으로 처리하였다. 그 경사축 가공으로는 공구말단의 보정이 어려워 오차가 생길 수 있으므로 볼록한 둥긂(round) 등으로 절삭면적을 분할하면 오차가 발생하는 경우에도 최저한으로 작게 되도록 대응할 수 있었다.

CAT / CAE와 연계한 고정밀도 조립

가이드보정에 의한 고정밀도의 조립에서는 기계가공후의 상하형 공차(clearance)오차를 나타낸 것으로 측정결과와 CAD데이터를 비교한 것으로 상하형 공차의 편차가 최소가 되도록 가이드보정치를 도입하여 형상부와의 상대위치 어긋남을 보정하여 조립을 하였다.

Computer aided testing / Computer-aided engineering와 연계한 고정밀도 조립에서 박판성형에 있어서는 성형할 때에 판두께 변화가 있어 조립할 때는 수정이 필요하였다. 그런데 사전에 판두께 변화를 CAE로 예측하여 직접 판두께 변화량을 NC데이터에 입력하여 조립할 때의 수정을 저감할 수 있었다.

(6) CAD / CAM을 활용한 고속가공과 연속가공

고속가공은 마쓰다 자동차회사에서의 고속가공은 빠르게 가공을 한다는 목적이 있으므로 종래의 설비능력을 사용하지 않는 기술이 중요하게 생각되었다. 종래에는 일정한 저속으로 가공하였으나 저부하 부분일 때는 고속으로 가공되고 고부하 부분일 때는 저속가공이 되는 가변속도제어방식으로 전환하였다. 그래서 NC데이터 작성단계에서 절삭량을 구하여 공구 1개의 날이 깎아내는 절삭체적이 항상 일정하게 되도록 가변속도제어를 전면적으로 적용하였다.

연속가공은 마쓰다 자동차회사에서는 특히 금형구조부분의 연속가공을 추진할 수 있었고 연속가공은 사람이 없다는 점을 전제로 하므로 당연히 NC데이터의 보정이 중요하게 되었다. 그 때문에 3D금형구조설계 데이터에 가공면의 요구정밀도와 가공공정(단계, 공구, 구동방법 등)을 가공속성 정보로서 CAD / CAM의 연계에 의하여 NC데이터의 자동작성을 행할 수 있다. 주물(cast-iron)정밀도의 오차도 무시할 수는 없어서 거친가공(황가공)은 전면적으로 찌르는 가공을 채용하여 추가여분주물에 공구파손 방지를 위한 NC데이터에 따라 황가공의 면적보정을 가공전의 주물측정공정으로 하여 주물정밀도 오차가 감안된 가공을 실현하였다.

◃ 전문가 제언 ▹

Mazda motor corporation는 경주용 자동차 RX-8의 외관디자인(exterior design)은 거의 Designer의 의도에 따라 개발되어 특히 자동차의 펜더부분은 스포츠카타입의 자동차로서 유선화된 차체와 일체화되고 완전히 차체 일부로 되어 있는 디자인이 독특한 4도어 4시트 스포츠카형 자동차이다. 따라서 깊은 프레스성형(press forming)등을 단기간 저투자로써 상호연결을 중심으로 Press의 금형설계 및 금형제작을 하였다.

복잡한 3D금형구조 설계에서 배치가 어려운 설계에서는 3D설계의 공간형성을 검증하고 2D로서는 발상하기 어려운 구조가 가능하였다. 또한 3D모델을 활용한 패널성형성과 성형강성 등의 각종 CAE와 융합시켜 금형구조분석과 해석을 하여 좋은 제품을 얻을 수 있었다. 금형가공에서 저부하 부분일 때는 고속으로 가공되고 고부하 부분일 때는 저속가공이 되는 가변속도제어방식으로 전환하였다. 그 때문에 3D금형구조설계 데이터에 가공면의 요구정밀도와 가공공정을 가공속성 정보로서 CAD / CAM의 연계에 의하여 NC데이터의 자동작성을 행할 수 있었고 오차가 감안된 가공을 실현하였다.

Press의 성형방법과 금형구조에 대한 금형설계의 고품질화, 고속화, 고정밀도에 의한 가공 및 조립을 수치해석과 시뮬레이션의 활용으로 시작품제작, 실험횟수 또는 시행착오를 줄이고 개발기간을 단축하기 위한 CAE의 개념과 부품과 제품의 각종특성을 확인하기 위해 제조공정에서 제품검사 시에 Computer aided testing(CAT)를 이용하는 시스템으로 하고 부분적으로 자동화되어 있는 생산분야를 통신망과 컴퓨터를 이용해서 통합하여 영업, 유통, 연구분야로 추진하여 기업전체의 시스템을 유기적으로 통합함으로써 다양화, 신속화, 정확화에 대응하여 경영전략을 지원하는 고지능의 컴퓨터생산통합시스템(CIM, computer integrated manufacturing)이 구축되어야 한다.

저자약력

林茂生, Moo-Seang Lim,

약 력

과학기술 진흥과 산업발전 유공자 석탑산업훈장 수상
수출진흥 발전과 수출시장 개척유공자 대통령표창장 수상
공기방울제어장치기술 과학기술처장관상장 수상
Low noise and less vibration vacuum cleaner. U.S.A. patent 5,293,664
가열초음파 가습기기술 과학기술처장관상장 수상
한양대학교 공과대학 기계공학과 공학사
서울대학교 공과대학 최고산업 전략과정 수료
HYU Rarc Failure analysis and reliability course completion
HYU Rarc Research associate professor
상공자원부 산학연 기술교류회. 위원
산업자원부 기술개발 기획평가단. 위원
대우전자주식회사. 가전연구소장, 생활가전사업부장
테크라프주식회사. 대표이사
Youngjin electric co.,ltd. Quality control director
Daehannakagawa ind co.,ltd. Engineering consultants

저 서

Design of plastic parts
Plastic molding & mold
Knowhow about engineering plastic high quality
Cad & Cam & Cae
Design of press parts
Marketing knowhow of successful enterprise
The Korean wisdom wins the world
Optimum design of plastics
Robust Design Technology For Plastic Parts' Reliability
Venture business & Management of technology
Redundancy Design Technology For Precision Press Parts' Reliability

논 문

- 유도전동기를 적용한 인버트 세탁기 개발, 대한전기학회, Vol.48B No.10(1999.07),pp: 2556~2558./
- 충격에 의한 tv pcb의 동적거동 해석, 대한기계학회, Vol.5, No.19(1990.06), pp: 320~324./
- 공기방울이 세탁에 미치는 효과에 대하여, 대한기계학회, Vol.32, No.1(1992.01), pp: 57~65./
- 흡음방이 취부된 경우의 진공청소기의 소음분석 방법, 대한기계학회, Vol.33, No.1(1993.01), pp: 14~21./
- 세탁기용 강제현가시스템의 동특성 해석을 위한 전산시뮬레이션, 한국소음진동공학회, Vol.3, No.1(1993.03), pp: 65~75./
- 가전기기의 저소음 기술, 대한전자공학회, Vol.22, No.1(1995.01), pp: 124~130./
- 절연재료의 표면개질을 위한 코로나 발생기의 특성에 관한 연구, 한국전기전자재료공학회, Vol.8, No.4 (1995.07), pp: 504~508./
- 가전기기의 저진동, 저소음 기술, 대한전기학회, Vol.44 No.44(1995.10), pp: 137~141./
- 유도전동기의 동력전달 매체로 사용되는 벨트장력보상 알고리즘에 관한 연구, 대한전기학회, Vol.48A No.9 1999.09), pp: 1125~1130./
- 회전체를 갖는 강제 현가시스템의 동특성해석을 위한전산시뮬레이션, 한국소음진동공학회, Vol.1No.1 (1992.02.13.), pp: 63~69./
- Nonlinear behavior on an electrochemical system, JSME-KSME,(1992.10), pp: 2-205~2-208/
- 스핀업시 내부유체의 공명현상에 관한 연구, 대한기계학회,(1994.09), pp: 11~14./
- High efficiency valve design by robust design of experiments, The 1998 international compressor engineering conference at perdure, C-3: Valve mechanics and design, page:23 High efficiency valve design by robust design of experiments,1998.09.14./

프레스 부품설계(Design of Press Parts)

• 초판 인쇄 2007년 11월 30일
• 초판 발행 2007년 11월 30일

• 지 은 이 임무생
• 펴 낸 이 채종준
• 펴 낸 곳 한국학술정보㈜
경기도 파주시 교하읍 문발리 513-5
파주출판문화정보산업단지
전화 031) 908－3181(대표) · 팩스 031) 908－3160
홈페이지 http://www.kstudy.com
e－mail(출판사업부) publish@kstudy.com
• 등 록 제일산－115호(2000. 6. 19)
• 가 격 30,000원

ISBN 978-89-534-7831-2 93550 (Paper Book)
978-89-534-7832-9 98550 (e-Book)